AF571075

EUL
VERLAG

EINZELSCHRIFTEN

Björn Hermelink
Untersuchungen zur endokrinologischen Regulation der Gonadenreifung von Zandern *(Sander lucioperca)* durch exogene Faktoren zur kontrollierten Reproduktion bei Haltung in Warmwasserkreislaufanlagen
Lohmar – Köln 2014 • 188 S. • € 48,- (D) • ISBN 978-3-8441-0363-2

Marc Jizba
Die Nachhaltigkeitsleistung der deutschen DAX30-Unternehmen – Eine kritische Bewertung des Status Quo mit Hilfe des Sustainable-Value-Added-Konzepts
Lohmar – Köln 2014 • 172 S. • € 48,- (D) • ISBN 978-3-8441-0366-3

Antonio Vera
Spekulationsblasen in der frühen Neuzeit – Ein systematischer Vergleich der Ursachen, Mechanismen und Auswirkungen der Mississippi und der South Sea Bubble
Lohmar – Köln 2015 • 168 S. • € 47,- (D) • ISBN 978-3-8441-0379-3

Georg Baltes
New Perspectives on Supply and Distribution Chain Financing: Case Studies from China and Europe
Lohmar – Köln 2015 • 396 S. • € 66,- (D) • ISBN 978-3-8441-0384-7

Katja Müller
Wertschaffende Kooperationsbeziehungen – Kooperationsbeziehungen im Lean Management analysiert aus einer konstruktivistischen Sicht
Lohmar – Köln 2015 • 364 S. • € 64,- (D) • ISBN 978-3-8441-0385-4

Isabel Arnold
Personalentwicklung von Führungskräften in Zeiten von Change – Eine Betrachtung aus Sicht des systemorientierten Managements
Lohmar – Köln 2015 • 236 S. • € 56,- (D) • ISBN 978-3-8441-0389-2

JOSEF EUL VERLAG

Personalentwicklung von Führungskräften in Zeiten von Change

-

Eine Betrachtung aus Sicht des systemorientierten Managements

Dissertation

zur Erlangung des Grades
eines Doktors der wirtschaftlichen Staatswissenschaften

(Dr. rer. pol.)

des Fachbereichs Rechts- und Wirtschaftswissenschaften
der Johannes Gutenberg-Universität Mainz
vorgelegt von

Dipl.-Kauffrau Isabel Arnold

in Mainz

Vorgelegt am 27. Februar 2014

bei

Univ.-Prof. Dr. Klaus Breuer

Erstberichterstatter:	Univ.-Prof. Dr. Klaus Breuer
Datum der Erstberichterstattung:	16. Oktober 2014
Zweitberichterstatter:	Univ.-Prof. Dr. Peter Pawlowsky
Datum der Zweitberichterstattung:	03. November 2014
Tag der mündlichen Prüfung:	13. November 2014

Dr. Isabel Arnold

Personalentwicklung von Führungskräften in Zeiten von Change

Eine Betrachtung aus Sicht des systemorientierten Managements

Bibliografische Information der Deutschen Nationalbibliothek

Die Deutsche Nationalbibliothek verzeichnet diese Publikation in der Deutschen Nationalbibliografie; detaillierte bibliografische Daten sind im Internet über <http://dnb.d-nb.de> abrufbar.

Dissertation, Johannes Gutenberg-Universität Mainz, 2014

D 77

ISBN 978-3-8441-0389-2
1. Auflage März 2015

JOSEF EUL VERLAG GmbH
Brandsberg 6
53797 Lohmar
Tel.: 0 22 05 / 90 10 6-6
Fax: 0 22 05 / 90 10 6-88
E-Mail: info@eul-verlag.de
http://www.eul-verlag.de

Bei der Herstellung unserer Bücher möchten wir die Umwelt schonen. Dieses Buch ist daher auf säurefreiem, 100% chlorfrei gebleichtem, alterungsbeständigem Papier nach DIN 6738 gedruckt.

Für Frank, Julius Dian und Valérie Marlén

Inhaltsverzeichnis

Abbildungsverzeichnis

Tabellenverzeichnis

Seite

Abkürzungsverzeichnis

Abb. .... Abbildung

Abs. .... Absatz

akt. .... aktualisiert

Aufl. .... Auflage

Bd. .... Band

bearb. . ... bearbeitet

bspw. .... beispielsweise

BWL .... Betriebswirtschaftslehre

bzw. . ... beziehungsweise

d.h. . ... das heißt

durchges. .... durchgesehen

ebd. .... ebenda

eds. .... editors

erw. . ... erweitert

et al. .... et alii (und andere)

etc. .... et cetera (und so weiter)

Hrsg. .... Herausgeber

Jg. .... Jahrgang

Kap. .... Kapitel

Mon. .... Monat

o.V. .... ohne Verfasser

S. .... Seite

s.o. .... siehe oben

Tab. .... Tabelle

u. .... und

u.a. .... unter anderem

usw. .... und so weiter

überarb. .... überarbeitet

vgl. .... vergleiche

vollst. .... vollständig

wbv .... Fachverlag und Mediendienstleister

WiSt .... Wirtschaftswissenschaftliches Studium

z.B. .... zum Beispiel

ZfB .... Zeitschrift für Betriebswirtschaft

ZfbF .... Zeitschrift für betriebswirtschaftliche Forschung

zfo .... Zeitschrift Führung und Organisation

ZfP .... Zeitschrift für Personal

1. Problemstellung

1.1 Ausgangssituation und Fragestellung

Zweck eines Unternehmens muss es sein, wettbewerbsfähig zu sein und zu bleiben.[1] Vor diesem Hintergrund sahen sich Unternehmen in den letzten Jahrzehnten zahlreichen neuen Herausforderungen gegenübergestellt. Die heutigen Herausforderungen für Unternehmen ergeben sich nach Picot, Reichwald und Wigand aus drei Hauptkategorien: Erstens der *Veränderung der Wettbewerbssituation*, zweitens den *Innovationspotenzialen der Informations- und Kommunikationstechnik* und drittens dem *Wertewandel in der Arbeitswelt und Gesellschaft.*[2] Die Existenzsicherung eines Unternehmens wird durch diese Veränderungen immer komplexer. *„Zur Bewältigung von [diesen] komplexen und dynamischen Umwelten sind Unternehmen in zunehmendem Maße gefordert, die Ressourcen ‚Wissen', ‚Qualifikationen' und ‚Know-how' verfügbar zu machen."*[3] Dazu ist es nötig, dass das Management die Bedeutung, die Wissen und Lernen für organisationalen Wandel und damit für den unternehmerischen Erfolg hat, versteht und anerkennt.[4]

Gleichzeitig führt die Veränderung der Organisationen selbst zu weiteren Herausforderungen, die den Problemdruck zusätzlich steigern. So sehen sich Mitarbeiter und Führungskräfte beispielsweise neuen Formen der Arbeitsorganisation und -teilung ausgesetzt, die durch Auflösung von Hierarchien oder durch die Arbeit in virtuellen Teams entstehen. Dieser Problemdruck trifft häufig auf verkrustete Entscheidungsstrukturen, eine mangelnde Bereitschaft zu unternehmerischem Risiko, falschen Anreizsystemen und eingefahrenen Verhaltensweisen.[5]

Auch der gesellschaftliche Strukturwandel verändert die Anforderungen an Unternehmen erheblich. So sind Unternehmen unter anderem mit einer demografisch und soziodemografisch veränderten Erwerbsbevölkerung und einem Wertewandel der Arbeit kon-

---

1 Vgl. Malik, Fredmund: Unternehmenspolitik und Corporate Governance, in: Management – Komplexität meistern, Bd. 2, Frankfurt/New York: Campus 2008, S. 37 ff.

2 Vgl. Picot, A./Reichwald, R./Wigand, R.: Die grenzenlose Unternehmung, 5. Aufl., Wiesbaden: Gabler 2003, S. 3.

3 Pawlowsky, Peter: Wissensmanagement in der lernenden Organisation, Habilitationsschrift: Universität Paderborn 1994, www. tu-chemnitz.de/wirtschaft/bwl6, S. 2.

4 Vgl. Pawlowsky, Peter: The Treatment of Organizational Learning in Management Science, in: Berthoin-Antal, A./Dierkes, M./Child, J./Nonaka, I. (eds.): Handbook of Organisational Learning and Knowledge, Oxford/New York: Oxford Press 2007, S. 61.

5 Vgl. Vahs, Dietmar/Leiser, Wolf: Change Management in schwierigen Zeiten – Erfolgsfaktoren und Handlungsempfehlungen für die Gestaltung von Veränderungsprozessen, Wiesbaden: Deutscher Universitäts-Verlag, 2003, S. 5.

frontiert.[6] Eine weitere Herausforderung für Unternehmen und Mitarbeiter gleichermaßen stellt die Tatsache dar, dass sich die Veränderungen in der Arbeitswelt so schnell vollziehen, dass es nicht mehr genügt, wenn die jeweils nächste Generation den Anforderungen durch die Veränderungen gerecht wird. Heute muss jede Generation mehrmals im Laufe ihres Arbeitslebens neue und erweiterte Qualifikationen erwerben, um beschäftigungsfähig zu bleiben.[7] Jeder Einzelne muss sich also ein Leben lang weiterbilden und –qualifizieren. Wissenschaftlich verankert sind diese Überlegungen im Bereich der *Wirtschaftpädagogik.*

Was für die Individuen gilt, gilt auch für Unternehmen, die nur dann Bestand haben, wenn auch sie sich stets weiterentwicklen und zur lernenden Organisation werden. *„Die bisherige Wissenserneuerung in Unternehmungen beschränkt sich konzeptionell und praktisch auf eine zumeist reaktive Erneuerung der individuellen Qualifikationen."*[8] Die lernende Organisation ist somit eine Herausforderung für Unternehmen.

Aufgrund dieser Vielzahl an neuen, respektive gestiegenen externen und internen Herausforderungen benötigen Mitarbeiter und Führungskräfte erheblich erweitertes Wissen, um dieser gestiegenen Komplexität adäquat gerecht werden zu können. Benötigt werden hierbei einerseits Sach- und Fachwissen, andererseits sind insbesondere Führungskräfte zusätzlich auf erweitertes Managementwissen angewiesen, um mit der größeren Komplexität umgehen zu können. Eine zentrale Aufgabe der Führung der Organisation ist es, die Prioritäten so zu setzen, dass die Menschen in der Organisation – mit ihrer Ressource Wissen – in ihrer Entwicklung optimal gefördert werden. Denn *„die Mitarbeiter sind die Träger des Wissens und damit die Grundlage des Wettbewerbsvorteils"*.[9]

Für die Führung der Organisation ergibt sich die Aufgabe, die Unternehmensstrategie und -struktur an die veränderten Rahmenbedingungen anzupassen. Besonders die international operierenden Unternehmen bewegen sich zeitgleich in unterschiedlichen Umwelten.[10] *Change* findet im Kontext von wachsender *Dynamik* und steigender *Komplexi-*

6 Vgl. Pawlowsky, Peter: Wissensmanagement in der lernenden Organisation, Habilitationsschrift: Universität Paderborn 1994, www. tu-chemnitz.de/wirtschaft/bwl6, S. 3.

7 Vgl. Pawlowsky, Peter: Wissensmanagement in der lernenden Organisation, Habilitationsschrift: Universität Paderborn 1994, www. tu-chemnitz.de/wirtschaft/bwl6, S. 4.

8 Pawlowsky, Peter: Integratives Wissensmanagement, in: Pawlowsky, P. (Hrsg.): Wissensmanagement – Erfahrungen und Perspektiven, Wiesbaden: Gabler 1998, S. 14.

9 De Geus, Arie: Jenseits der Ökonomie: die Verantwortung der Unternehmen, Stuttgart: Klett-Cotta 1998, S. 40.

10 Auf den Zusammenhang zwischen Wandel der Umwelt und des Kontextes geht *Kapitel 3.3.1* ein. Den Aspekt des Lernens von Multinationals beleuchtet Macharzina, Klaus/Oesterle, Michael-

tät statt. So werden Flexibilität, Anpassungsfähigkeit und Geschwindigkeit immer bedeutsamer für die Organisation. Für das Management resultiert daraus die zusätzliche Herausforderung, dass immer mehr interne und externe Vernetzungen und Abhängigkeiten zu beachten sind. Daraus resultiert ein permanenter Austausch und stetiger Wandel. Aufgrund der dargelegten Situation wird in der vorliegenden Arbeit *Change* verstanden als *„ein ständiger Prozess“*[11]. Wissenschaftlich verankert ist der Aspekt *Change* im Bereich der *Betriebswirtschaftslehre.*

Die durch die weltweit rasch wachsende Vernetzung im sozialen, technischen, logistischen, politischen und wirtschaftlichen Bereich verursachte Komplexität kann als die größte aktuelle Herausforderung für Unternehmen und Führungskräften bezeichnet werden. Vor diesem Hintergrund wird Nachhaltigkeit von Veränderungen nur erlangt, wenn sich neben Vorgehensweisen, auch das zugrundeliegende Denken ändert.[12]

Die stetig steigende Komplexität nimmt einen zentralen Stellenwert in der Entwicklung von Organisationen und Führungskräften ein. Somit hat sie eine signifikante Auswirkunge auf die Personalentwicklung von Führungskräften. Laut Malik wird bei jeder größeren Veränderung klar, dass die Fähigkeiten der Entscheidungsträger und Managementsysteme zur Bewältigung von Komplexität begrenzt sind.[13] Ashby sagt, dass Komplexität nur mit Komplexität beherrscht werden kann.[14] Kombiniert man diese beiden Aussagen, wird klar, dass auch die Managementsysteme selbst komplexer werden müssen und nicht mehr nur eindimensional betrachtet und aus einer Disziplin gespeist werden können. Während die Themen Führung und Management ursprünglich überwiegend in der Betriebswirtschaftslehre erforscht und behandelt wurden, genügt diese Disziplin alleine aufgrund der erheblich gestiegenen Komplexität nicht mehr, um Management- und Führungssysteme im erforderlichen Maß weiterzuentwickeln.

Jörg/Brodel, Dietmar: Learning in Multinationals, in: Berthoin-Antal, A./Dierkes, M./Child, J./Nonaka, I. (eds.): Handbook of Organisational Learning and Knowledge, Oxford/New York: Oxford Press 2007, S. 631-656.

11 Ulrich, Hans: Reflexionen über Wandel und Management, in: Gomez, S./Hahn, D./Müller-Stewens, G./Wunderer, R. (Hrsg.): Unternehmerischer Wandel: Konzepte zur organisatorischen Erneuerung, Wiesbaden: Gabler 1994, S. 7.

12 Nachhaltigkeit von Veränderungen kann laut Senge nur erlangt werden, wenn sich auch das zugrundeliegende Denken ändern. Vgl. Senge, Peter M. et. al: The Dance of Change – The Challenges to Sustaining Momentum in Learning Organizations, New York: Doubleday 1999, S. 15.

13 Vgl: Malik, Fredmund: Systemisches Management, Evolution, Selbstorganisation.

14 Vgl. Ashby, William Ross: An Introduction to Cybernetics, London: Chapman and Hall 1956, S. 207. http://pespmc1.vub.ac.be/ashbbook.html.

Darüber hinaus ist es auch notwendig, dass die Mitglieder einer Organisation sich nicht nur zunehmend selbst führen und organisieren, sondern auch ihr eigenes Lernen und das Lernen der Organisation steuern. Denn *„mit zunehmender Komplexität und Dynamik stellen wir höhere Kompetenzanforderungen fest, wobei die Nutzung, Erfassung und das ‚Einspielen' ... [von] Erfahrungen in das System von entscheidender Bedeutung für organisationales Lernen sind."*[15] Nur so lassen sich die zahlreichen neuen Herausforderungen der Unternehmen meistern. Unternehmen müssen also zunehmend zu sich selbst organisierenden Systemen werden. Sowohl die *Kybernetik* als auch die *Systemtheorie* bieten die wissenschaftliche Basis für geeignete Modelle und Instrumente zur Komplexitätsbewältigung, um die Lebensfähigkeit eines Systems sicherzustellen. Übertragen auf Organisationen beschäftigt sich mit diesem Aspekt die Systemorientierte Managementlehre.

Zusammenfassend lässt sich also festhalten, dass Unternehmen vor die Herausforderung gestellt sind, die zunehmende Komplexität, der sie sich ausgesetzt sehen, so zu bewältigen, dass sie dauerhaft und erfolgreich am Markt bestehen können. Die vorliegende Arbeit befasst sich vor diesem Hintergrund mit der übergeordneten Fragestellung: *„Was kann die Personalentwicklung von Führungskräften dazu beitragen, dass Unternehmen in Zeiten steigender Komplexität und stetigen Wandels dauerhaft erfolgreich sein können?"*

1.2 Zielsetzung der Arbeit

Wie in *Kapitel 1.1* dargelegt, liefern drei wissenschaftliche Disziplinen – Betriebswirtschaftslehre, Systemwissenschaften und Wirtschaftspädagogik – den Unternehmen theoretische Grundlagen, um den Herausforderungen, denen sie angesichts steigender Komplexität und stetigen Wandels ausgesetzt sind, zu begegnen. Die klassische separate Betrachtung der Disziplinen ist hinsichtlich der übergeordneten Frage nicht zielführend, sie würde der geschilderten Ausgangslage nicht gerecht werden. Deshalb wurde ein interdisziplinärer Ansatz gewählt. Durch diesen Ansatz unterscheidet sich diese Arbeit von anderen Forschungen.

---

15 Pawlowsky, Peter: Auf dem Weg zu höherer Leistung..., in: Pawlowsky, P./Mistele, P. (Hrsg.): Hochleistungsmanagement – Leistungspotenziale in Organisationen gezielt fördern, Wiesbaden: Gabler 2008, S. 418.

Zunächst lassen sich im Hinblick auf *Personalentwicklung von Führungskräften in Zeiten von Change* Teilbereiche der genannten Disziplinen eingrenzen, die die wissenschaftliche Grundlage zur Beantwortung der oben genannten Fragestellung liefern. Es sind diese:

1. *Change* als Teilbereich der *Betriebswirtschaftslehre*
2. *Systemorientiertung und Komplexität* als Teilbereich der *Systemwissenschaften*
3. *Personalentwicklung im Kontext der lernenden Organisation* als Teilbereich der *Wirtschaftspädagogik.*

Doch dann werden ganz im Sinne der systemischen Betrachtung *„Das Ganze ist mehr als die Summe seiner Teile"* aus den genannten Blickwinkeln die *Personalentwicklung von Führungskräften in Zeiten von Change* beleuchtet *(Kapitel 2)*. Das Ziel ist es hier, die verschiedenen Ansätze der Disziplinen aufzugreifen und zu einer *neuen* Gesamtbetrachtung zusammenzuführen. Dazu ist es erforderlich, die Schnittmengen der Disziplinen hinsichtlich des Forschungsgegenstandes zu betrachten *(Kapitel 3)*.

Die Systemwissenschaften tragen mit ihren Teilbereichen Systemorientierung und Komplexität zu einer umfassenderen Betrachtung des in der Betriebswirtschaftslehre verankerten Change-Begriffs bei. Systemorientierung und Methoden der Komplexitätsbewältigung führen mit dazu, dass Unternehmen einen ganzheitlicheren Umgang mit Change realisieren können, als sie das mithilfe einer rein betriebswirtschaftlichen Betrachtung könnten. Durch die Verwendung der Schnittmenge aus Change und Systemorientierung gelingt es, wissenschaftliche Erkenntnisse zu Aspekten des systemorientierten Managements in der vorliegenden Arbeit zu entwickeln *(Kapitel 3.2)*.

Des Weiteren beeinflusst das in der Betriebswirtschaftslehre verankerte Change Management die Personalentwicklung im Kontext der lernenden Organisation, die ihre wissenschaftliche Heimat in der Wirtschaftspädagogik hat. Andererseits hat auch die Personalentwicklung von Führungskräften Einfluss auf den Umgang mit Change in Unternehmen. Denn nur wenn es der Personalentwicklung gelingt, dass Führungskräfte gut mit Change umgehen können, kann auch das Unternehmen Change bewältigen. Erst in der Verzahnung von Betriebswirtschaftslehre und Wirtschaftspädagogik wird es möglich, diese sich gegenseitig beeinflussenden Bereiche adäquat zu analysieren. Die in der Wirtschaftspädagogik verankerte Personalentwicklung alleine würde sich zwar mit der Führungskräfteentwicklung beschäftigen, aber die Change-Aspekte nicht in ausreichendem Maß behandeln. Durch die gleichzeitige Betrachtung von Change aus betriebswirtschaftlicher Sicht und Personalentwicklung aus wirtschaftspädagogischer Sicht gelingt es in der Arbeit, auch wissenschaftliche Erkenntnisse der Personalentwicklung im Kontext der lernenden Organisation mit Fokus auf Change-Bewältigung *(Kapitel 3.3)* zu entwickeln.

Auch zwischen den Disziplinen Systemwissenschaft und Wirtschaftspädagogik gibt es hinsichtlich der Personalentwicklung von Führungskräften in Zeiten von Change Interdependenzen und Überschneidungen. So ermöglicht es die Anwendung der Instrumente der in der Wirtschaftspädagogik beheimateten Personalentwicklung organisationale und individuelle Lernprozesse zu steuern. Andererseits unterstützt die in der Systemwissenschaft verankerte Systemorientierte Managementlehre Unternehmen dabei, die vorherrschende Komplexität zu bewältigen. Durch die synchrone Betrachtung von Personalentwicklung im Kontext der lernenden Organisation aus wirtschaftspädagogischer Sicht und Systemorientierung und Komplexität aus systemwissenschaftlicher Sicht gelingt es in der Arbeit wissenschaftliche Erkenntnisse zu Aspekten des systemischen Lernens zu entwickeln *(Kapitel 3.4)*.

Es ist also festzuhalten, dass sich überlappende Teilbereiche von drei Disziplinen erforderlich sind, um der Arbeit *Personalentwicklung von Führungskräften in Zeiten von Change – eine Betrachtung aus Sicht des systemorientierten Managements* das wissenschaftliche Fundament zu verleihen. Insbesondere auch die Betrachtung des organisationalen Lernens (siehe hierzu auch *Kapitel 2.3.1 und 3.4.1*) muss aus unterschiedlichen Wissenschaften gespeist werden. Pawlowsky schreibt hierzu: *„In summary, the different approaches to organizational learning are rooted in a wide variety of theoretical foundations. Thus far, there is no theoretical platform that can serve as a common basis for further development of the concept."*[16]

Aus der Summe der oben analysierten Schnittmengen ergibt sich der interdisziplinäre Forschungsgegenstand der Arbeit und die Struktur der Dissertation, die die folgende Abbildung in grafischer Form zusammenfasst.

---

[16] Pawlowsky, Peter: The Treatment of Organizational Learning in Management Science, in: Berthoin-Antal, A./Dierkes, M./Child, J./Nonaka, I. (eds.): Handbook of Organisational Learning and Knowledge, Oxford/New York: Oxford Press 2007, S. 63.

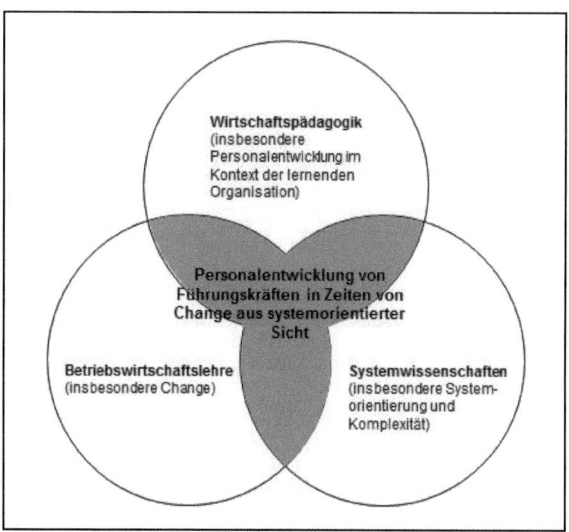

Abb.1: Interdisziplinäres Modell des Forschungsgegenstandes *„Personalentwicklung von Führungskräften in Zeiten von Change“*

In der erläuterten und grafisch dargestellten Verknüpfung von *Personalentwicklung von Führungskräften in Zeiten von Change* und der *Betrachtung aus Sicht des systemorientierten Managements* werden insbesondere folgende zentrale Fragestellungen betrachtet:

1. Wie kann systemorientiertes Management in Zeiten von Change die Organisation befähigen, Selbstorganisation umfassend zu nutzen?
2. Was muss Personalentwicklung im Kontext der lernenden Organisation leisten, damit Organisationen langfristig erfolgreich darin sind, Change zu bewältigen?
3. Wie müssen die organisationalen und die individuellen Lernprozesse angelegt sein, damit systemisches Lernen in der gesamten Organisation erfolgreich ist?

Zielsetzung der Arbeit ist es zu prüfen, wie *Personalentwicklung von Führungskräften in Zeiten von Change aus Sicht des systemorientieren Managements* erfolgreich gestaltet werden kann. Insbesondere werden hierbei 20 *Heuristiken* entwickelt, die die Personalentwicklung von Führungskräften in Zeiten von Change dabei unterstützen, den oben genannten zentralen Fragestellungen wirksam zu begegnen. In diesen Heuristiken kumuliert sich der wissenschaftliche Erkenntniswert dieser Arbeit.

1.3 Methodische und inhaltliche Konzeption

Die vorliegende Arbeit *Personalentwicklung von Führungskräften in Zeiten von Change – eine Betrachtung aus Sicht des systemorientieren Managements* leistet einen Beitrag zur Weiterentwicklung des gegenwärtigen Forschungsstands.

Dazu wird in Teil 2 der *interdiziplinäre Bezugsrahmen* gespannt zwischen *Betriebswirtschaftslehre*, insbesondere *Change; Systemwissenschaften*, insbesondere *Systemorientierung* und *Komplexität* und *Wirtschaftspädagogik,* insbesondere *Personalentwicklung im Kontext der lernenden Organisation.* Die Gliederung ist nach den wissenschaftlichen Disziplinen strukturiert. Die angeführten Aspekte schaffen eine Basis und stellen somit einen Beitrag zur Problemlösung im weiterführenden Teil dar.

Aus Sicht der *Betriebswirtschaftslehre (Kapitel 2.1)* ist Change zum Normalzustand geworden, der kontinuierliche und immer häufiger auch tief greifende Wandel prägt den Alltag in vielen Organisationen des Wirtschafts- und Nicht-Wirtschaftssektors *(Kapitel 2.1.1).* Dies ist einerseits eine Gefahr, andererseits auch eine Chance für die Entwicklung von Organisationen *(Kapitel 2.1.2).* Dem Bereich Innovation gilt es besondere Aufmerksamkeit zu schenken, da Wandel immer auch mit systematischer Innovation verbunden ist *(Kapitel 2.1.3).* Vor diesem Hintergrund werden bereits in den Grundlagen einige Überlegungen zur Umsetzung von Change-Prozessen ergänzend eingeführt *(Kapitel. 2.1.4).* Zusammenfassend stellt das Kapitel *Betriebswirtschaftslehre* heraus, dass Change zum ständigen Prozess geworden ist und mit einer Veränderung des Denkens auf diesen Prozess reagiert werden muss.

Im interdisziplinären Bezugsrahmen aus Sicht der *Systemwissenschaften* wird für den Untersuchungsgegenstand der Dissertation den Themen Systemorientierung und Komplexität besondere Aufmerksamkeit gewidmet *(Kapitel 2.2),* weil Organisationen heute wirkungsvoll und nachhaltig gesteuert werden können, wenn man versucht, insbesondere auch ihren systemischen Charakter zu verstehen und gezielt für die Entwicklung der Organisation zu nutzen. Nicht nur bewegen sich Unternehmen in zunehmend komplexen Umfeldern, auch die Organisationen selbst werden – um dieser Komplexität gerecht zu werden – immer komplexer. In den interdisziplinären Grundlagen ist somit einerseits das Thema Komplexität näher zu betrachten als auch andererseits der systemische Charakter von Organisationen *(Kapitel 2.2.1).* Bei den Grundlagen ist der Problematik und Notwendigkeit des vernetzten Denkens in diesem Zusammenhang besondere Aufmerksamkeit zu widmen *(Kapitel 2.2.2)* sowie den hierauf aufbauenden Grundlagen zum systemorientierten Management, das sich hieraus für einen wissenschaftlich fundierten und gleichzeitig praxisbezogenen Umgang mit der Thematik ableitet *(Kapitel 2.2.3)*. Zusammenfassend zeigt das Kapitel *Systemwissenschaften* eine Herangehensweise auf, den Anforderungen für Lenkung und Steuerung von komplexen Systemen gerecht zu werden, um den Problemen und Chancen des 21. Jahrhunderts zu begegnen.

Aus Sicht der *Wirtschaftspädagogik* ist im Kontext des interdisziplinären Bezugsrahmens auf relevante Aspekte der Grundlagen zur Personalentwicklung in Zeiten von Change einzugehen *(Kapitel 2.3)*. Aufbauend auf einigen zentralen Grundgedanken wird insbesondere auf die Notwendigkeit einer lernenden Organisation als zentrale Herausforderung eingegangen *(Kapitel 2.3.1)*. Hierauf aufbauend, wird Personalentwicklung im Kontext der lernenden Organisation betrachtet und eingeordnet *(Kapitel 2.3.2)*. Die lernende Organisation ist aufgrund der in diesen Kapiteln dargelegten Hintergründe die systemorientierte Herangehensweise und Antwort, die es der Personalentwicklung erlaubt, dauerhaft tragfähige Lösungen in einer Organisation zu implementieren. Überlegungen zur lernenden Organisation nehmen folglich einen zentralen Stellenwert in der Arbeit ein. Zusammenfassend schafft dieser Teil *Wirtschaftspädagogik* die Grundlage für die weiteren Überlegungen hinsichtlich der Selbstentwicklung der Organisation.

In Teil 3, *Personalentwicklung von Führungskräften in Zeiten von Change*, werden aufbauend auf den dargelegten Grundlagen, neue Erkenntnisse in Form von Heuristiken aus der Bearbeitung des gewählten Forschungsgebietes entwickelt.

Bevor in den *Kapiteln 3.2* bis *3.4* der Bezugsrahmen aus *Betriebswirtschaftslehre*, *Systemwissenschaften* und *Wirtschaftspädagogik* wieder aufgegriffen wird, wird in *Kapitel 3.1* zunächst das interdisziplinäre Modell des Forschungsgegenstandes vertiefend dargelegt, die den notwendigen Kontext zur Einordnung und Ausarbeitung bilden. Um der Veränderungsgeschwindigkeit gerecht zu werden, ist es bedeutsam eine permanente Lernfähigkeit zu generieren. Das erfordert eine kontinuierliche Überprüfung und Erneuerung des Wissenspotenzials. Daher wird zunächst die Modellbeschreibung *(Kapitel 3.1.1)* dargelegt und dann die besondere Bedeutung der Schlüsselressource Wissen mit ihrer Eigenschaft als zentraler Wettbewerbsfaktor

(Kapitel 3.1.2). Vor diesem Hintergrund wird auf Wissensarbeit und Wissensmanagement im Kontext des Modells eingegangen, um diese im Kontext von Personalentwicklung in Zeiten von Change entsprechend berücksichtigen und zielgerichtet fördern zu können *(Kapitel 3.1.3).*

Der aufgeworfenen Frage, wie systemorientiertes Management in Zeiten von Change die Organisation befähigen kann, Selbstorganisation umfassend zu nutzen, geht der systemorientierte Teil nach. *Kapitel 3.2, Systemwissenschaften – Systemorientiertes Management mit Fokus auf Selbstorganisation,* veranschaulicht die besonderen Notwendigkeiten sowie Ansätze zur Ausgestaltung, um *Personalentwicklung von Führungskräften in Zeiten von Change* erfolgreich umzusetzen. Ausgearbeitet werden die besondere Bedeutung sowie die neuen Perspektiven, die aus dem Fokus auf Selbstorganisation entstehen, wenn Personalentwicklung diesem übergeordneten Ziel der Selbstorganisation folgt *(Kapitel 3.2.1).* Hierauf aufbauend werden die Neuerkenntnisse als zentrale Heuristiken zur Etablierung von Selbstorganisation für erfolgreiche Personalentwicklung von Führungskräften in Zeiten von Change dargestellt *(Kapitel 3.2.2).*

Der Lösungsbeitrag des betriebswirtschaftlichen Teils entwickelt sich entlang der Fragestellung, was muss Personalentwicklung im Kontext der lernenden Organisation leisten, damit Organisationen langfristig erfolgreich darin sind, Change zu bewältigen. In *Kapitel 3.3, Betriebswirtschaftslehre – Personalentwicklung mit Fokus auf Change Bewältigung*, werden die Interaktion zwischen Umwelt, Institution und Führungskräften herausgearbeitet *(Kapitel 3.3.1),* sowie zentrale Grundsätze wirksamer Führungskräfte, die im Kontext und als Gestalter von Change erfolgreich handeln *(Kapitel 3.3.2).* Die Erkenntnisse werden zu Heuristiken weiterentwickelt, die für die wirksame Führungskräfteentwicklung im Kontext von Change von Bedeutung sind *(Kapitel 3.3.3).*

Der wirtschaftspädagogische Teil bringt Erkenntnisgewinn hinsichtlich der Frage, wie die organisationalen und die individuellen Lernprozesse angelegt sein müssen, damit systemisches Lernen in der gesamten Organisation erfolgreich ist. In *Kapitel 3.4, Wirtschaftspädagogik – Systemisches Lernen in Organisationen*, werden die Anforderungen und Möglichkeiten zur Ausgestaltung von organisationalem Lernen *(Kapitel 3.4.1)* und individuellem Lernen *(Kapitel 3.4.2)* bezogen auf den Forschungsschwerpunkt der Arbeit dargelegt. Hierauf aufbauend werden die Erkenntnisse zu zielführenden Heuristiken zur Förderung von lernender Organisation und individuellem Lernen *(Kapitel 3.4.3)* ausgebaut.

Zum Abschluss des dritten Teils werden in *Kapitel 3.5* ergänzend wesentliche Grenzen und Limitierungen der Möglichkeiten zur Gestaltung der *Personalentwicklung von Führungskräften in Zeiten von Change* aufgezeigt. Hierbei wird insbesondere auch auf die Grenzen der Nutzung von Heuristiken eingegangen. Die Auseinandersetzung damit rundet die Betrachtung der gewonnenen Erkenntnisse ab.

Die Arbeit *Personalentwicklung von Führungskräften in Zeiten von Change – Eine Betrachtung aus Sicht des systemorientierten Managements* schließt in Teil 4 mit einer Zusammenfassung der gewonnenen Erkenntnisse und einem abschließenden Ausblick.

2. Interdisziplinärer Bezugsrahmen

Um der Problemstellung der Arbeit eine breite Basis zu bieten, wird im folgenden Teil 2 der interdisziplinäre Bezugsrahmen gespannt zwischen *Betriebswirtschaftslehre*, insbesondere *Change; Systemwissenschaften*, insbesondere *Systemorientierung* und *Komplexität* und *Wirtschaftspädagogik,* insbesondere *Personalentwicklung im Kontext der lernenden Organisation.* Die Gliederung erfolgt hierbei nach den wissenschaftlichen Disziplinen.

2.1 Relevante Aspekte der Betriebswirtschaftslehre

Ausgangspunkt für das Forschungsvorhaben sind die Erkenntnisse zum Change Management, die in der Betriebswirtschaftslehre gut erforscht sind. Der stetige Wandel ist inzwischen fast sprichwörtlich geworden. Festzustellen ist hierbei, dass Wandel *immer mehr* Menschen *betrifft*, von *immer mehr* Menschen *gestaltet* wird und gleichzeitig *immer häufiger auftritt,* also als Normalzustand zu betrachten ist.[17]

Im Zusammenhang mit der *Veränderung von Organisationen* dominieren in der aktuellen Managementliteratur Begriffe wie *Change, Wandel, Veränderung, Dynamik, Transformation.* Bewegen sich die Begriffe *Veränderung* und *Entwicklung* eher im neutralen Bereich, da Organisationen sich immer verändern und entwickeln (vorwärts oder rückwärts), so deuten Begriffe wie *Wachstum*, *Fortschritt* und *Dynamik* eine positive Richtung an. Mehr Aktivität impliziert der Begriff *Transformation.* Er führt näher ans Geschehen, da er mit der Vorstellung eines aktiv zu beeinflussenden Vorgangs verbunden ist.[18]

Senge gibt in seinem Buch *The Dance of Change* folgende weitreichende Definition des Begriffs *Change*: *"The term 'profound change' (...) describes organizational change that combines inner shifts in people's values, aspirations, and behaviors with 'outer'*

---

17 Change als Normalzustand vgl. bspw. Drucker, Peter F.: Management Challenges for the 21st Century, Reprinted Edition, Oxford: Elsevier Butterworth-Heinemann 2005, S. 73; Pietsch, Gotthard: Resilienz lässt sich lernen, Personalwirtschaft, 11/2008, S. 42; Siebert, Jörg: Führungssysteme zwischen Stabilität und Wandel – Ein Systematischer Ansatz zum Management der Führung, Wiesbaden: Deutscher Universitäts-Verlag 2006, dort *Kapitel 2.2.2.*; Beer, Michael/Nohira, Nitin: Resolving the Tension between Theories E and O of Change, in: Beer, M./Nohira, N. (eds): Breaking the Code of Change, Boston: Harvard Business School Press 2000, S. 1; Becker, Manfred: Wandel aktiv bewältigen!, München/Mering: Rainer Hampp 2009, S. 50.

18 Vgl. Wöhrle, Armin: Den Wandel managen. Organisationen analysieren und entwickeln, Baden-Baden: Nomos 2005, S. 51.

shifts in processes, strategies, practices, and systems. The word 'profound' [19] *stems from the Latin fundus, a base or foundation. It means, literally, 'moving towards the fundamental'."*[20]

Im Folgenden wird der Begriff *Change* erweitert im Sinne von Senge verstanden.

In der deutschsprachigen Managementliteratur gibt es den eindeutigen Trend, den anglo-amerikanischen Begriff *Change* als *Wandel* zu übersetzen, weniger als *Veränderung*.[21] In der vorliegenden Arbeit werden die Begriffe *Change* und *Wandel* synonym verwendet.

Die vorliegende Arbeit betrachtet die Auswirkungen von Change aus Sicht von Unternehmen. Aspekte wie gesellschaftlicher, sozialer und demografischer Wandel sowie Wertewandel werden nicht separat behandelt und fließen nur in sehr geringem Maße in die Arbeit ein. Einerseits wirkt Change auf die Unternehmen und die Unternehmen müssen darauf reagieren, andererseits sind Unternehmen auch in der Lage, Change aktiv zu gestalten oder gar herbeizuführen. Hier ergibt sich eine Fülle von Wechselwirkungen.

2.1.1 Change – die neue Realität

Arie de Geus, langjähriger Chief Executive Officer (CEO) des Konzern Royal Dutch Shell und renommierter Vertreter des organisationalen Lernens, widmet sich in seinen Publikationen u.a. der Frage, was Unternehmen über einen langen Zeitraum am Markt bestehen lässt.[22] So resümiert er, dass die meisten Unternehmen erfahrungsgemäß eine

---

19 Profound = deep, intense, very great; o.V.: Oxford Advanced Learner´s Dictionary, 5th Edition, Oxford: Oxford University Press 1995, S. 925.

20 Senge, Peter M. et. al: The Dance of Change – The Challenges to Sustaining Momentum in Learning Organizations, New York: Doubleday 1999, S. 15.

21 Vgl. Deuringer, Christian: Organisation und Change Management – Ein ganzheitlicher Strukturansatz zur Förderung organisatorischer Flexibilität, Wiesbaden: Deutscher Universitäts-Verlag 2000, S. 26; Wöhrle, Armin: Den Wandel managen – Organisationen analysieren und entwickeln, Baden-Baden: Nomos 2005, S. 51; Roehl, H./ Winkler, B./Eppler, M./Fröhlich, C.: Werkzeuge des Wandels: Die 30 wirksamsten Tools des Change Managements, Stuttgart: Schäffer-Poeschel 2012. Hierzu eine interessante Anmerkung von Ulrich *„Der Ausdruck ‚Wandel' steht in der deutschsprachigen Literatur auch für das amerikanische ‚Change', was ebenso gut mit Veränderung hätte übersetzt werden können und damit weniger gewichtig erschienen wäre."* Ulrich, Hans: Reflexionen über Wandel und Management, in: Gomez, S./Hahn, D./Müller-Stewens, G./Wunderer, R. (Hrsg.): Unternehmerischer Wandel: Konzepte zur organisatorischen Erneuerung, Wiesbaden: Gabler 1994, S. 6.

22 *"His 1988 Harvard Business Review article, 'Planning as Learning,' established him as a leading expert in organizational learning."* http://www.ariedegeus.com/ Sein Buch heißt *"The Living Company: Habits for Survival in a Turbulent Business Environment"*.

durchschnittliche Lebenserwartung von 40 Jahren haben, einige aber sogar mehrere Jahrhunderte bestehen.[23]

Diese Langlebigkeit bedingt *„eine große Entwicklungsfähigkeit, eine Fähigkeit zur Transformation, zur Veränderung des Zielobjekts, der Aktivitäten und der Strukturen."*[24]

Folgende Qualitäten langlebiger Unternehmen hebt de Geus besonders hervor:

- dass die langfristigen Entscheidungen des Unternehmens richtig sind und sich das Unternehmen nicht täuscht,
- dass das Unternehmen die intern vorhandene Intelligenz benutzt,
- dass die zur Verfügung stehenden Alternativen erforscht werden und
- dass über Veränderungen im Unternehmen schnell informiert wird.

Ein Unternehmen, das dauerhaft besteht, ist erstens in der Lage, seine Zukunftsmöglichkeiten zu erforschen. Zweitens weiß es, wie man diese Erforschung vom Entscheidungsprozess trennt, drittens sorgt es für eine breite Machtverteilung und viertens verändert es sich.[25] De Geus spricht in diesem Zusammenhang von vier Charakterzügen: Sensibilität für die Umwelt, Zusammenhalt (Kohäsion) und Identität, Toleranz und eine vorsichtige Finanzierung.[26]

Komponenten von *Change*

a) Zeitliche Komponente

Nach Ulrich ist Change *„ein ständiger Prozess, der sich in immer wieder anderen Formen vollzieht und immer wieder andere Phänomene betrifft."*[27] Das bedeutet, dass Phasen der Stabilität mittlerweile so kurz sind, dass „business as usual" eher zur Ausnahme als zur Regel geworden ist. Change und seine Gestaltung speziell im Hinblick

---

[23] Vgl. De Geus, Arie: Unternehmen haben mehrere Zukünfte – Vom Leben und Sterben, in: Sattelberger, T. (Hrsg.): Human Resource Management im Umbruch – Positionierung, Potentiale, Perspektiven, Wiesbaden: Gabler 1996, S. 287.

[24] Vgl. ebd. S. 287.

[25] Vgl. ebd. S. 287.

[26] Vgl. De Geus, Arie: Jenseits der Ökonomie: die Verantwortung der Unternehmen, Stuttgart: Klett-Cotta 1998, S. 23 ff. Dargestellt werden sie auch bei Sattelberger, Thomas: Das kurze Leben der Unternehmen, in: Personalwirtschaft, 3/2009, S. 14.

[27] Ulrich, Hans: Reflexionen über Wandel und Management, in: Gomez, S./Hahn, D./Müller-Stewens, G./Wunderer, R. (Hrsg.): Unternehmerischer Wandel: Konzepte zur organisatorischen Erneuerung, Wiesbaden: Gabler 1994, S. 7.

auf qualifizierte Personalentwicklung als fortwährenden Prozess zu begreifen ist die Grundlage, von der diese Arbeit ausgeht.

b) Inhaltliche Komponente

Es wird unterschieden erstens zwischen *hartem* und *weichem* und zweitens zwischen *geplantem* und *ungeplantem* Wandel.

Zu den harten, revolutionären Prozessen zählen die Modelle der Corporate Transformation und Business Transformation, wie sie im Kontext von Reengineering vertreten werden.[28] Hierbei werden alle gewachsenen Strukturen und Prozesse zur Disposition gestellt.

Weiche, stärker evolutionär angelegte Ansätze stammen aus dem Bereich der Organisationsentwicklung. Charakteristisch ist das Harmoniepostulat zwischen den Zielgruppen des Unternehmens und den betroffenen Mitarbeitern. Der in diesem Ansatz zentrale *Change Agent* versteht sich als Katalysator, Moderator, Konfliktmanager und Prozessberater, wobei auf einen partizipativen Prozess der Unternehmensentwicklung Wert gelegt wird. Er setzt sowohl auf der Ebene der Individuen, der Gruppen als auch der Gesamtorganisation an.

Zum anderen findet sich in der deutschen Literatur die Unterscheidung von *geplantem* und *ungeplantem Wandel*.[29] Insbesondere beim ungeplanten Wandel werden Evolutionsmodelle und Lernmodelle herangezogen, um Wandel in Organisationen zu beschreiben. Hier ist darauf hinzuweisen, dass der evolutionäre Aspekt sowohl im geplanten als auch im ungeplanten Wandel vorliegt. Doch selbst bei geplanten Maßnahmen ist der Kontext im Regelfall so komplex, dass sich Vorgehensweisen im Prozess des Wandels evolutionär entwickeln werden.

Diese Unterscheidungen zwischen *hart* und *weich* sowie *geplant und ungeplant* gehen nicht weit genug, um die Langlebigkeit zu sichern, von der Arie de Geus spricht.

Senge verweist darüber hinaus auf die Grundsätzlichkeit, die mit Wandel einhergehen kann, und betont, dass die Fundamente und Grundlagen bisherigen Handelns und Ver-

---

[28] Hierzu Bea, Franz Xaver/Göbel, Elisabeth: Organisation, 4., neu bearb. u. erw. Aufl., Stuttgart: Lucius & Lucius 2010, S. 484. Eine der Lehren aus den Restrukturierungsprogrammen vieler Unternehmen ist, dass eine fundamentale Transformation ein schwieriger und fehleranfälliger Prozess ist. In ihm spielen sich geplante und ungeplante Entwicklungen ab.

[29] Vgl. ebd. S. 484 ff.

haltens in Frage gestellt werden müssen. So berücksichtigt er auch Aspekte des *organisationalen Lernens* und der *Entwicklungsfähigkeit* von Unternehmen.

"In profound change there is learning. The organization doesn't just do something new; it builds its capacity for doing things in a new way – indeed, it builds capacity for ongoing change. This emphasis on inner and outer changes gets to the heart of the issues that large industrial-age institutions are wrestling with today. It is not enough to change strategies, structures, and systems, unless the thinking that produced those strategies, structures and systems also changes." [30]

Mit der expliziten Betonung, dass sich das *Denken* ebenfalls ändern muss, verweist Senge implizit auf ein zentrales Problem: über die operativen Veränderungen hinauszugehen und eben zu den Grundlagen – den *fundamentals* – vorzustoßen.

c) Komplexitäts- und Dynamik-Komponente

In Büchern über *Change* findet sich häufig zu Beginn die Aussage, dass sich die Welt in einer Zeit des beschleunigten Wandels befindet und dadurch ein enormer Veränderungsdruck auf den Unternehmen lastet.[31] Auch Hans Ulrich teilt diese Ansicht, er konstatiert jedoch, dass die Feststellung, wir würden in einer ganz besonderen Zeit fundamentalen und raschen Wandels leben, *„seit Jahrzehnten zu den Standardaussagen der Managementlehre gehört, also eher eine jener dauerhaften Wahrheiten ist, die von jeder Generation neu entdeckt werden müssen."*[32]

Peter F. Drucker führt hierzu einen interessanten Gedanken an, indem er den heutigen Wandel in ein größeres Bild rückt. So schreibt er, dass sich innerhalb weniger Jahrzehnte die Gesellschaft neu geordnet hat und innerhalb von 50 Jahren sieht die Welt wie neu geschaffen aus. Die grundlegenden Änderungen von heute, unsere Realitäten, be-

---

30 Vgl. Senge, Peter M. et. al: The Dance of Change – The Challenges to Sustaining Momentum in Learning Organizations, New York: Doubleday 1999, S. 15.

31 Vgl. Kotter, John S.: Leading Change, Boston: Harvard Business School Press 1996, S. 3; Krüger, Wilfried (Hrsg.): Excellence in Change – Wege zur strategischen Erneuerung, 3., vollst. überarb. Aufl., Wiesbaden: Gabler 2006, S. 23 ff.; Doppler, Klaus/Lauterburg, Christoph: Change Management – Den Unternehmenswandel gestalten, 12., akt. u. erw. Aufl., Frankfurt: Campus 2008, S. 23 ff.

32 Ulrich, Hans: Reflexionen über Wandel und Management, in: Gomez, S./Hahn, D./Müller-Stewens, G./Wunderer, R. (Hrsg.): Unternehmerischer Wandel – Konzepte zur organisatorischen Erneuerung, Wiesbaden: Gabler 1994, S. 6.

gannen sich nach Drucker vor 30 Jahren abzuzeichnen und entfalten erst jetzt ihre volle Wirkung.[33]

Zudem steigt die Diskrepanz zwischen Notwendigkeit und Fähigkeit zu schnellem und flexiblem Handeln. Das heißt, die verfügbare *Reaktionszeit* sinkt und der *Zeitbedarf* für eine angemessene Problembewältigung aufgrund der zunehmenden Komplexität steigt. Die von Bleicher so benannte „Zeitschere“[34] klafft also immer weiter auseinander.

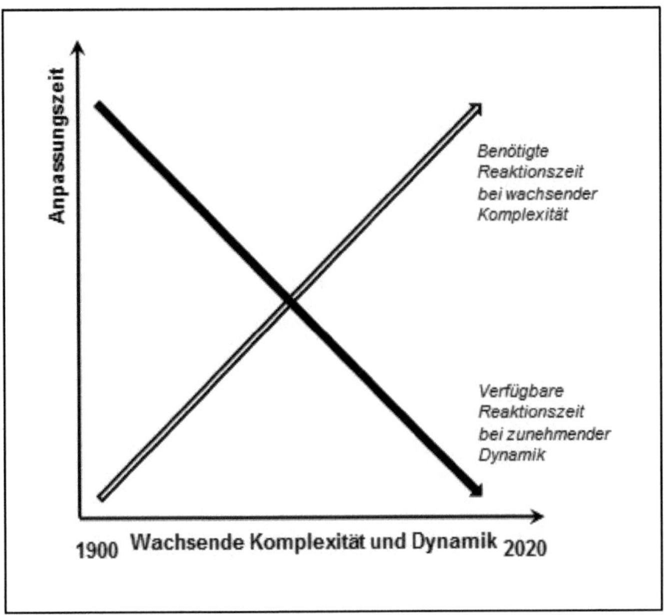

Abb. 2: Die Zeitschere in Anlehnung an Bleicher[35]

Der Wandel mit seiner wachsenden *Dynamik* und *Komplexität* erfasst Unternehmen aller Branchen und Größen. Ein dauerhafter Wettbewerbserfolg kann nur erreicht werden, wenn sich Unternehmen den veränderten Anforderungen flexibel und in kürzester Zeit anpassen. Das bedeutet, ständig sich zu verändern und ständig Neues zu

[33] Vgl. Drucker, Peter F.: Post-Capitalist Society, Oxford: Butterworth-Heinemann 1993, S. 1 ff.; Drucker, Peter F.: The New Realities, 2nd Edition, New Brunswick, London: Transaction Publishers 2006, S. 3 ff.

[34] Bleicher, Knut: Das Konzept integriertes Management – Visionen – Missionen – Programme, 8., akt. u. erw. Aufl., Frankfurt/New York: Campus 2011, S. 59.

[35] Vgl. ebd. Bleicher, Knut: Das Konzept integriertes Management – Visionen – Missionen – Programme, 8., akt. u. erw. Aufl., Frankfurt/New York: Campus 2011, S. 59.

lernen.[36] Gelingt dies nicht, so kann schnell aus einer schwierigen wirtschaftlichen Situation eine ernste Krise werden.

Die tagtägliche Konfrontation mit Komplexität, *„die es in den Griff zu bekommen gilt, einer wachsenden Dynamik, mit der sich Märkte verändern und einer damit verbundenen Unsicherheit, was richtigerweise zu tun ist"*, ist zu einer großen Herausforderung für Unternehmen geworden.[37] Deshalb brauchen die Unternehmen Mitarbeiter, die bereit und in der Lage sind, ihre Qualifikation dem stetigen Wandel anzupassen. *„Lebensbegleitendes Lernen ist zu einer unverzichtbaren Voraussetzung für den wirtschaftlichen Erfolg geworden."*[38]

2.1.2 Gefahr und Chance von Wandel

Bei der Begriffsfindung wurde deutlich, dass Change für Unternehmen überlebensnotwendig ist. Der langjährige Chief Executive Officer von General Electric, Jack Welch, bringt die Situation von Unternehmen pointiert auf den Punkt: "*When the rate of change outside [the firm] is greater than the rate of change inside, the end is in sight.*"[39]

Im Hinblick auf *Gefahr und Chance* ist an dieser Stelle erneut zu betonen, dass nicht nur die Existenz des Wandels per se eine große Herausforderung ist, sondern auch dessen zunehmende Dynamik und Komplexität.

Der angesprochenen Zeitschere kann nur mit Erfolg begegnet werden, wenn sich Unternehmen dem Wandel stellen und ihm laufend und flexibel begegnen. Darin liegen gleichzeitig *Gefahr* und *Chance*.

---

36 Vgl. Hetzler, Sebastian: Real-Time Control für das Meistern von Komplexität, Frankfurt: Campus 2010, S. 17; Stihl, Hans Peter: Lernen in der Wirtschaft, in: Wiesenhuber, Norbert & Partner (Hrsg.): Handbuch Lernende Organisation – Unternehmens- und Mitarbeiterpotentiale erfolgreich erschließen, Wiesbaden: Gabler 1997, S. 18.

37 Vgl. Hetzler, Sebastian: Real-Time Control für das Meistern von Komplexität, Frankfurt: Campus 2010, S. 16.

38 Stihl, Hans Peter: Lernen in der Wirtschaft, in: Wiesenhuber, Norbert & Partner (Hrsg.): Handbuch Lernende Organisation – Unternehmens- und Mitarbeiterpotentiale erfolgreich erschließen, Wiesbaden: Gabler 1997, S. 18.

39 Belardo, Salvatore/Crnkovic, Jackov: Change and the Learning Organization, in: Berndt, R. (Hrsg.): Unternehmen im Wandel – Change Management, Berlin u.a.: Springer Verlag 1998, S. 42.

Gefahr

Change birgt für ein Unternehmen immer auch die Gefahr, dass die Veränderungsprozesse misslingen. Dieser Aspekt wird von Kotter aufgegriffen, der mehr als 100 Unternehmen in ihrem Streben nach einer besseren Wettbewerbsposition begleitet hat. Er konstatiert, dass die Veränderungsprogramme unterschiedlich waren, doch die Hauptziele einander glichen. Alle versuchten, sich durch grundlegende Veränderungen im anspruchsvolleren neuen Marktumfeld zu behaupten. Einige Veränderungsprogramme waren sehr erfolgreich, andere komplette Fehlschläge und die meisten lagen irgendwo dazwischen mit der Tendenz zum unteren Ende der Skala. Seine Beobachtungen liefern zwei wichtige allgemeine Erkenntnisse:[40]

1. Der Veränderungsprozess beansprucht immer viel *Zeit* und durchläuft eine *Reihe von Phasen.* Das Überspringen von Phasen oder Abschnitten schafft nur die Illusion von schnellem Fortschritt, führt aber nicht zu einem befriedigenden Ergebnis.
2. Entscheidende *Fehler* wirken sich in *jeder Phase* verheerend aus. So kann der Schwung abgebremst werden oder schwer erreichte Fortschritte können zunichte gemacht werden.

Die Gefahr ist folglich, zu wenig Zeit für den Prozess vorzusehen, die Reihenfolge nicht einzuhalten und die Folgewirkung von Fehlern deutlich zu unterschätzen. Dies erschwert die ohnehin komplexen Prozesse zusätzlich.

Chance

Peter F. Drucker hebt hervor, dass Wandel als Chance zu begreifen ist. Er betont auch, dass es keine Alternativen zum Wandel gibt:

"To be sure, it is painful and risky, and above all it requires a great deal of very hard work. But unless it is seen as the task of the organization to lead change, the organization whether business, university, hospital and so on – will not survive."[41]

---

[40] Vgl. Kotter, John S.: Leading Change – Why Transformation Efforts Fail, in: Harvard Business Review, March-April 1995, S. 59.

[41] Drucker, Peter F.: Management Challenges for the 21st Century, Reprinted Edition, Oxford: Elsevier Butterworth-Heinemann 2005, S. 73.

"In a period of rapid structural change, the only ones who survive are the change leaders. It is therefore a central 21st-century challenge for management that its organization becomes a change leader."[42]

Er betont somit, dass in einer Zeit schnellen strukturellen Wandels sich nur jene behaupten können, die Veränderungen anführen. Diese nennt er *Change Leader.* Charakteristisch für sie ist, dass sie gute von schlechten Chancen zu unterscheiden wissen und Wandel innerhalb und außerhalb der Organisation zu nutzen verstehen.[43]

Es geht hier um zukünftige Positionierung oder wie es Schuler und Jackson ausdrücken: *" the organizations that are learning to deal with major change associated with the key business issues of today are positioning themselves quite nicely for the future".*[44]

Peter F. Ducker formuliert es so: *"if you start out by looking at change as threat, you will never innovate (...). The unexpected is often the best source of innovation."*[45]

2.1.3 Innovation als Chance

Drucker vertritt die Meinung, dass man Change aktiv durch Innovation selbst gestalten muss (als Change Leader). Unternehmen, die dies nicht tun, verlieren den Anschluss. Er macht dies in folgender Äußerung deutlich: *"Innovation requires us to systematically identify changes that have already occurred in the business – in demographics, in values, in technology or science – and then to look at them as opportunities. It also requires something that is most difficult for existing companies to do: to abandon rather than defend yesterday."*[46]

Es ist ein Trugschluss, zu glauben, dass Innovationen freudig aufgenommen würden. Das Gegenteil ist zutreffend, denn gute Chancen zu finden und für die Organisation zu realisieren bedeutet oft, mit Gewohnheiten zu brechen. Diesen Widerstand zu überwinden lohnt sich, denn innovative Unternehmensführung zahlt sich aus. Welche

---

42 Drucker, Peter F.: Management Challenges for the 21st Century, Reprinted Edition, Oxford: Elsevier Butterworth-Heinemann 2005, S. 73.

43 Vgl. Drucker, Peter F.: Management Challenges for the 21st Century, Reprinted Edition, Oxford: Elsevier Butterworth-Heinemann 2005, S. 73 ff. und Drucker, Peter F.: Managing in the Next Society, 2nd Edition, Oxford: Butterworth-Heinemann 2003, S. 75 ff.

44 Schuler, Randall S./Jackson, Susan E.: Managing Organizational Changes and the Role of Human Resources Management, in: Berndt, R. (Hrsg.): Unternehmen im Wandel – Change Management, Berlin u.a.: Springer Verlag 1998, S. 413.

45 Drucker, Peter F.: Managing in the Next Society, 2nd Edition, Oxford: Butterworth-Heinemann 2003, S. 75.

46 Ebd. S. 96.

Wachstumschancen sich durch eine innovative Unternehmensführung eröffnen, zeigt beispielsweise die Studie von Wiesenhuber und Spannagl, an der über 200 deutsche Unternehmen teilnahmen. Es wurde ermittelt, dass drei unterschiedliche Kategorien von Personen im Hinblick auf das Innovationsverhalten existieren: *Innovatoren* (26%), *Anpasser und Mitläufer* (51%) sowie *Verteidiger* (23%). Die *Innovatoren* sind den *Anpassern* und *Verteidigern* bei folgenden Erfolgsmerkmalen überlegen:[47]

- Das Umsatzwachstum liegt deutlich über dem der Anpasser und Verteidiger.
- Die Neuproduktrate ist doppelt so hoch wie die der Verteidiger.
- Die Umsatzrendite ist doppelt so hoch wie die der Verteidiger.

Innovative Unternehmen begnügen sich nicht mit Nachahmungspolitik, sondern betreiben eine konsequente und kontinuierliche Innovationspolitik, gepaart mit einer höheren Risikobereitschaft. Diese Unternehmen geben auch solchen Ideen, die sich noch nicht rechnen, eine echte Prüf- und Realisierungschance.[48] Collins und Porras gehen auf diesen Aspekt ein. Sie berichten, dass sie bei ihrer Analyse feststellten, dass einige der größten Erfolge nicht auf ausführliche strategische Planung, sondern auf Experimentierfreude, systematisches Probieren sowie geschickte Ausnutzung von Gelegenheiten und Zufällen zurückzuführen sind. Kurz gesagt: Die scheinbar brillante Strategie war oftmals das Nebenprodukt ziellosen Experimentierens und „gezielter Zufälle".[49] Das bestärkt Druckers Aussage, dass weder Marktforschung noch Studien oder Simulationen den Test in der Realität ersetzen.[50]

Die Studie von Wiesenhuber und Spannagl belegt auch, dass lernende Organisationen eine signifikant höhere Innovationsorientierung aufweisen und mehr kreative Mitarbeiter besitzen. Hier wird deutlich, dass Innovationsmanagement mit den Denkansätzen des

47 Vgl. Spannagl, Johannes: Lernende Organisation und Innovation, in: Wiesenhuber, Norbert & Partner (Hrsg.): Handbuch Lernende Organisation – Unternehmens- und Mitarbeiterpotentiale erfolgreich erschließen, Wiesbaden: Gabler 1997, S. 282.

48 Vgl. ebd. S. 282.

49 Vgl. Collins, Jim/Porras, Jerry I.: Immer erfolgreich – Die Strategien der Top-Unternehmen (Originaltitel: Built to Last – Successful Habits of Visionary Companies, New York 1994), München: Deutscher Taschenbuch Verlag 2005, S. 187, hier finden sich auch Fallbeispiele.

50 Vgl. Drucker, Peter F.: Management Challenges for the 21st Century, Reprinted Edition, Oxford: Elsevier Butterworth-Heinemann 2005, S. 86 ff.

organisationalen Lernens eng verbunden ist.[51] Daraus kann man ableiten, dass Innovationsfähigkeit die Entwicklungsfähigkeit eines Unternehmens stärkt.

In der Praxis zahlt sich *Innovation* in mehrfacher Hinsicht aus:

- Sie ist ein *Instrument,* um Chancen zu ergreifen.
- Sie fördert die *Vorreiterposition* bei der Einführung neuer Ideen im eigenen Unternehmen oder Markt.
- Sie fördert das *organisationale Lernen* und
- stärkt die *Entwicklungsfähigkeit.*

In diesem Sinne braucht jede Organisation Innovation nicht nur, sondern muss Innovation zu seiner Kernkompetenz machen.[52] Denn systematische Innovation schafft die Einstellung, *Wandel als Chance* zu begreifen.[53]

2.1.4 Überlegungen zur Umsetzung von Change-Prozessen

Reinhard Mohn schreibt: *„In Zeiten des Wandels müssen viele Gewohnheiten infrage gestellt werden. Das gilt sowohl für die Definition unserer Ziele und Werte als auch für die Wege, sie zu erreichen.“*[54]

Bezogen auf die Umsetzung von Change-Prozessen sind dabei insbesondere *drei Punkte* zu beachten:

1. *Change als ständiger Prozess*

   Veränderungsprozesse sind nicht als einmalige befristete Projekte zu begreifen, sondern im Sinne einer langfristigen Unternehmensentwicklung ist Change als kontinuierliche Praxis zu etablieren.[55]

---

[51] Vgl. Spannagl, Johannes: Lernende Organisation und Innovation, in: Wiesenhuber, Norbert & Partner (Hrsg.): Handbuch Lernende Organisation – Unternehmens- und Mitarbeiterpotentiale erfolgreich erschließen, Wiesbaden: Gabler 1997, S. 282.

[52] Vgl. Drucker, Peter F.: Management Challenges for the 21st Century, Reprinted Edition. Oxford: Elsevier Butterworth-Heinemann 2005, S. 119. („Innoviere oder stirb“; *“Core competencies are different for every organization; they are, so to speak, part of an organization's personality. But every organization – not just businesses – needs one core competence: innovation.”*)

[53] Bei den Quellen von Innovation stütze ich mich auf: Drucker, Peter F.: Innovation and Entrepreurship, Reprinted Edition, New York: HarperCollins Publishers 1993, S. 30-129.

[54] Mohn, Reinhard: Die gesellschaftliche Verantwortung des Unternehmers, München: Bertelsmann Verlag 2003, S. 38.

[55] Vgl. Deuringer, Christian: Organisation und Change Management – Ein ganzheitlicher Strukturansatz zur Förderung organisatorischer Flexibilität, Wiesbaden: Deutscher Universitäts-Verlag 2000, S. 29.

Gerade wenn Change eine kontinuierliche Praxis ist, müssen stabile Fundamente geschaffen sein. Konkret heißt das: *Balance* zwischen Wandel und Kontinuität zu finden. Je mehr ein Unternehmen beansprucht, ein Change Leader zu sein, desto souveräner muss es die Balance zwischen Kontinuität und Wandel halten können. Die kontinuierliche Beschäftigung mit Information ist hierfür eine unerlässliche Voraussetzung. Denn nichts belastet Kontinuität mehr und beeinträchtigt Beziehungen stärker als schlechte, unzuverlässige Informationen.[56]

2. *Reaktionsmuster und Reaktionszeit*

   Veränderte Rahmenbedingungen in dynamischen Umfeldern erfordern Antworten und Lösungen in zunehmend kürzerer Frist. Unternehmen unterscheiden sich dabei nicht nur in ihren *Reaktionsmustern,* sondern auch in ihren *Reaktionszeiten.* Diejenigen, die überwiegend in einem turbulenten Umfeld tätig sind, sind auf rasche Reaktion angewiesen. Sie analysieren frühzeitig den Charakter der Veränderung und suchen zügig nach angemessenen Anpassungsmustern. Andere Unternehmen, die das Agieren in schnell wachsenden Märkten weniger gewohnt sind, reagieren erst dann, wenn es dringend erforderlich ist.[57]

3. *Veränderung des Denkens*

   Change Management bedeutet nicht nur laufende Anpassung von Unternehmensstrategien und -strukturen an veränderte Rahmenbedingungen, sozusagen als Reaktion auf einen Impuls von außen. Sondern Wandel stellt nur dann eine Chance dar, wenn sich das Denken und Verhalten innerhalb eines Unternehmens ändert. *„Diese Flexibilität des sozialen Systems kann aber nur von den ihm angehörenden Menschen bewirkt werden und bedeutet in erster Linie erhöhte geistige Flexibilität der Führungskräfte."*[58]

   Peter F. Drucker schreibt hierzu etwas pointiert: *"When it rains manna from heaven, some people put up an umbrella. Others reach for a big spoon. (...) What must [we] do, to be prepared for danger, for opportunities, and above all for*

---

56 Vgl. Balance continuity and change. Drucker, Peter F.: Management Challenges for the 21st Century, Reprinted Edition, Oxford: Elsevier Butterworth-Heinemann 2005, S. 90 ff.

57 Vgl. Kakabadse, Andrew/Fricker, John: Anreize und Pfade zur lernenden Organisation, in: Sattelberger, T. (Hrsg.): Die lernende Organisation, Wiesbaden: Gabler 1991, S. 69.

58 Ulrich, Hans: Systemorientiertes Management – Das Werk von Hans Ulrich, Studienausgabe, Bern: Haupt 2001, S. 17.

change? ... Get rid of unjustifiable products and activities, set goals to improve productivity, manage growth, and develop your people."[59]

Mitarbeiter werden in den Entwicklungsprozess des Unternehmens einbezogen und entwickeln sich in diesem Prozess gleichzeitig selbst. Im Sinne einer *lernenden Organisation* darf dieser Prozess sich nicht selbst überlassen werden, sondern es ist eben Aufgabe der Führungskräfte, hierfür die angesprochenen Rahmenbedingungen zu schaffen und auch die Personalentwicklung dahin gehend auszubauen.

Vor diesem Hintergrund stellt sich die Frage, was Personalentwicklung leisten muss, damit auch in Zeiten von Wandel eine effektive Führungskräfteentwicklung möglich ist, um Selbstorganisation zu ermöglichen.

Die Tatsache, dass Wandel eher Normalzustand als Ausnahme ist, verbunden mit steigender Komplexität, wirft die Frage auf, ob nicht auch – und gerade – im Kontext von Change durch *Systemorientierung und systemorientiertes Management* neue Erkenntnisse zum besseren und wirkungsvolleren Umgang mit Veränderungen gefunden werden können.

Weiterführend stellt sich die Frage, ob die bestehenden Ansätze, die mehrheitlich einen Treiber des Veränderungsprozesses, z.B. den Change Agent, in den Mittelpunkt stellen, überhaupt noch zeitgemäß sind. Ob nicht vielmehr der kategoriale Wandel hin zu einer Gesellschaft in der Komplexität das zentrale Problem darstellt[60] und grundlegend andere Ansätze erfordert, die das System als Ganzes in den Mittelpunkt rücken und auch die Verantwortung für Wandel im System ganzheitlich verankern.

Da es die Führungskräfte sind, die für die erfolgreiche Entwicklung in Organisationen verantwortlich sind, obliegt auch ihnen die Verantwortung, „Wandel" als Ergebnis herbeizuführen.

2.2 Relevante Aspekte der Systemwissenschaften

Aus dem Bereich der Systemwissenschaften sind für den Forschungsgegenstand vor allem die Aspekte der Systemorientierung und Komplexität relevant. Das systemorien-

---

59 Drucker, Peter F.: 8. March – Turbulence: Threat or opportunity? in: Drucker, Peter F./Maciariello, Joseph A.: The Daily Drucker – 366 Days of Insight and Motivation for Getting the Right Things Done, New York: HaperCollins Publishers 2004, S. 76.

60 Vgl. hierzu Malik, Unternehmenspolitik und Corporate Governance, in: Management – Komplexität meistern, Bd. 2, Frankfurt/New York: Campus 2008, S. 32 ff.

tierte Management bildet hierbei mit seinen Erkenntnissen eine wesentliche Grundlage dieser Arbeit. *Kapitel 2.2* zeigt zentrale Elemente, die im Kontext von Personalentwicklung von Bedeutung sind.

Bereits in den 1940er-Jahren wurden im Rahmen der *Josiah-Macy-Konferenzen* die Grundlagen für eine neue Wissenschaft geschaffen, die sich zentral mit dem Problem der Komplexität befassen sollte: die Kybernetik.[61] Der britische Kybernetiker Stafford Beer begründete mit seinem Buch „*Cybernetics and Management*" 1959 die *Management-Kybernetik*.[62] Diese spezielle Ausprägung der Kybernetik bezog die Erkenntnisse der Wissenschaft der Kybernetik auf den Kontext von Führung von Organisationen. An der Universität St. Gallen legte Hans Ulrich 1968 mit seiner *Systemorientierten Managementlehre* und 1972 mit dem *St. Galler Management-Modell* zwei wesentliche Grundsteine für die Schaffung eines neuen, kategorisch anderen Managementverständnisses.[63] Unternehmen wurden nicht mehr primär unter dem Blickwinkel von Betriebs- und Volkswirtschaftslehre gesehen, sondern unter dem neuen Blickwinkel der Systemwissenschaften. Der Ansatz der Kybernetik, Erkenntnisse aus unterschiedlichen wissenschaftlichen Disziplinen zugrunde zu legen, wird den Anforderungen der Unternehmensrealität wesentlich besser gerecht als die isolierte Betrachtung aus einem Blickwinkel. Dieser andere Zugang zur Funktionsweise von Unternehmen führte zu einer wesentlich erweiterten Betrachtung dessen, was notwendig ist, um ein Unternehmen zu führen.

Gleichzeitig wurden auch neue Ansatzpunkte für die Führung von Organisationen offensichtlich – eben systemorientierte, die den Anforderungen für Lenkung und Steuerung von komplexen Systemen besser gerecht werden.

Der in den letzten Jahren zu beobachtende Boom der Literatur, die sich mit Themen wie *„Komplexität", „Systemorientierung" und „Systemorientiertes Management"* beschäftigt, ist Ausdruck eines zunehmenden Bedarfs und gleichzeitig der Einsicht, dass grundlegend neue Konzepte erforderlich sind, um mit den Problemen und Chancen des 21. Jahrhunderts zurechtzukommen.

---

61 Josiah-Macy-Conference Documentation, z.B. Cybernetics, Kybernetik. The Macy-Conferences 1946-1953. Bd. 1 Transactions/Protokolle, Claus Pias, oder http://www.asc-cybernetics.org/foundations/; Vgl. Ebeling, I./Vogelauer, W./Kemm, R.: Die Systemisch-dynamische Organisation im Wandel, Bern: Haupt 2012, S. 63.

62 Vgl. Beer, Stafford: Cybernetics and Management, Chichester: John Wiley & Sons 1959.

63 Vgl. Ulrich, Hans: Gesammelte Schriften, Bd. 1-5, Bern/Stuttgart/Wien: Haupt 2001.

Vor diesem Hintergrund wird in der vorliegenden Arbeit Komplexität auf dem Gebiet von Personalentwicklung in Verbindung mit Wandel vertieft untersucht.

2.2.1 Komplexität

Komplexität ist die Eigenschaft eines realen Systems, ungeheuer viele Zustände annehmen zu können.[64] Change erhöht die Komplexität der zu bewältigenden Aufgaben zusätzlich, was für das Management bedeutet, dass bei Entscheidungen immer mehr Faktoren berücksichtigt werden müssen.[65]

Das Problem liegt hier jedoch nicht in der Feststellung alleine, dass etwas komplex ist, sondern darin, *woraus* diese Komplexität resultiert und vor allem *was zu tun ist*, um diese in den Griff zu bekommen. *"Managing a business today is fundamentally different than it was just 30 years ago. The most profound difference, we've come to believe, is the level of complexity people have to cope with."*[66] Oftmals wird eben nicht einmal erkannt, dass *die mangelnde Beherrschung von Komplexität* Ursache von Problemen ist. Es ist ein großer Schritt getan, wenn Komplexität als zentrales Problem akzeptiert wird und unter dem Blickwinkel der Komplexität gezielt nach Lösungen gesucht wird.[67] *Umgang mit Komplexität* ist eine der Kernfragen der Systemtheorie (und somit systemisches Denken).[68]

---

64 Vgl. Ulrich, Hans/Probst, Gilbert: Anleitung zum ganzheitlichen Denken, Bern: Haupt 1988, S. 58. Malik, Fredmund: Strategie des Managements komplexer Systeme – Ein Beitrag zur Management-Kybernetik evolutionärer Systeme, 10. Aufl., Bern/Stuttgart: Haupt 2008, S. 168; Bleicher, Knut: Das Konzept integriertes Management – Visionen – Missionen – Programme, 5., revidierte und erw. Aufl., Frankfurt/New York: Campus 1999, S. 31.

65 Bspw. Doppler, Klaus/Lauterburg, Christoph: Change Management – Den Unternehmenswandel gestalten, 12., akt. u. erw. Aufl., Frankfurt: Campus 2008, S. 44 f.; Bleicher, Knut: Das Konzept integriertes Management – Visionen – Missionen – Programme, 8., akt. u. erw. Aufl., Frankfurt/New York: Campus 2011, S. 51 ff.

66 Sargut, G./McGrath, G.: Learning to Live with Complexity, in: Harvard Business Review, September 2011, http://hbr.org/2011/09/learning-to-live-with-complexity/ar/1.

67 Einen interessanten Einstieg in das Thema *Komplexität* bieten die Bücher von Dörner, Dietrich: Die Logik des Misslingens – Strategisches Denken in komplexen Situationen, 11. Aufl., Reinbek bei Hamburg: Rowohlt 2012, sowie von Vester, Frederic: Die Kunst vernetzt zu denken – Ideen und Werkzeuge für einen neuen Umgang mit Komplexität, 9. Aufl., München: Deutscher Taschenbuch Verlag 2012.

68 Vgl. Mirow, Michael: Wie praktisch ist eine gute Theorie? Thesen zur Umsetzung systemischen Denkens in der Gestaltung von Führungssystemen, in: Krieg, Walter/Galler, Klaus/Stadelmann, Peter (Hrsg.): Richtiges und gutes Management: vom System zur Praxis – Festschrift für Fredmund Malik, Bern/Stuttgart/Wien: Haupt 2005, S. 38.

Begriffsklärung

Im Alltagsverständnis kann *Komplexität* als die Gesamtheit aller voneinander abhängigen Merkmale und Elemente definiert werden, die in vielfältiger, aber ganzheitlicher Beziehung zueinander stehen.[69]

Mehr wirkungsorientiert als diese beschreibende lexikalische Definition ist das Verständnis der auf *systemorientierte Führung* ausgerichteten Autoren. Sie verstehen unter einem System, ein aus Teilen bestehendes Ganzes, die miteinander verknüpft sind und aufeinander einwirken.[70] Und unter Komplexität wird die Eigenschaft eines realen Systems, ungeheuer viele Zustände annehmen zu können, verstanden.[71] Bereits in relativ einfachen Systemen kann die Komplexität größer sein, als man erfassen mag. Grundverständnis ist, dass die Beherrschung von Vielfalt den Erfolg ermöglicht. Die Beherrschung von Vielfalt ist, anders ausgedrückt, die Beherrschung von Komplexität.

Ein Beispiel hierfür ist das Schachspiel. Der Weltmeister im Schach muss eine nahezu endlose Zahl an Möglichkeiten überblicken, um erfolgreich zu sein. Die Beherrschung dieser Komplexität macht ihn zum Meister. Eine ungeheure Zahl von möglichen Konfigurationen auf dem Schachbrett ist möglich. Das Spiel ist so komplex, dass es nicht nur für das menschliche Gehirn, sondern auch für den Computer unmöglich ist, alle möglichen Züge und Kombinationen enumerativ zu erfassen.[72] [73]

Die vielfältigen, wenig voraussagbaren, ungewissen Verhaltensmöglichkeiten von komplexen Systemen stehen dem verbreiteten simplifizierenden Ursache-Wirkungs-Denken entgegen. Das bedeutet, dass eine bestimmte Maßnahme nicht mit Sicherheit zu einem

---

69 Vgl. Hadeler, Thorsten/Arentzen Ute (Red.): Gabler Wirtschaftslexikon, 15. Aufl., Wiesbaden: Gabler 2000, S. 1772.

70 Vgl. Ulrich, Hans/Probst, Gilbert: Anleitung zum ganzheitlichen Denken und Handeln – Ein Brevier für Führungskräfte, 4. Aufl., Bern/Stuttgart/Wien: Haupt 1995, S. 27 und 36.

71 Vgl. Ulrich, Hans/Probst, Gilbert: Anleitung zum ganzheitlichen Denken und Handeln – Ein Brevier für Führungskräfte, 4. Aufl., Bern/Stuttgart/Wien: Haupt 1995, S. 65; Malik, Fredmund: Strategie des Managements komplexer Systeme – Ein Beitrag zur Management-Kybernetik evolutionärer Systeme, 10. Aufl., Bern/Stuttgart: Haupt 2008, S. 168; Bleicher, Knut: Das Konzept integriertes Management – Visionen – Missionen – Programme, 8., akt. u. erw. Aufl., Frankfurt/New York: Campus 2011, S. 52.

72 Vgl. Malik, Fredmund: Strategie des Managements komplexer Systeme – Ein Beitrag zur Management-Kybernetik evolutionärer Systeme, 10. Aufl., Bern/Stuttgart: Haupt 2008, S. 169.

73 Deep Blue, einem von IBM entwickelten Schachcomputer, gelang es 1997 als erstem Computer der Welt, den amtierenden Schachweltmeister Garri Kasparow in einem ganzen Wettkampf zu schlagen. http://www-03.ibm.com/ibm/history/ibm100/us/en/icons/deepblue/ *"On May 11, 1997, an IBM computer called IBM ® Deep Blue ® beat the world chess champion after a six-game match."*

bestimmten Ergebnis führt.[74] So haben komplexe Prozesse eine Eigendynamik und sind meist irreversibel. Ein charakteristisches Merkmal komplexer Situationen ist die Intransparenz für den Entscheider. So besteht keine Möglichkeit, das Netzwerk zirkulärer Kausalität intuitiv zu erfassen. Auch sind exakte Modellierung und exakte Prognose nicht möglich. Folglich muss man mit Überraschungen und Nebenwirkungen rechnen.[75] Senge unterscheidet hierbei Komplexität in *"dynamic and detail complexity"*. *"Detail complexity arises when there are many variables. Dynamic complexity arises when cause and effect are distant in time and space, and when the consequences over time of interventions are subtle and not obvious to many participants in the system."*[76]

Ähnlich argumentiert Dietrich Dörner in seinen Untersuchungen des menschlichen Verhaltens in komplexen Entscheidungssituationen.[77]

Beim Umgang mit komplexen Systemen ist das Wissen über kausale Zusammenhänge der Systemelemente und die Fähigkeit, Komplexität auf wenige Merkmale und Muster zu reduzieren, erforderlich.

Auch Frederic Vester betont, dass für das Erkennen von Mustern *(pattern recognition)* die Beziehungen zwischen den Systemkomponenten, auch wenn die Komponenten selbst sich ändern, weiterhin das Bild bestimmen, somit verlässlicher sind als deren noch so exakte Messwerte.[78]

Quantifizierbarkeit

Das Verständnis von Komplexität und die Nutzung der sich hieraus ergebenen Chancen sind für Unternehmen und Personen gleichermaßen wichtig. Wer Komplexität erkennt

---

74 Vgl. Bleicher, Knut: Das Konzept integriertes Management – Visionen – Missionen – Programme, 8., akt. u. erw. Aufl., Frankfurt/New York: Campus 2011, S. 52.

75 *"Complex organizations are far more difficult to manage than merely complicated ones. It's harder to predict what will happen, because complex systems interact in unexpected ways. It's harder to make sense of things, because the degree of complexity may lie beyond our cognitive limits....If you manage a complex organization as if it were just a complicated one, you'll make serious, expensive mistakes."* Sargut, G./McGrath, G.: Learning to Live with Complexity, in: Harvard Business Review, September 2011, http://hbr.org/2011/09/learning-to-live-with-complexity/ar/1.

76 Vgl. Senge, Peter: The Leader's New Work – Building Learning Organizations, in: MIT Sloan Management Review, 7, 1990, S. 15.

77 Vgl. Dörner, Dietrich: Die Logik des Misslingens – Strategisches Denken in komplexen Situationen, Reinbek bei Hamburg: Rowohlt 2012, S. 306 ff.

78 Vgl. Vester, Frederic: Die Kunst vernetzt zu denken – Ideen und Werkzeuge für einen neuen Umgang mit Komplexität, 9. Aufl., München: Deutscher Taschenbuch Verlag 2012, S. 21.

und das Verständnis von Komplexität systematisch nutzt, wird wesentlich leichter zu Ergebnissen gelangen. Wie kann man aber Komplexität erfassen oder gar messen?

Komplexität ist quantifizierbar mittels der Maßzahl *Varietät*. *„Varietät [V], ist die Anzahl der unterschiedlichen Zustände eines Systems bzw. die Anzahl der unterscheidbaren Elemente der Menge.“*[79] Zu ihrer Berechnung wird die Exponentialfunktion k^n verwendet, wobei die Variable k für die Anzahl der Zustände und n für die Anzahl der Systemelemente steht. Folglich stützt sich die Bestimmung der Komplexität hauptsächlich auf die mathematische Kombinatorik.[80] Die Formel hierzu lautet:

$V = k^n$

Die folgende Grafik veranschaulicht das Problem der exponentiell steigenden Komplexität (durch Steigerung der Varietät) bei steigender Anzahl an Elementen.

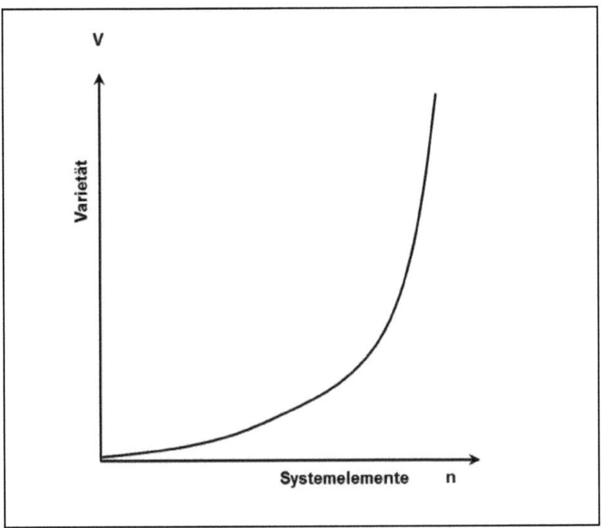

Abb. 3: Eigene Darstellung: Effekt der exponentiell steigenden Komplexität

[79] Malik, Fredmund: Strategie des Managements komplexer Systeme – Ein Beitrag zur Management-Kybernetik evolutionärer Systeme, 10. Aufl., Bern/Stuttgart: Haupt 2008, S. 168; vgl. auch Pfiffner, Martin/Stadelmann, Peter: Wissen wirksam machen – Wie Kopfarbeiter produktiv werden, Frankfurt: Campus 2012, S. 59.

[80] Vgl. Malik, Fredmund: Strategie des Managements komplexer Systeme – Ein Beitrag zur Management-Kybernetik evolutionärer Systeme, 10. Aufl., Bern/Stuttgart: Haupt 2008, S. 168 ff.

Ashby's Law – systematischer Umgang mit Komplexität

Die Ursache von Komplexität in der *Interaktion* von Elementen.[81] Genauer formuliert, liegt sie in der Interaktion der Systemelemente untereinander und zur Umwelt. Diese Unterscheidung zwischen *Umwelt- und Systemkomplexität* ist wichtig, damit ein Unternehmen (das System) seine Ziele in hochkomplexer und sich ständig ändernder Umwelt verfolgen kann.[82]

Je komplexer ein System ist, desto mehr *Information* muss es aufnehmen. Somit handelt es sich hier um das Problem der Komplexitätsbewältigung – ein Komplexitätsausgleich zwischen Unternehmen und Umwelt. Ein Unternehmen muss Mittel und Wege finden, sich in seiner Umwelt so zu etablieren, dass es einerseits genügend Informationen über wichtige Umweltveränderungen aufnehmen und andererseits Verhaltensmaßnahmen entwickeln kann, um darauf zu reagieren.[83]

Von Bedeutung ist in diesem Zusammenhang das von *William Ross Ashby* bereits in den 1950er-Jahren formulierte Gesetz *"law of requisite variety"* (Gesetz der Komplexitätsentsprechung). Es legt den Grundstein für den systematischen Umgang mit Komplexität.[84] Ashbys Gesetz besagt, dass nur Varietät Varietät absorbieren kann. Oder negativ ausgedrückt: *Only variety can destroy variety.*[85]

Das heißt, eine zielgerichtete Verarbeitung von *Umweltkomplexität* erfordert immer eine entsprechende *Systemkomplexität.* Ein komplexes System kann nur mittels eines Systems gesteuert werden, das eben diese Komplexität beherrscht. Mirow weist darauf hin, dass es immer ein Komplexitätsgefälle geben wird zwischen Umwelt und Unternehmen. „*Die Frage ist nur, welche Unternehmen damit besser fertigwerden. Ein*

---

81 Vgl. Malik, Fredmund: Strategie des Managements komplexer Systeme – Ein Beitrag zur Management-Kybernetik evolutionärer Systeme, 10. Aufl., Bern/Stuttgart: Haupt 2008, S. 168.

82 Vgl. Mirow, Michael: Wie praktisch ist eine gute Theorie? Thesen zur Umsetzung systemischen Denkens in der Gestaltung von Führungssystemen, in: Krieg, Walter/Galler, Klaus/Stadelmann, Peter (Hrsg.): Richtiges und gutes Management: vom System zur Praxis – Festschrift für Fredmund Malik, Bern/Stuttgart/Wien: Haupt 2005, S. 38.

83 Vgl. Malik, Fredmund: Strategie des Managements komplexer Systeme – Ein Beitrag zur Management-Kybernetik evolutionärer Systeme, 10. Aufl., Bern/Stuttgart: Haupt 2008, S. 156.

84 Vgl. Mirow, Michael: Wie praktisch ist eine gute Theorie? Thesen zur Umsetzung systemischen Denkens in der Gestaltung von Führungssystemen, in: Krieg, Walter/Galler, Klaus/Stadelmann, Peter (Hrsg.): Richtiges und gutes Management: vom System zur Praxis – Festschrift für Fredmund Malik, Bern/Stuttgart/Wien: Haupt 2005, S. 39 f.

85 Vgl. Ashby, William Ross: An Introduction to Cybernetics, London: Chapman and Hall 1956, S. 207. http://pespmc1.vub.ac.be/ashbbook.html.

Unternehmen, so komplex es auch strukturiert sei, kann immer nur ein homomorphes (ähnliches), nie aber ein isomorphes (gleiches) Abbild seiner Umwelt sein.“[86]

Ashbys Gesetz kann auf den Kontext von Führung von Organisationen übertragen werden. In diesem Zusammenhang hat bspw. Fredmund Malik dieses Gesetz untersucht.[87]

Die Suche in Wissenschaft und Praxis nach Konzepten, die es erlauben, der objektiv vorhandenen und steigenden Komplexität Herr zu werden, wird aktuell primär aus einem „negativen“ Blickwinkel der „Problembewältigung“ gesehen. Verkannt wird von der Mehrheit der Autoren völlig, dass Komplexität *zwar Probleme schafft,* aber dass aus mehr Komplexität auch eine immens *gesteigerte Leistungsfähigkeit* resultieren kann. Das heißt, dass über eine Nutzung von Komplexität sowie gezielten Aufbau von beherrschter Komplexität höhere Leistungsfähigkeit geschaffen werden kann.[88]

Die Überbetonung der *Probleme,* die aus Komplexität entstehen, einerseits und die Verkennung der *Chancen,* die aus dem Meistern höherer Komplexität resultieren, andererseits bewirken ein Ungleichgewicht, das bei der Befassung mit dem Thema Komplexität festzustellen ist.

Die vorliegende Arbeit greift unter anderem explizit dieses Missverhältnis auf und stellt die Chancen dar, die mit der systematischen Adressierung von Komplexität auf dem Gebiet von Personalentwicklung in Verbindung mit Wandel einhergehen.

2.2.2 Problematik und Notwendigkeit des vernetzten Denkens

Komplexität besser zu bewältigen und komplexe Systeme zu führen ist das Ziel. Besonders da, wie Doppler und Lauterburg es ausdrücken, alles zunehmend mit allem „ver-

---

86 Mirow, Michael: Wie praktisch ist eine gute Theorie? Thesen zur Umsetzung systemischen Denkens in der Gestaltung von Führungssystemen, in: Krieg, Walter/Galler, Klaus/Stadelmann, Peter (Hrsg.): Richtiges und gutes Management: vom System zur Praxis – Festschrift für Fredmund Malik, Bern/Stuttgart/Wien: Haupt 2005, S. 40.

87 Malik, Fredmund: Systemisches Management, Evolution, Selbstorganisation – Grundprobleme, Funktionsmechanismen und Lösungsansätze für komplexe Systeme, 4. Aufl., Bern: Haupt 2003, S. 38 ff. Siehe auch Hetzler, Sebastian: Real-Time Control für das Meistern von Komplexität, Frankfurt: Campus 2010, S. 28 ff.

88 Vgl. Malik, Fredmund: Unternehmenspolitik und Corporate Governance, Frankfurt/New York: Campus 2008, S. 25 ff.

netzt" ist. Denn technische, ökonomische, politische und gesellschaftliche Prozesse beeinflussen sich gegenseitig und entwickeln ihre Eigendynamik.[89]

Die Schwierigkeiten im Umgang mit komplexen Problemsituationen liegen besonders in deren Intransparenz, Eigendynamik und Irreversibilität. Sobald eine Maßnahme seine Wirkung entfaltet, kann man sie schwer rückgängig machen. Man kann sie höchstens kompensieren, ein wenig ausgleichen, bereits wirkende Kräfte nutzen und durch Selbstregulation allmählich die Richtung ändern.[90]

Zu den genannten Herausforderungen im Umgang mit komplexen Situationen kommen noch weitere hinzu. Die Psychologen und Kybernetiker der Universität Bamberg leisteten hier einen wesentlichen Beitrag. Sie bewiesen umfassend, dass unser Gehirn in komplexen, vernetzten und dynamischen Handlungssituationen dazu neigt, Fehler zu machen. Heute zählen die Ergebnisse ihrer zahlreichen Versuche zu den bedeutenden Grundlagen der Komplexitätsforschung, sowie der Wahrnehmungs-, Handlungs- und Entscheidungspsychologie.

So stellt beispielsweise Dietrich Dörner in seinem Buch *Die Logik des Misslingens* die Zwangsläufigkeit dar, mit der *strategische Fehler* beim üblichen Umgang mit komplexen Systemen unterlaufen:[91]

1. *Erster Fehler:* Falsche Zielbeschreibung, d.h., die Ziele werden nicht konkretisiert.
2. *Zweiter Fehler:* Unvernetzte Situationsanalyse, d.h., kontradiktorische Teilziele werden nicht als kontradiktorisch erkannt.
3. *Dritter Fehler:* Irreversible Schwerpunktbildung, d.h., die notwendige Modellbildung erfolgt nur unzureichend oder gar nicht.
4. *Vierter Fehler:* Unbeachtete Nebenwirkungen aufgrund nur einseitig oder unzulänglich gesammelter Informationen.
5. *Fünfter Fehler:* Tendenz zur Übersteuerung, resultierend aus einer falschen Auffassung über die Gestalt von Zeitverläufen.

---

89 Vgl. Doppler, Klaus/Lauterburg, Christoph: Change Management – Den Unternehmenswandel gestalten, 12., akt. u. erw. Aufl., Frankfurt: Campus 2008, S. 44.

90 Vgl. Vester, Frederic: Unsere Welt – ein vernetztes System, 11. Aufl., München: Deutscher Taschenbuch Verlag 2002, S. 87.

91 Vgl. Dörner, Dietrich: Die Logik des Misslingens – Strategisches Denken in komplexen Situationen, 11. Aufl., Reinbek bei Hamburg: Rowohlt 2012, S. 306 ff.

6. *Sechster Fehler:* Tendenz zu autoritärem Verhalten, beispielsweise dass falsch oder gar nicht geplant wird, bzw. dass Fehler nicht korrigiert werden.

Dietrich Dörner sieht die *Ursache* der Unzulänglichkeiten des menschlichen Denkens größtenteils in Ökonomietendenzen, durch die der Denkende dazu bewogen wird, bestimmte Denkschritte einfach auszulassen oder aber sie so weit wie möglich zu vereinfachen.[92]

Sein Fazit zur Problematik des vernetzten Denkens: „*Wir Menschen sind Gegenwartswesen. Heutzutage aber müssen wir in Zeitabläufen denken. Wir müssen lernen, dass Maßnahmen, ‚Totzeiten' haben, bis sie wirken. Wir müssen es lernen, ‚Zeitgestalten' zu erkennen. Wir müssen es lernen, dass Ereignisse nicht nur die unmittelbar sichtbaren Effekte haben, sondern auch Fernwirkungen. Weiterhin müssen wir es lernen, in Systemen zu denken. Wir müssen es lernen, dass man in komplexen Systemen nicht nur eine Sache machen kann, sondern, ob man will oder nicht, immer mehrere macht. Wir müssen es lernen, mit Nebenwirkungen umzugehen. Wir müssen es lernen einzusehen, dass die Effekte unserer Entscheidungen und Entschlüsse an Orten zum Vorschein kommen können, an denen wir überhaupt nicht mit ihnen rechneten.*"[93] Dieses *systemische Denken* kann man lernen indem Unzulänglichkeiten des eigenen Denkens erkannt und vermieden werden.[94]

Beim Erfassen von Komplexität ist *vernetztes Denken,* auch *systemisches Denken* (Systemdenken, vernetztes Denken, engl. system thinking[95]) genannt, unverzichtbar. Anstatt jedes Problem isoliert zu lösen, bemüht man sich die Zusammenhänge möglichst umfassend zu erkennen. So sehen Gomez und Probst im vernetzten Denken eine *ganzheitliche Denkweise.* Sie gehen von größeren Zusammenhängen aus, von einem auf einem breiten Horizont beruhenden integrierenden, zusammenfügenden Denken, das viele Einflussfaktoren berücksichtigt und weniger isolierend und zerlegend ist als das übliche Vorgehen.[96] Dieses Denken verlangt daher nach einer *anderen Gestaltungs- und Len-*

---

92 Vgl. Dörner, Dietrich: Die Logik des Misslingens – Strategisches Denken in komplexen Situationen, 11. Aufl., Reinbek bei Hamburg: Rowohlt 2012, S. 310 ff.

93 Ebd. S. 325 f.

94 Vgl. ebd. S. 298.

95 Vgl. Ossimitz, Günther: Systematisches Denken und systematisches Management, Tagung Graz „Systemorientierte Ansätze in Wirtschaft und Gesellschaft", 24/25.September 1998, wwwu.uniklu.ac.at/gossimit/pap/sysdenk2.htm.

96 Vgl. Gomez, Peter/Probst Gilbert: Vernetztes Denken im Management, in: Die Orientierung Nr. 89, Schweizer Volksbank: Bern 1987, und Ulrich, H./Probst G.: Anleitung zum ganzheitlichen Denken und Handeln, Bern: Haupt 1988.

kungsphilosophie, denn es wird nicht *auf das* System eingewirkt, sondern *mit* dem System gearbeitet.[97] Das Werk von Frederic Vester liefert vielfältige wissenschaftliche Belege für den Nutzen, der aus der „*Kunst vernetzt zu denken*" resultiert.[98]

2.2.3 Systemorientiertes Management

Komplexe Systeme haben ihre eigenen Gesetzmäßigkeiten, Verhaltensmuster, Fähigkeiten und Risiken.[99] Um sie zu verstehen, zu gestalten, zu entwickeln und zu regulieren, bedarf es einer *systemischen Denkweise.*

Das bedeutet, Sachverhalte und Komplexe als *Systeme* zu betrachten. Diese Sichtweise bedingt eine neue Gestaltungs- und Lenkungsphilosophie, die auf den Erkenntnissen der Systemtheorie und der Kybernetik basieren. Sowohl die *Systemtheorie* als auch die *Kybernetik* entstanden als Wissenschaften zu Beginn der 1940er-Jahre. Ihren Ursprung haben sie in den Erkenntnissen von Wissenschaftlern unterschiedlicher Fachbereiche.[100]

Systemtheorie

Die *Systemtheorie* wurde als eine interdisziplinäre Wissenschaft entwickelt, um Erkenntnisse unterschiedlicher Wissenschaften vergleichbar und übertragbar zu machen. *„Mit dem Begriff des Systems und einigen anderen Begriffen wurde eine Basis gelegt für eine gemeinsame Betrachtungsebene wie auch für eine übergreifende Sprache."*[101]

Wie umfänglich diese Betrachtungsebene ist, wird in Vesters Aussage deutlich: *„Es gibt keine abgeschlossenen Systeme: In der Realität sind alle Systeme offen – mit anderen vernetzt (...). Jedes System besteht wieder aus Teilsystemen – und jedes System ist Teil eines größeren."*[102] Ebenfalls bezeichnet er Systeme als niemals abgeschlossene, höchst lebendige, dynamische Einheiten, die zu einem schillernden Wirkungsgefüge verfloch-

---

[97] Vgl. Gomez, Peter/Probst Gilbert: Vernetztes Denken im Management, in: Die Orientierung Nr. 89, Schweizer Volksbank: Bern 1987 und Ulrich, H./Probst G.: Anleitung zum ganzheitlichen Denken und Handeln, Bern: Haupt 1988.

[98] Vgl. Vester, Frederic: Die Kunst vernetzt zu denken – Ideen und Werkzeuge für einen neuen Umgang mit Komplexität, 9. Aufl., München: Deutscher Taschenbuch Verlag 2012.

[99] Vgl Malik, Fredmund: Strategie des Managements komplexer Systeme – Ein Beitrag zur Management-Kybernetik evolutionärer Systeme, 10. Aufl., Bern/Stuttgart: Haupt 2008, S. XVII.

[100] Vgl. Ulrich, Systemorientiertes Management – Das Werk von Hans Ulrich, Studienausgabe, Bern: Haupt 2001, S. 42

[101] Ebd. S. 42.

[102] Vester, Frederic: Unsere Welt – ein vernetztes System, 11. Aufl., München: Deutscher Taschenbuch Verlag 2002, S. 23 f.

ten sind.[103] Knapper fasst es Ulrich: Ein System ist nach ihm eine aus Komponenten aufgebaute Ganzheit, die eine innere Ordnung oder Struktur aufweist und ein bestimmtes äußeres Verhalten zeigt, sowie in einem äußeren Konnex als Teil einer noch größeren Ganzheit zu verstehen ist.[104]

Mit der Systemtheorie war nun ein Bezugsrahmen geschaffen, um Erkenntnisse systematisch zu ordnen. Für die Wirtschaftswissenschaft und Wirtschaftspraxis hat die Systemtheorie große Bedeutung, da die *Dynamik* von Organisationssystemen in den Blickpunkt gerückt werden kann. Damit verbunden gewinnt auch das Kriterium *Flexibilität*, (d.h., die Organisation den veränderten Umweltbedingungen schnell anpassen zu können) an Bedeutung.

Auch wird der praktische Nutzen der Umsetzung systemischen Denkens von Führungssystemen betont. Beispielsweise schreibt Michael Mirow, von 1991 bis 2002 Leiter Unternehmensstrategien des Siemens-Konzerns, in seinem Artikel *„Wie praktisch ist eine gute Theorie?“*: *„Die Systemtheorie gibt uns zu Fragen der Struktur und Entwicklung hochkomplexer Organisationen gute Antworten. Sie fügen sich immer wieder zu einem Gesamtbild zusammen. Damit ist aus meiner Sicht diese Theorie durchaus praktisch – und damit auch gut.“*[105] Und Wöhrle resümiert: *„Aus wissenschaftlicher Sicht ist dieser Zugang eine Bereicherung, die nicht mehr unterschritten werden darf.“*[106]

Kybernetik

Die *Kybernetik* erwuchs aus der Notwendigkeit heraus, konkrete, schwierige Probleme, die man bisher nicht lösen konnte, zu lösen. Denn fehlt eine ganzheitliche Denkweise, kommt es zu Insellösungen. In Vesters Worten hat der Mangel an kybernetischem Verständnis die Zersplitterung der Wirklichkeit in verschiedene Fachgebiete zur Folge. Folglich bewirkt Ignoranz gegenüber kybernetischen Steuerungs- und Regelvorgängen, dass die Beziehung zwischen den Dingen mitsamt der darin enthaltenen Kybernetik

103 Vgl. Vester, Frederic: Unsere Welt – ein vernetztes System, 11. Aufl., München: Deutscher Taschenbuch Verlag 2002, S. 23 f.

104 Vgl. Ulrich, Hans: Systemorientiertes Management – Das Werk von Hans Ulrich, Studienausgabe, Bern: Haupt 2001, S. 45.

105 Mirow, Michael: Wie praktisch ist eine gute Theorie? Thesen zur Umsetzung systemischen Denkens in der Gestaltung von Führungssystemen; in: Krieg, Walter/Galler, Klaus/Stadelmann, Peter (Hrsg.): Richtiges und gutes Management: vom System zur Praxis – Festschrift für Fredmund Malik, Bern/Stuttgart/Wien: Haupt 2005, S. 57.

106 Wöhrle, Armin: Den Wandel managen – Organisationen analysieren und entwickeln, Baden-Baden: Nomos 2005, S. 40.

„zwischen die Lehrstühle“ fällt.[107] In Abbildung 4 wurde diese Problematik von Vester veranschaulicht.[108]

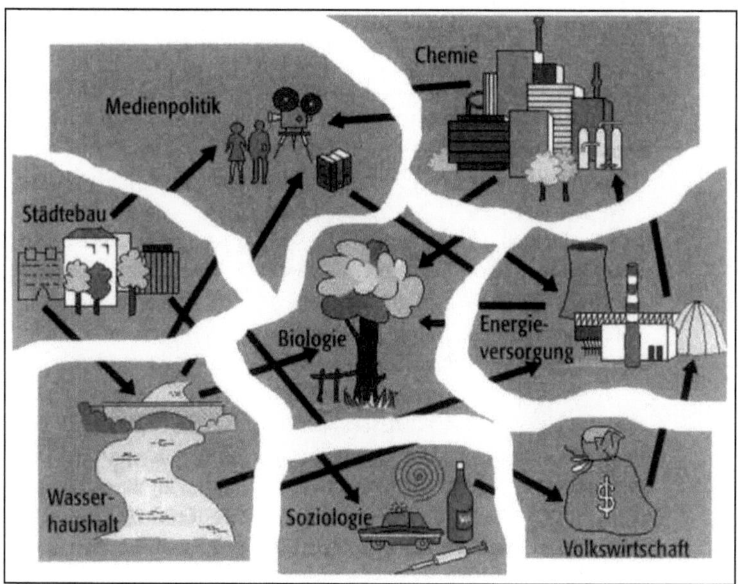

Abb. 4: Zerrissenes Netz nach Vester[109]

Die Herangehensweise, aus der Perspektive von Einzeldisziplinen Probleme zu betrachten, ist eines der Grundsatzprobleme traditionellen akademischen Vorgehens. Die akademischen Disziplinen betrachten immer – und müssen das auch tun – ihren spezialisierten Fachbereich. Dieser wird dann in der Tiefe durchdrungen. *Reale Probleme* allerdings lassen sich realitätsgerechter abbilden, wenn sie aus dem Blickwinkel der unterschiedlichen akademischen Disziplinen betrachtet werden.

Die Abbildung 5 veranschaulicht dieses Problem. Beim Zusammenspiel und bei der umfassenden Betrachtung aus Sicht mehrerer Disziplinen kann die Kybernetik ihren Beitrag leisten, denn sie erfasst den *systemischen Charakter*.[110]

---

107 Vgl. Vester, Frederic: Die Kunst vernetzt zu denken – Ideen und Werkzeuge für einen neuen Umgang mit Komplexität, 9. Aufl., München: Deutscher Taschenbuch Verlag 2012, S. 40f.

108 Vgl. ebd. S. 41.

109 Vgl. ebd. S. 41.

110 Weitere Ausführungen zum Thema Kybernetik finden sich bei Mirow, Heinz Michael: Kybernetik - Grundlage einer allgemeinen Theorie der Organisation, Wiesbaden: Gabler 1969, und Mirow, Michael: Wie praktisch ist eine gute Theorie? Thesen zur Umsetzung systemischen Denkens in der

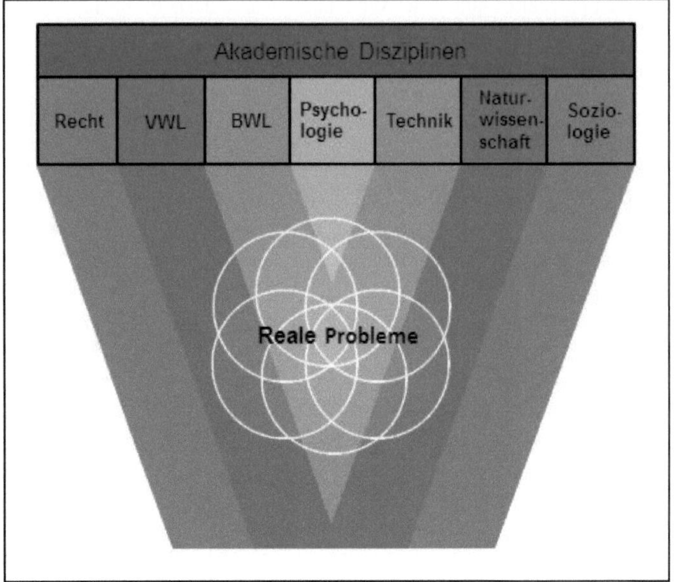

Abb. 5: Akademische Disziplinen versus reale Probleme nach Malik [111]

Hans Ulrich bezeichnet die Kybernetik als *„die Wissenschaft von der Gestaltung und Lenkung dynamischer Systeme“*[112]. Kybernetik ist die Wissenschaft der Steuerung komplexer Systeme. Präzise formuliert betrachtet sie die Gesetzmäßigkeiten im Ablauf von Steuerungs- und Regelungsvorgängen in Technik, Biologie und Soziologie. Der amerikanische Mathematiker Norbert Wiener prägte den Begriff 1948.[113] Aus dem griechischen Wort kybernētikē, die *„Steuermannskunst“* und kybernētēs *„Steuermann“* sowie dem Verb kybernān *„steuern, lenken“* entstand ein Begriff der die Tätigkeit von Führungskräften sehr treffend beschreibt.[114] Ihr Auftrag besteht darin, ein System – eben die Organisation – zielorientiert zu steuern und unter Kontrolle zu halten. Anzumerken ist

Gestaltung von Führungssystemen, in: Krieg, Walter/Galler, Klaus/Stadelmann, Peter (Hrsg.): Richtiges und gutes Management: vom System zur Praxis – Festschrift für Fredmund Malik, Bern/Stuttgart/Wien: Haupt 2005.

[111] Malik, Fredmund: Unternehmenspolitik und Corporate Governance, Frankfurt/New York: Campus 2008, S. 206.

[112] Ulrich, Hans: Systemorientiertes Management – Das Werk von Hans Ulrich, Studienausgabe, Bern: Haupt 2001, S. 43.

[113] Weitere Literatur hierzu: Wiener, Norbert: Cybernetics: Or the Control and Communication in the Animal and the Machine, 2nd Edition, Boston: MIT Presspaperback 1948 & 1961.

[114] Vgl. o.V. Duden: Das große Fremdwörterbuch – Herkunft und Bedeutung der Fremdwörter, Dudenverlag, Mannheim/Leipzig/Wien/Zürich 2000, S. 776; siehe ebenfalls Luhmann, Niklas/Baecker, Dirk (Hrsg.): Einführung in die Systemtheorie, Heidelberg: Carl-Auer-Systeme Verlag 2002, S. 54 f.

hierbei die Fähigkeit von Systemen, sich selbst zu lenken. Die Umsetzung auf den Bereich Führung von Organisationen ist in der *Systemorientierten Managementlehre* verankert.

Systemorientierte Managementlehre

Die Suche nach wissenschaftlichem Fortschritt und Relevanz für die Lösung praktischer Probleme veranlassten Hans Ulrich die *Kybernetik* und *Systemtheorie* als Grundlagenwissenschaften für die praxisrelevante Managementausbildung anzusehen.[115]

In Ulrichs Buch *„Die Unternehmung als produktives soziales System"* wird die als allgemeine Unternehmenslehre konzipierte Betriebswirtschaftslehre explizit auf die allgemeine Systemtheorie und Kybernetik abgestellt.[116] So wird die ganzheitliche Erfassung der Unternehmung als produktives soziales System unterstrichen. Die folgende Aussage Ulrichs betont dies:

„Die Kybernetik ist die Wissenschaft von der Gestaltung und Lenkung dynamischer Systeme, und die Lehre von der Unternehmensführung ist die Lehre von der Gestaltung und Lenkung einer besonderen Kategorie von dynamischen Systemen, die wir Unternehmungen nennen. Wenn also kybernetische Erkenntnisse über Lenkung richtig sind, dann müssen sie auf Unternehmungen übertragbar sein, für die Zwecke der Unternehmensführung fruchtbar gemacht werden können."[117]

Um das Zitat im vollen Umfang zu verstehen, ist hier Ulrichs Verständnis von *Unternehmungen* anzufügen. Er versteht darunter reale Systeme mit bestimmten Eigenschaften wie *dynamisch, offen, komplex* und *zweckorientiert.*[118] Unternehmen mittels des Systemansatzes zu beschreiben, bedeutet für Ulrich, Unternehmen mithilfe allgemeiner *systemtheoretischer und kybernetischer* Vorstellungen zu beschreiben.[119]

---

115 Vgl. Malik, Fredmund: Strategie des Managements komplexer Systeme – Ein Beitrag zur Management-Kybernetik evolutionärer Systeme, 10. Aufl., Bern/Stuttgart: Haupt 2008, S. XVII.

116 Vgl. ebd. S. 20.

117 Ulrich, Hans: Systemorientiertes Management – Das Werk von Hans Ulrich, Studienausgabe, Bern: Haupt 2001, S. 43.

118 Vgl. ebd. S. 28; Unternehmungen und Unternehmen sind äquivalent. Vgl. ebd. S. 11.

119 Vgl. Ulrich, Hans: Systemorientiertes Management. Das Werk von Hans Ulrich, Studienausgabe, Bern: Haupt 2001, S. 13 und S. 21 ff.

Ulrich, der als Begründer der *St. Galler Systemorientierten Managementlehre*[120] angesehen wird, hat systemtheoretische Vorstellungen in der anwendungsorientierten Managementlehre verankert.[121]

Das System *Unternehmen* muss sich anpassen an seine Umwelt, um existieren zu können. Sowohl im Management wie in der Managementlehre geht es darum, das System *Unternehmen/Umwelt* in seiner ganzen Komplexität in allen relevanten Dimensionen zu kontrollieren.[122] Denn je *„grösser und vielfältiger die Verhaltensmöglichkeiten der einzelnen Elemente in einem System sind und je mehr Wechselwirkungen mit seiner Umwelt bestehen, umso veränderlicher ist das System, umso grösser und vielfältiger ist also seine Dynamik"*.[123]

Folglich sind nach Ulrich die *klassischen Aufgaben und Funktionen des Managements:*

a. die *Gestaltung,*
b. die *Lenkung (Steuerung* und *Regelung)* sowie
c. die *Entwicklung* von Systemen.[124]

a) und b) Gestaltung und Lenkung

Im Wesentlichen geht es darum, ein System zu *lenken*, das abhängig von der Struktur und den Wirkungsmechanismen des Systems ist. Die Lenkbarkeit zu ermöglichen oder zu verbessern ist eine der wichtigen *Gestaltungsaufgaben* des Managements. Malik bezeichnet die Gestaltung und Lenkung von komplexen, dynamischen Systemen somit als *„die Perspektive der systemorientierten Managementlehre"*.[125] Welchen Beitrag hier die Kybernetik leisten kann, wird aus der folgenden Formulierung des einflussreichen Kybernetikers Stafford Beer deutlich: *"Management is (...) the profession of regulation,*

[120] Vgl. Malik, Fredmund: Strategie des Managements komplexer Systeme – Ein Beitrag zur Management-Kybernetik evolutionärer Systeme, 10. Aufl., Bern/Stuttgart: Haupt 2008, S. XVII.

[121] Vgl. Rüegg-Stürm, Johannes: Organisation und organisationaler Wandel – eine theoretische Erkundung aus konstruktivistischer Sicht, 2., durchges. Aufl., Wiesbaden: Westdeutscher Verlag 2003, S. 112.

[122] Vgl. Malik, Fredmund: Strategie des Managements komplexer Systeme – Ein Beitrag zur Management-Kybernetik evolutionärer Systeme, 10. Aufl., Bern/Stuttgart: Haupt 2008, S. VII.

[123] Ulrich, Hans/Probst, Gilbert: Anleitung zum ganzheitlichen Denken und Handeln – Ein Brevier für Führungskräfte, 4. Aufl., Bern/Stuttgart/Wien: Haupt 1995, S. 97.

[124] In Anlehnung an: Ulrich, Hans: Gesammelte Schriften, Bd. 5, Bern/Stuttgart/Wien: Haupt 2001, S. 184 ff.

[125] Malik, Fredmund: Systemisches Management, Evolution, Selbstorganisation, S. 83; und Malik, Fredmund: Strategie des Managements komplexer Systeme – Ein Beitrag zur Management-Kybernetik evolutionärer Systeme, 10. Aufl., Bern/Stuttgart: Haupt 2008, S. 22.

and therefore of effective organization, of which this cybernetics is the science."[126] Immer mehr Führungskräfte teilen die Einsicht: *Richtiges Management ist kybernetisches Management.*[127] Sie schätzen die Kraft dieses Ansatzes und den erheblichen Nutzen für ihre tägliche Arbeit. Das gestiegene Interesse an der systemorientierten Managementlehre deutet auch auf einen immer größer werdenden Bedarf nach neuen Konzepten für die Zukunft hin.

c) Entwicklung von Systemen

Der *Systemansatz* wurde immer weiter ausgebaut, begründet und praktisch anwendbar zu machen versucht.[128] Die praktische Erprobung spielte dabei stets eine wichtige Rolle und entspricht dem Ulrich' schen Verständnis von wissenschaftlicher Arbeitsweise vollständig.[129] Deutlich wird dies unter anderem daran, dass der Ansatz versucht, aus den abstrakten Erkenntnissen der wissenschaftlichen Kybernetik praktisch anwendbare Verfahrensweisen oder Strategien zu generieren.[130] Konkret bedeutet es, dass Komplexitätsbeherrschung ein Grundproblem des Managements ist. Als Systemdenker muss sich die Führungskraft zuerst darauf konzentrieren, den Gesamtzusammenhang herzustellen, Unwesentliches auszuschalten und dann ein Führungssystem mit wenigen Verfahren und Instrumenten zum Funktionieren zu bringen.[131]

Gerade von der Kybernetik sind neue Impulse für die Managementtheorie und -praxis zu erwarten, denn hier stehen Probleme, Anpassungsfähigkeit, Flexibilität, Lernfähigkeit, Evolution, Selbstregulation und Selbstorganisation im Mittelpunkt.[132]

---

126 Beer, Stafford: Diagnosing the System for Organizations, 7th Edition, Chichester: John Wiley & Sons 2001, S. x, („Management ist der Beruf des Regulierens und deshalb von wirksamer Organisation, die Kybernetik ist hiervon die Wissenschaft.")

127 Vgl. Malik, Fredmund: Führen, Leisten, Leben, – Wirksames Management für eine neue Zeit, aktual. Aufl., Frankfurt/New York: Campus 2006, S. 27 ff.

128 Vgl. Malik, Fredmund: Strategie des Managements komplexer Systeme – Ein Beitrag zur Management-Kybernetik evolutionärer Systeme, 10. Aufl., Bern/Stuttgart: Haupt 2008, S. 20. Detailliertere Ausführungen zum Systemansatz finden sich bei Ulrich, Hans: Gesammelte Schriften, Bd. 1, Bern/Stuttgart/Wien: Haupt 2001, S. 126 ff.

129 Vgl. Pfiffner, Martin/Stadelmann, Peter: Wissen wirksam machen – Wie Kopfarbeiter produktiv werden, Frankfurt: Campus 2012, S. 58 f.

130 Vgl. Ulrich, Hans: Systemorientiertes Management – Das Werk von Hans Ulrich, Studienausgabe, Bern: Haupt 2001, S. 51.

131 Vgl. ebd. S. 47.

132 Vgl. Malik, Fredmund: Strategie des Managements komplexer Systeme – Ein Beitrag zur Manage ment-Kybernetik evolutionärer Systeme, 10. Aufl., Bern/Stuttgart: Haupt 2008, S. 71.

Um in einer sich ständig in unvorhersehbarer Weise ändernden Umwelt zu bestehen, können höher entwickelte kybernetische Modelle einen großen Beitrag leisten, da sie eine Chance bieten, die Komplexität der Unternehmung und ihrer Umwelt besser zu erfassen und dementsprechend bessere Entscheidungen zu treffen. Durch eine Vielzahl geistig flexibler Menschen müssen diese Ausgangsmodelle dann laufend neu gestaltet werden. Folglich kann nach Ulrich der Systemansatz gar nicht anders, als die Unternehmung als offenes System mit seinen Verflechtungen zur Umwelt zu sehen, zu verstehen und so zukünftigen Anforderungen gerecht zu werden.[133]

Den Systemansatz als umfassende Rahmenkonzeption und als Denkgerüst für Führungshandeln zu wählen ist für Macharzina *„ein wesentlicher Beitrag zur Entwicklung einer ganzheitlich orientierten Führungslehre (...), welche die Umweltorientierung der Unternehmensführung herausstellt"*.[134] Mit diesem Ansatz ist im Vergleich zu herkömmlichen Positionen ein anderer Zugang zur Wissenschaft verbunden, denn man versucht einerseits *Ordnungsbildung* einer komplexen Organisation und andererseits deren *Wandel* zu verstehen.

2.3 Relevante Aspekte der Wirtschaftspädagogik

Aus dem Bereich der Wirtschaftspädagogik ist für das Forschungsvorhaben vor allem der Aspekt der lernenden Organisation und in diesem Kontext insbesondere die Personalentwicklung von Bedeutung. Skizziert werden die neuen Herausforderungen, denen sich die Personalentwicklung stellen muss. Die Veränderungen, die durch die finanz- und weltwirtschaftliche Krise ausgelöst wurden, haben eine intensive Diskussion zum Thema *Unternehmensentwicklung* ausgelöst, wovon Personalentwicklung ein untrennbarer Teil ist. Auf diese Weise begleitet Personalentwicklung Wandlungsprozesse flankierend und unabhängig davon, welche Art von Wandel stattfindet.[135]

---

[133] Vgl. Ulrich, Hans: Systemorientiertes Management – Das Werk von Hans Ulrich, Studienausgabe, Bern: Haupt 2001, S. 40.

[134] Macharzina, Klaus: Unternehmensführung – Das internationale Managementwissen, Wiesbaden: Gabler 1993, S. 58 f.

[135] Diese Sicht lehnt sich an Wilfried Krüger an, der Personalentwicklung als wandlungsprogrammunabhängige Maßnahme einstuft. So werden die Anforderungen an die Personalentwicklung unabhängig von der Art des Wandels (Abbau, Umbau und Aufbau). Vgl. Krüger, Wilfried (Hrsg.): Excellence in Change – Wege zur strategischen Erneuerung, 3., vollst. überarb. Aufl., Wiesbaden: Gabler 2006, S. 249 ff.

Vor dem Hintergrund des Untersuchungsgegenstands dieser Arbeit – *Personalentwicklung von Führungskräften in Zeiten von Change* – ist die Frage zu beantworten, welchen Anforderungen Personalentwicklung gerecht werden muss, damit in Zeiten von Wandel die an sie gestellten Aufgaben wirksam erfüllt werden können. Besonderes Augenmerk liegt hierbei darauf, Personalentwicklung so anzulegen, dass sie

1. der stetig steigenden *Komplexität* gerecht wird,
2. mit der stetig steigenden *Geschwindigkeit* von Wandel umgehen kann,
3. der Notwendigkeit des *Involvierens von immer mehr Mitarbeitern* in die Gestaltung von Wandel gerecht wird (eben um der gestiegenen Komplexität angemessen begegnen zu können).

Kurz gefasst kann man auch davon sprechen, Personalentwicklung so anzulegen, dass sie *systemorientiert* stattfindet. Notwendig ist dies, da die Herausforderungen wesentlich im systemischen Charakter von Organisationen und von der Interaktion der Organisationen mit ihrer Umwelt begründet liegen. Im kybernetischen Sinne formuliert, stellt sich die Frage: „*Wie ist Personalentwicklung anzulegen und was muss sie leisten, damit sich das System als Ganzes in weiten Teilen zum Nutzen des Ganzen selbst entwickelt?*" Ohne dieses gezielt systemorientierte Verhalten und Denken, das insbesondere auch die Selbstentwicklungsfähigkeiten der Organisation nutzt, lassen sich die Herausforderungen nicht in den Griff bekommen. Da eine zentrale Instanz niemals ausreichend Wissen, das heißt adäquate Komplexität, aufbauen kann, um das Ganze im Detail zu entwickeln und diese Entwicklung operativ zu gestalten.[136]

Gerade in Zeiten von Wandel ist somit die Personalentwicklung besonders gefordert, die Selbstentwicklungsfähigkeit der Organisation zu verstärken, was nur möglich ist, wenn Personalentwicklung konzeptionell gezielt unter Nutzung des systemischen Charakters von Organisationen gesehen und betrieben wird.

[136] In *Kapitel 3.3.1* wird dieser Gedanke unter dem Begriff *Dezentralisation* aufgegriffen.

2.3.1 Lernende Organisation als zentrale Herausforderung

Der zunächst befremdlich wirkende Terminus *„Lernende Organisation"* oder *„Organisationales Lernen"* gewinnt an Bedeutung.[137] Lernen auf Organisationen oder Unternehmen zu übertragen setzt voraus, dass man bereit ist, den Begriff „Lernen" nicht nur für Personen zu reservieren.[138]

Den für Individuen reservierten Lernbegriff auf Organisationen anzuwenden, wurde Anfang der 1960er-Jahre geboren und etablierte sich in den 1980er-Jahren.[139] Zwar sind es Individuen, die lernen, doch steht die Organisation dem Einzelnen in Form eines Wissensreservoirs gegenüber und hier wiederum steckt das Wissen in Strukturen, Richtlinien, Abläufen, Routinen, Technologien, Normen und anderen Medien. Individuelles Wissen und Können wird auf diese Weise kollektiviert und *„es entsteht eine organisationale Wissensbasis, die unabhängig von einzelnen Individuen existiert".*[140]

Heute ist die Zielvorstellung, dass eine Organisation eine lernende sein soll, nicht mehr wegzudenken. Verständlich, da sich Wettbewerbsvorteile in einer mit zunehmender Geschwindigkeit verändernden Umwelt nur durch einen hohen Grad an Wandlungsfähigkeit realisieren lassen. Hier wird das *organisationale Lernen* zum entscheidenden Faktor.[141]

In einer lernenden Organisation treten an die Stelle von Abgrenzung, Linearität und Kontrolle jetzt Offenheit, Vernetzung und Lernfähigkeit.[142] So erstaunt es nicht, dass

---

[137] Das Konzept der Lernenden Organisation – eigentlich eine Idee aus den 90er Jahren – erlebt eine Renaissance. Die Rezession hat bei vielen Unternehmen zu radikalen Veränderungen geführt und Lern- und Anpassungsfähigkeit werden dabei zum zentralen Wettbewerbsfaktor. Vgl. Seufert, S./Diesner, I.: Wie Lernen im Unternehmen funktioniert, in: Harvard Business Manager, August 2010, S. 8.

[138] Vgl. Müller-Vorbrüggen, Michael: Struktur und Strategie der Personalentwicklung, in: Bröckermann, R./Müller-Vorbrüggen, M. (Hrsg.): Handbuch Personalentwicklung – die Praxis der Personalbildung, Personalförderung und Arbeitsstrukturierung, 2. Aufl., Stuttgart: Schäffer-Poeschel, 2008, S. 13 ff.

[139] Vgl. Eberl, Peter: Die Idee des organisationalen Lernens – konzeptionelle Grundlagen und Gestaltungsmöglichkeiten, Bern/Stuttgart/Wien: Haupt 1996, S. 13.

[140] Bea, Franz Xaver/Göbel, Elisabeth: Organisation, 4., neu bearb. u. erw. Aufl., Stuttgart: Lucius & Lucius 2010, S. 420.

[141] Vgl. Nagl, Anna/Fassbender, Pantaleon: Entwicklungsstand und Perspektiven der lernenden Organisation in Deutschland, in: Wiesenhuber, Norbert & Partner (Hrsg.): Handbuch Lernende Organisation – Unternehmens- und Mitarbeiterpotentiale erfolgreich erschließen, Wiesbaden: Gabler 1997, S. 517-526. Auslöser für Prozesse organisationalen Lernens können beispielsweise Kompetenzverlust, eine drohende Betriebsschließung oder der ständige Innovationsdruck sein.

[142] Pätzold, Günter: Organisationales Lernen, in: Kaiser, F.J./Pätzold, G. (Hrsg.): Wörterbuch Berufs- und Wirtschaftspädagogik, 2., überarb. und erw. Aufl., Bad Heilbrunn: Julius Klinkhardt 2006, S. 386.

die lernende Organisation zu einem zentralen Thema der Managementforschung[143] geworden ist und heute als *zentrale Herausforderung* gilt.

Dabei sind insbesondere *fünf Punkte* zu beachten:

1. *Permanente Lernbereitschaft und -fähigkeit aufbauen und erhalten*

   Nur durch eine permanente *Lernbereitschaft und -fähigkeit* des gesamten Unternehmens können Unternehmen ihr Überleben sichern.[144] Welch hohen Stellenwert Senge dem Lernen zuordnet, wird durch das folgende Zitat klar: *"One implication of these limits on predictability is that living in a nonlinear world means giving up analytic abstractions like optimizing or maximizing and concentration on learning how things can get better over time. (...) This is why, for me, learning takes precedence over optimizing. The fundamental challenges of management are not about 'finding the right answer' so much as about seeking better understanding of the consequences of our actions, and especially understanding of how we may be unwittingly heading in directions opposite to what we intend. Such understanding can in turn lead to significant improvement."*[145]

   Wiesenhuber schreibt, dass die lernende Organisation ein Ort sein kann, an dem erfahrbar wird, dass *Leistung* eine Herausforderung und eine Chance zum Wachstum im persönlichen Sinn und im Sinne des Unternehmens darstellt. Dies setzt eine Vertrauenskultur voraus. In einer solchen Organisation können Führungskräfte unter Beweis stellen, dass *„Elite nicht an Positionsmacht, sondern an einen umfassenden Begriff von Leadership gebunden ist"*.[146]

---

143 Vgl. Klimecki, Rüdiger/Lassleben, Hermann/Thomae, Markus: Organisationales Lernen – Zur Integration von Theorie, Empirie und Gestaltung, in: Schreyögg, G./Conrad, S. (Hrsg.): Organisationaler Wandel und Transformation, in: Managementforschung, Bd. 10, Wiesbaden: Gabler 2000, S. 63.

144 Vgl. Nagl, Anna/Fassbender, Pantaleon: Entwicklungsstand und Perspektiven der lernenden Organisation in Deutschland, in: Wiesenhuber, Norbert & Partner (Hrsg.): Handbuch Lernende Organisation – Unternehmens- und Mitarbeiterpotentiale erfolgreich erschließen, Wiesbaden: Gabler 1997, S. 517-526.

145 Senge, Peter: The Puzzles and Paradoxes of how Living Companies Create Wealth: Why Single-Valued Objective Functions are not Quite Enough, in: Beer, M./Nohira, N. (eds): Breaking the Code of Change, Boston: Harvard Business School Press 2000, S. 63.

146 Wiesenhuber, Norbert: Die lernende Organisation: Unternehmens- und Mitarbeiterpotentiale erfolgreich erschließen, in: Wiesenhuber, Norbert & Partner (Hrsg.): Handbuch Lernende Organisation – Unternehmens- und Mitarbeiterpotentiale erfolgreich erschließen, Wiesbaden: Gabler 1997, S. 15.

2. *Geschwindigkeit des Lernens erhöhen*

Lernende Organisationen legen hierbei besonderen Wert auf die Geschwindigkeit des Lernens.[147] Arie de Geus schreibt hierzu: *"The ability to learn faster than your competitors may be the only sustainable competitive advantage."*[148]

3. *Lernen als Bestandteil des Tagesgeschäfts begreifen*

Senge fügt hier einen wichtigen Aspekt an: *"All organizations learn – in the sense of adapting as the world around them changes. But some organizations are faster and more effective learners. The key is to see learning as inseparable from everyday work."*[149]

4. *Change-Bewältigung durch Lernen*

Nach Probst und Büchel wird die *Lernfähigkeit* einer Organisation zu einer Ressource, die zum entscheidenden Faktor der Zukunft werden kann bzw. häufig schon ist. Auf den Punkt gebracht heißt das, dass das Überleben einer Organisation in Zukunft unter anderem von der Fähigkeit abhängt, als Kollektiv zu lernen. Nur durch die konsequente Ausrichtung und Kultivierung von Lernfähigkeit wird Wissen gewonnen und führt so zur Erweiterung der Handlungsfähigkeit und Problemlösungskompetenz einer Organisation.[150] Auf diese Weise ermöglicht die Fähigkeit des institutionellen Lernens die Bewältigung raschen Wandels.[151]

Hierbei ist zu bedenken, dass Lernen und Wandel in zweifacher Weise verknüpft sind:[152]

---

147 Spannagl eruiert dies in seiner Studie über lernende Organisationen. Den *Faktor Zeit* haben diese zum wichtigsten Wettbewerbsparameter erklärt und leben nach der Leitmaxime *„Nichts ist beständiger als der Wandel"*. Spannagl, Johannes: Lernende Organisation und Innovation, in: Wiesenhuber, Norbert & Partner (Hrsg.): Handbuch Lernende Organisation – Unternehmens- und Mitarbeiterpotentiale erfolgreich erschließen, Wiesbaden: Gabler 1997, S. 286.

148 De Geus, Arie: Planning as Learning, in: Harvard Business Review, 66, 1988, S. 71.

149 Senge, Peter M. et. al: The Dance of Change – The Challenges to Sustaining Momentum in Learning Organizations, New York: Doubleday 1999, S. 24.

150 Vgl. Probst, Gilbert/Büchel, Bettina: Organisationales Lernen – Wettbewerbsvorteil der Zukunft, Wiesbaden: Gabler 1998, S. 9.

151 Vgl. Lampel, Joseph: Der Weg zur lernenden Organisation, in: Mintzberg, Henry/Ahlstrand, Bruce/Lampel, Joseph: Strategy Safari – Eine Reise durch die Wildnis des strategischen Managements, 2. Aufl., Frankfurt/Wien: Redline Wirtschaft bei Ueberreuter 2004, S. 246.

152 Vgl. Bea, Franz Xaver/Göbel, Elisabeth: Organisation, 4., neu bearb. u. erw. Aufl., Stuttgart: Lucius & Lucius 2010, S. 505 f.

a) *Bisher Erlerntes* kann Wandel behindern, das heißt, bisheriges Wissen, geltende Routinen und Standards müssen infrage gestellt und „verlernt" werden, nur dann ist Wandel möglich.
b) Wandel kann nur gelingen, wenn das *Richtige neu gelernt* wird und so die Wissensbasis in gewünschter Weise angepasst wird.

Summa summarum ist eine lernende Organisation eine Chance zur internen Erneuerung und bietet darüber hinaus auch die Möglichkeit, das Unternehmen neu zu positionieren.[153]

5. *Aufbau eines Wissensreservoirs*

Dem Aufbau eines Wissensreservoirs, das heißt Wissen, das sich unabhängig von den handelnden Individuen im Unternehmen manifestiert, ist besonders hohe Priorität einzuräumen. Dies ist nicht zuletzt deshalb wichtig, da sich Organisationen ständig dem Risiko ausgesetzt sehen, dass Mitarbeiter das Unternehmen verlassen. Da der Wechsel von Mitarbeitern aber die Wissensbasis eines Unternehmens gefährdet, ist es wichtig, relevantes individuelles Wissen in die Wissensbasis der Organisation zu übernehmen. Über die Zeit entwickelt sich hieraus ein umfassendes Wissensreservoir.

Die Wissenssicherung und die Integration von Wissensmanagement[154] in die täglichen Prozesse, Abläufe und Projekte, hilft Wissen abrufbar zu machen und zu bewahren.[155]

Die lernende Organisation ist daher sowohl aus wissenschaftlicher Sicht als auch Sicht der Praxis der Unternehmensführung eine zentrale Herausforderung, gleichzeitig aber auch unabdingbare Voraussetzung für dauerhaften Erfolg. Im Folgenden wird ergänzend eine Definition von *lernender Organisation* dargelegt:

---

153 Vgl. Wiesenhuber, Norbert: Die lernende Organisation: Unternehmens- und Mitarbeiterpotentiale erfolgreich erschließen, in: Wiesenhuber, Norbert & Partner (Hrsg.): Handbuch Lernende Organisation – Unternehmens- und Mitarbeiterpotentiale erfolgreich erschließen, Wiesbaden: Gabler 1997, S. 15.

154 Der Begriff *Wissensmanagement* wird später behandelt.

155 Vgl. Steinle, Claus/Behse, Maren/Hoffmeister, Simone: Gut gebunden hält länger, in: Personalwirtschaft, 1/2009, S. 37.

Definition der lernenden Organisation

Ende der 1980er-Jahre definierten Pedler, Boydell und Burgoyne eine lernende Organisation als *„eine Organisation, die das Lernen sämtlicher Organisationsmitglieder ermöglicht und die sich kontinuierlich selbst transformiert“.*[156] Diese Definition verbindet individuelles Lernen mit organisatorischem Wandel. In einem solchem Unternehmensklima wird man ermutigt und befähigt, zu lernen und das eigene Potenzial zu entwickeln, was sich letztendlich auf das Unternehmen als Ganzes auswirkt. Daraus resultiert eine Kultur, die sich zusehends nach außen orientiert.[157]

Betrachtet man den englischen Begriff *"learning"* allerdings genauer, kann dieser sowohl das *Ergebnis* bezeichnen (wie bei Pedler, Boydell und Burgoyne geschehen) als auch den *Prozess,* der zu diesem Ergebnis führt (wie im Folgenden bei Senge).[158]

In den 1990er-Jahren entfachte Peter Senge mit seinem Buch *The Fifth Discipline* ein breites Interesse am lernenden Unternehmen. Nicht zuletzt, da er die lernende Organisation wie folgt definiert: *"an organization that is continually expanding its capacity to create its future. For such an organization, it is not enough merely to survive. 'Surviving learning' or what is more often termed 'adaptive learning' is important – indeed it is necessary. But for a learning organization, 'adaptive learning' must be joined by 'generative learning,' learning that enhances our capacity to create".*[159] Er sieht in der lernenden Organisation einen Ort, an dem Menschen ihre Fähigkeiten ausbauen,

---

156 Pedler, Mike/Boydell, Tom/Burgoyne, John: Auf dem Weg zum „Lernenden Unternehmen", in: Sattelberger, T. (Hrsg.): Die lernende Organisation, Wiesbaden: Gabler 1991, S. 60; Pedler, Mike/Boydell, Tom/Burgoyne, John: Towards the Learning Company, in: Journal of Management Education and Development, 20-1, 1989, S. 2 *"An organization which facilitates the learning of all of its members and continuously transforms itself."* Interessant zu lesen sind auch die von ihnen zusammengetragenen 101 Impressionen, die helfen sollen, eine Organisation in Richtung lernende Organisation zu entwickeln. Pedler, Mike/Boydell, Tom/Burgoyne, John: The Learning Company: A Strategy for Sustainable Development, Maidenhead: McGraw-Hill 1991 und 1994.

157 Vgl. Kakabadse, Andrew/Fricker, John: Anreize und Pfade zur lernenden Organisation, in: Sattelberger, T. (Hrsg.): Die lernende Organisation, Wiesbaden: Gabler 1991, S. 74.

158 Vgl. Argyris/Schön: Die Lernende Organisation – Grundlagen, Methoden, Praxis, Stuttgart: Klett-Cotta 1999, S. 19.

159 Vgl. Senge, Peter M.: The Fifth Discipline – The Art & Practice of the Learning Organization, New York: Doubleday 1990, S. 14 und Senge, Peter M.: Die fünfte Disziplin – Kunst und Praxis der lernenden Organisation, Klett-Cotta, 10. Aufl., 2006 S. 24. Senge unterscheidet zwei Lernstufen: *adaptives* und *generatives* Lernen. Adaptives Lernen bezieht sich auf eine Verbesserung der Anpassungsfähigkeit (an veränderte Umweltbedingungen) und generatives Lernen bezieht sich als zweite Stufe darauf, neue Fähigkeit zu entwickeln, die intrinsisch motiviert sind. Adaptives Lernen wird als reaktiv bezeichnet und generatives Lernen als proaktiv. Vgl. Senge, Peter M.: The Leader´s New Work: Building Learning Organizations, in: MIT Sloan Management Review, 7, 1990, S. 7-23.

ihre Zukunft selbst zu gestalten.[160] Der notwendige Lernprozess (generative learning) hierfür muss selbst gestaltet werden und bezieht sich vorwiegend auf die Veränderung der einzelnen Individuen. Sie bringen Ergebnisse hervor, die ihnen am Herzen liegen und tun Dinge, die ihnen wichtig sind.

Diese Betrachtung von Senge beinhaltet auch ein *Lernergebnis*, einen *Lernprozess*, der darin besteht, Informationen zu erwerben, zu verarbeiten und zu speichern und schließlich einen *Lernenden*, dem der Lernprozess zugeschrieben wird. Die erfolgreichen Organisationen der Zukunft werden sich dadurch auszeichnen, dass sie wissen, wie man das Engagement und Lernpotential der Menschen auf allen Ebenen erschließt.[161] Im Folgenden bildet Senges Definition die Grundlage für weitere Betrachtungen.

2.3.2 Personalentwicklung im Kontext der lernenden Organisation

Der Bereich *Personal* ist verantwortlich für die Summe aller mitarbeiterbezogenen Gestaltungsmaßnahmen zur Verwirklichung der strategischen Unternehmensziele. Meist wird hierfür von *Personalmanagement* gesprochen, synonym werden häufig *Personalwesen* oder *Personalwirtschaft* verwendet. Ein einheitlicher Sprachgebrauch hat sich weder in der Wissenschaft noch in der Praxis durchgesetzt. Einigkeit besteht jedoch darin, dass es das Arbeitsgebiet charakterisiert, welches sich mit den Problemen des Einsatzes des arbeitenden Menschen im Betrieb und seinem Beitrag zur betrieblichen Leistungserstellung befasst.
Das Aufgabengebiet besteht in der betrieblichen Praxis darin, die für die Verwirklichung der Unternehmensziele erforderlichen Human Resources in quantitativer, qualitativer, räumlicher und zeitlicher Sicht langfristig sicherzustellen. Im Zusammenhang mit dem Einsatz von arbeitenden Menschen sind hierbei auch die rechtlichen, sozialen und verwaltungsbezogenen Probleme zu lösen. Somit sind vom Personalmanagement sowohl *unternehmensbezogene* als auch *mitarbeiterbezogene* Aufgaben zu erfüllen.

---

160 *“A learning organization is a place where people are continually discovering how they create their reality. And how they can change it.”* Senge, Peter M.: The Fifth Discipline – The Art & Practice of the Learning Organization, New York: Doubleday 1990, S. 13. Oder: *“A simple definition is that a learning organization is a group of people continually enhancing their capacity to create what they want to create.”* Senge, Peter M.: The Learning Organization Made Plain, in: Training and Development, 10, October 1991, S. 42.

161 Vgl. Senge, Peter M.: The Fifth Discipline – The Art & Practice of the Learning Organization, New York: Doubleday 1990, S. 4.

Der Bereich Personal teilt sich auf in die Bereiche *Personalbeschaffung, Personaleinsatz* und *Personalentwicklung.*[162] Hierbei gehören die sachgerechte Auswahl und Entwicklung insbesondere der Führungskräfte zu den zentralen Aufgaben des modernen Personalwesens.[163] Im weiteren Verlauf soll die *Personalentwicklung* entsprechend des Themenschwerpunktes der Arbeit im Mittelpunkt stehen.

Personalentwicklung in Theorie und Praxis

Bei der näheren Beschäftigung mit Personalentwicklung verwundert die unterschiedliche Bedeutung in Theorie und Praxis. Im wissenschaftlichen Kontext betrachtet, weist die Personalentwicklung eine interdisziplinäre Prägung auf. Hinsichtlich der Ziele, Inhalte, Methoden, Akteure und Bedingungsfaktoren müssen verschiedene Wissenschaftsdisziplinen herangezogen werden. Zum Beispiel nennt Becker hier Berufs- und Arbeitspädagogik, Betriebspsychologie, Soziologie, Organisationswissenschaften und Wirtschaftswissenschaften, die Teilaspekte der Personalentwicklung erforschen.[164] Vor diesem interdisziplinären Hintergrund erklärt sich, dass Personalentwicklung bis dato nicht als eine eigenständige Wissenschaftsdisziplin angesehen wird und primär als eine *Teilfunktion* des Bereichs Personal gehandhabt wird.[165] Angesichts der hohen Bedeutung für die Praxis ist diese Teilfunktion allerdings besonders wichtig.
So gilt nach einer empirischen Untersuchung von Wunderer/Dick Personalentwicklung als *das zukünftig wichtigste Instrument des Personalmanagements.* Die Gründe hierfür liegen nach den Autoren sowohl in der Umweltdynamik und der damit verbundenen Notwendigkeit zum permanenten Lernen als auch in der erwarteten Arbeitsmarktsituation sowie in der hohen Wertschöpfungs- und Kostenintensität von Personalentwicklung. Folglich wird die praktische Bedeutung von Personalentwicklung in Zukunft stark zunehmen.[166]

---

162 Beispielsweise Becker, Manfred: Personalentwicklung – Bildung, Förderung und Organisationsentwicklung in Theorie und Praxis, 5., akt. u. erw. Aufl., Stuttgart: Schäffer-Poeschel 2009, S. 30; und Holtbrügge, Dirk: Personalmanagement, Berlin: Springer 2004, S. 73 ff.

163 Vgl. Breisig, Thomas/Krone, Frank: Job Rotation bei der Führungskräfteentwicklung, in: Personal, 8/1999, S. 410.

164 Vgl. Becker, Manfred: Wandel aktiv bewältigen!, München/Mering: Rainer Hampp 2009, S. 50.

165 Vgl. Mudra, Peter: Personalentwicklung – Integrative Gestaltung betrieblicher Lern- und Veränderungsprozesse, München: Vahlen 2004, S. 104.

166 Vgl. Wunderer, Rolf: Personalmanagement – Quo Vadis?: Analysen und Prognosen bis 2010, Wunderer, Rolf/ Dick, Petra (Hrsg.), 3. Aufl., Neuwied/Kriftel: Luchterhand 2002, S. 136.

Definition und Begriffsabgrenzung von Personalentwicklung

Obwohl Personalentwicklung in der Literatur als strategischer Erfolgsfaktor betont wird, erscheint die Literatur rund um das Thema als heterogen und unscharf.[167] Bezüglich der inhaltlichen Reichweite des Begriffs existieren enge und weite Fassungen.

Die *enge* Begriffsfassung bezieht sich nach Manfred Becker lediglich auf den Bereich der *Aus- und Weiterbildung*.[168] Hierbei ist anzumerken, dass es weit verbreitet ist, Personalentwicklung mit Weiterbildung gleich zu setzen. Zwar ist Weiterbildung das wichtigste und am häufigsten eingesetzte Instrument, aber Personalentwicklung geht darüber hinaus.[169]

Die *weite* Begriffsfassung umfasst *„alle Maßnahmen der Bildung, Förderung und Organisationsentwicklung, die von einer Person oder Organisation zur Erreichung spezieller Zwecke zielgerichtet, systematisch und methodisch geplant, realisiert und evaluiert werden.“*[170] Diese weite Fassung ist in Zeiten von Change mit seiner steigenden Komplexität und Dynamik treffender und ganzheitlicher. Diese Definition bildet die Basis für die weitere Betrachtung der Personalentwicklung im Kontext der lernenden Organisation.

Denn so kann Personalentwicklung

a) eine *enge Verbindung mit der Organisationsentwicklung* aufweisen und so mit den strategischen Zielen des Unternehmens verknüpft werden,
b) *bildungs- und stellenbezogene Maßnahmen umfassen* (die das Leistungs- und Lernpotenzial der Mitarbeiter erkennen, erhalten und fördern),
c) in *Richtung des organisationalen Lernens weiterentwickelt* werden.

Hierzu im Einzelnen:

a) Enge Verbindung zur Organisationsentwicklung/Unternehmensentwicklung

Personalentwicklung kann nicht separiert von der *strategiegeleiteten Unternehmensentwicklung* gesehen werden. Barbara Baill schreibt hierzu: *"In addition on traditional HR disciplines the HR function is now looked to for expertise in designing organizations*

[167] Vgl. Becker, Manfred: Personalentwicklung – Bildung, Förderung und Organisationsentwicklung in Theorie und Praxis, 5., akt. u .erw. Aufl., Stuttgart: Schäffer-Poeschel 2009, S. 3.

[168] Vgl. ebd. S. 5.

[169] Vgl. Münch, Joachim: Personalentwicklung als Mittel und Aufgabe moderner Unternehmensführung, Bielefeld: wbv 1995, S. 53.

[170] Becker, Manfred: Personalentwicklung – Bildung, Förderung und Organisationsentwicklung in Theorie und Praxis, 5., akt. u .erw. Aufl., Stuttgart: Schäffer-Poeschel 2009, S. 4.

and organizational systems and for managing major changes to increase competitiveness."[171]

Vor allem wenn das Ziel eine integrierte Personal- und Unternehmensentwicklung ist, die langfristig und vorausschauend die Zukunft der Organisation und ihrer Mitarbeiter gestaltet, kommt dieser umfassenden Betrachtungsweise besondere Bedeutung zu. In diesem Fall beeinflussen Personalstrategien und Personalentwicklung die Unternehmensstrategien nachhaltig.[172] Wie wichtig dieses Zusammenspiel ist, zeigt die Trendanalyse der *Twist Consulting Group*. Sie legt dar, dass in den letzten Jahren der Schwerpunkt auf der Rekrutierung von Fach- und Führungskräften lag. Nun geht es hierauf aufbauend vermehrt darum, diese Mitarbeiter langfristig zu binden. Besonders gilt es hierbei, die internen Potenziale zu entdecken, weiterzuentwickeln und existentes Wissen effizient zu nutzen und auszuschöpfen.[173]

Um die Bedeutung der Personalentwicklung herauszustellen, gehen einige Wissenschaftler wie beispielsweise Peter Walter noch einen Schritt weiter und betonen die Wichtigkeit der Integration der Personalentwicklung in die Führungs- und Geschäftsprozesse, worin sie einen Schlüssel zum Erfolg sehen.[174]

Einigkeit besteht darüber, dass die Personalentwicklung für den *Aufbau und die Sicherung der benötigten Qualifikationen* sorgt und somit wesentlich dazu beiträgt, die für eine erfolgreiche Unternehmensentwicklung notwendigen Lernprozesse zu initiieren und zu fördern.[175] Anders herum betrachtet, kann erfolgreiche Unternehmensentwicklung als Lernprozess gesehen werden, zu dem eine fortschrittliche Personalentwicklung ihren Betrag leisten muss.[176]

---

171 Baill, Barbara: The changing requirements of the HR professional implications for the development of HR Profession, in: Human Resource Management, 38, 1999, S. 171.

172 Vgl. Sattelberger, Thomas: Strategische Lernprozesse, in: Sattelberger, T. (Hrsg.): Human Resource Management im Umbruch – Positionierung, Potentiale, Perspektiven, Wiesbaden: Gabler 1996, S. 288.

173 Vgl. Nitsch, Sonja/Maggu, Juliette: Jetzt erst recht, in: Personalwirtschaft, 2/2009, S. 30 f.

174 Vgl. Walter, Peter: Rolle vorwärts, in: Personalwirtschaft, 2/2009, S. 36 f.

175 Vgl. Schlittler, Gabrielle/Erb, Andreas: Unternehmensentwicklung erfordert Personalentwicklung, in: Thom, Norbert/Zaugg, Robert J. (Hrsg.): Moderne Personalentwicklung – Mitarbeiterpotentiale erkennen, entwickeln und fördern, Wiesbaden: Gabler 2006, S. 235.

176 Vgl. Sattelberger, Thomas: Strategische Lernprozesse, in: Sattelberger, T. (Hrsg.): Human Resource Management im Umbruch – Positionierung, Potentiale, Perspektiven, Wiesbaden: Gabler 1996, S. 288.

b) Bildungs- und stellenbezogene Maßnahmen

Die bildungs- und stellenbezogenen Maßnahmen sollen darauf abzielen, eine qualifikatorische Basis für marktfähige Ideen und Produkte zu schaffen. Die hierfür notwendigen Maßnahmen haben allerdings über die Jahre einen Wandel erfahren. Überspitzt, aber dennoch sehr anschaulich, greift James Bolt dies auf: *"Gone are the days when executives were simply sent off to some campus for a week of lectures. And it's no longer enough to sponsor nice-to-attend seminars that are high on entertainment and low on lasting impact."*[177]

Die qualifikatorische Basis zu schaffen ist eine grundlegende Aufgabe der Personalentwicklung, aber die Aufgabe insgesamt ist wesentlich weitreichender. Es geht darum, *„Menschen durch Lernen zu befähigen, ihren Beitrag zur Verwirklichung der Unternehmensziele so effektiv wie möglich zu leisten. Die Rolle der Personalentwicklung bestimmt somit den Bestand, die Entwicklung und den Erfolg der Unternehmen in hohem Maße. Mit der Veränderung der Rahmenbedingungen ändern sich die Erwartungen und Anforderungen an die Personalentwicklung."*[178]

Ständiges und lebenslanges Lernen rückt durch die zunehmende Geschwindigkeit des Wandels immer mehr in den Vordergrund der Personalentwicklung. Folglich liegt die große Herausforderung der Personalentwicklung darin, Menschen durch Lernen zu befähigen, sich in ihrer gegenwärtigen und zukünftigen Aufgabe zurechtzufinden. Das bedeutet, veränderte Anforderungen müssen aufgenommen und in systematische und rechtzeitige Personalentwicklungsmaßnahmen umgesetzt werden.[179] Nach Manfred Becker sollten die Maßnahmen in diesem Zusammenhang breit angelegt sein und sowohl instrumentell verwendbare Inhalte der Führungsbildung als auch persönlichkeitsbildende Inhalte (z.B. individuelle Reflexionsfähigkeit, Selbstentwicklung) umfassen. Eine auf beständigen Wandel und solch einem erweiterten Lernverständnis aufbauende Personalentwicklung ist dann verstärkt selbstorganisiert. Auf diese Weise wird Per-

---

177 Bolt, James F.: How Executives Learn: The Move from Glitz to Guts in: Training and Development Journal, May 1990, S. 83.

178 Becker, Manfred: Die neue Rolle der Personalentwicklung – Empirische Befunde- und Entwicklungstendenzen, in: Thom, Norbert/Zaugg, Robert J. (Hrsg.): Moderne Personalentwicklung – Mitarbeiterpotentiale erkennen, entwickeln und fördern, Wiesbaden: Gabler 2006, S. 43.

179 Vgl. Becker, Manfred: Personalentwicklung – Bildung, Förderung und Organisationsentwicklung in Theorie und Praxis, 5., akt. u .erw. Aufl., Stuttgart: Schäffer-Poeschel 2009, S. 2.

sonalentwicklung *zum Motor des Fortschritts* und trägt zur Erneuerung der Wissensbasis des Unternehmens bei. [180]

Personalentwicklung kommt heute eine Schlüsselfunktion zu bei der Sicherung der Existenz der Unternehmen und der Erhaltung der Beschäftigungsfähigkeit der Arbeitenden.[181] Da das lebenslange Lernen das Markenzeichen reifer Volkswirtschaften ist,[182] wird durch die zunehmende Geschwindigkeit des Wandels dieses lebenslange Lernen auch in den Vordergrund der Personalentwicklung gerückt.[183]

Der Erfolg hängt allerdings seitens der Unternehmen maßgeblich von der Bereitschaft zur Finanzierung und seitens der Beschäftigten von der Wahrnehmung der Angebote der Personalentwicklung ab. Hinsichtlich der Finanzierung muss angemerkt werden, dass die Personalentwicklung oft als erstes Maßnahmenfeld von Einsparungsmaßnahmen betroffen ist, weil sich hier relativ leicht Kosten senken lassen, ohne das kurzfristige Ergebnis zu beeinträchtigen. Dass dieses Verhalten langfristig der Organisation schadet, weil es das Erfolgspotenzial des Unternehmens angreift, wird immer mehr erkannt. Umso wichtiger ist daher ein klares Verständnis in Bezug auf die Rolle, Funktion und den Zweck der Personalentwicklung.

c) Weiterentwicklung zum organisationalen Lernen

Unter a) wurde dargelegt, dass die Personalentwicklung maßgeblich dazu beiträgt, die für eine erfolgreiche Unternehmensentwicklung notwendigen Lernprozesse zu initiieren und zu fördern. Sind die unter b) angesprochenen Maßnahmen darauf ausgerichtet, Fähigkeiten und Wissen zum Nutzen von Individuen und Organisation aufzubauen und zu erhalten, so ergeben sich ausgeprägte Schnittstellen zum *Wissensmanagement* und zum *organisationalen Lernen.*[184]

Um die Weiterentwicklung zum organisationalen Lernen voranzubringen, wird eine zentrale Aufgabe der Personalentwicklung darin bestehen, diejenigen Handlungskompe-

---

[180] Vgl. Becker, Manfred: Personalentwicklung – Bildung, Förderung und Organisationsentwicklung in Theorie und Praxis, 5., akt. u .erw. Aufl., Stuttgart: Schäffer-Poeschel 2009, S. 1 ff.

[181] Vgl. ebd. S. 1.

[182] Vgl. ebd. S. 1.

[183] Vgl. Becker, Manfred: Personalentwicklung – Bildung, Förderung und Organisationsentwicklung in Theorie und Praxis, 5., akt. u .erw. Aufl., Stuttgart: Schäffer-Poeschel 2009, S. 102.

[184] Vgl. Probst, Gilbert/Büchel, Bettina: Organisationales Lernen – Wettbewerbsvorteil der Zukunft, Wiesbaden: Gabler 1998, S. 93 ff.. Siehe auch Meier, M./Weller; I.: Hat Wissensmanagement eine Zukunft? – Stand der Dinge und Ausblick, in: zfbf, 64. Jg., Februar 2012, S. 117 ff.

tenzen der Organisationsmitglieder auszubauen, die *organisationale Lernprozesse* fördern. Denn „*Personalentwicklung kann zu organisationalem Lernen führen, wenn es gelingt, individuelles Wissen für andere nutzbar zu machen.*“[185]

Um das individuelle Wissen nutzbar zu machen, haben auch im lernenden Unternehmen Training und Weiterbildung natürlicherweise einen Platz; die Herausforderung liegt allerdings in der *integrierten* Entwicklung des Individuums *und* des Unternehmens. „*Dies bedeutet, die Humanpotentiale der Organisation zu entwickeln, indem man ihre Fähigkeits- und Qualifikationsbasis steigert und sie gleichzeitig befähigt, die Unternehmensentwicklung als konstanten und sich selbst tragenden Prozess weiterzuführen.*“[186]

Damit die Verknüpfung von individuellem und organisationalem Lernen gelingt, werden neue Wege des Lernens gefordert und gesucht.[187] Bereits jetzt haben in lernenden Organisationen ganzheitliche Problemlösungskompetenz, soziale Kompetenz und Selbstorganisation eine zentrale Bedeutung. Neben der Vermittlung von Sach- und Fachwissen wird innovativen Lernmaßnahmen ein hoher Stellenwert eingeräumt.[188]

Abschließend kann festgehalten werden, dass die gewählte *weite* Begriffsfassung von Personalentwicklung mit den Aspekten a) bis c) im Kontext der lernenden Organisation betrachtet werden muss. Die gewählte Definition von Personalentwicklung unterstützt die Sichtweise, dass eine lernende Organisation das Ergebnis einer Organisation ist, die das Lernen ermöglicht und sich dabei kontinuierlich weiterentwickelt. Auch Senges weitreichendere Aspekte wie Lernergebnis, Lernprozess und Lernende sind hiermit vereinbar. Bezüglich der Lernenden muss an dieser Stelle allerdings noch eine Klärung für die weiteren Untersuchungen vorgenommen werden.

185 Zaugg, Robert J.: Nachhaltige Personalentwicklung – Von der Schulung zum Kompetenzmanagement; in: Thom, Norbert/Zaugg, Robert J. (Hrsg.): Moderne Personalentwicklung – Mitarbeiterpotentiale erkennen, entwickeln und fördern, Wiesbaden: Gabler 2006, S. 33.

186 Kakabadse, Andrew/Fricker, John: Anreize und Pfade zur lernenden Organisation, in: Sattelberger, T. (Hrsg.): Die lernende Organisation, Wiesbaden: Gabler 1991, S. 74.

187 Vgl. Sattelberger, Thomas: Die lernende Organisation im Spannungsfeld von Strategie, Struktur, Kultur, in: Sattelberger, T. (Hrsg.): Die lernende Organisation, Wiesbaden: Gabler 1991, S. 11-56.

188 Vgl. Nagl, Anna/Fassbender, Pantaleon: Entwicklungsstand und Perspektiven der lernenden Organisation in Deutschland, in: Wiesenhuber, Norbert & Partner (Hrsg.): Handbuch Lernende Organisation – Unternehmens- und Mitarbeiterpotentiale erfolgreich erschließen, Wiesbaden: Gabler 1997, S. 521.

Führungskräfteentwicklung

In allgemeinen und breit angelegten Auffassungen bezieht sich die Personalentwicklung *auf alle Mitarbeiter aller Hierarchiestufen.*[189] In der Literatur differenziert man zwischen der breiten, für alle angelegten Personalentwicklung einerseits und der Personalentwicklung für Führungskräfte andererseits. Führungskräfteentwicklung wird häufig *Management Development* genannt.[190]

Führungskräfteentwicklung darf sich *nicht nur* auf höherrangige Führungskräfte beziehen, sondern muss deutlich *breiter gefasst werden.* Das ist deshalb notwendig, weil in einer modernen Organisation de facto *immer mehr* Personen Führungsaufgaben übernehmen, auch wenn sie formal nicht dem Status einer höheren Führungskraft zugeordnet werden. Peter F. Drucker geht beispielsweise so weit, dass er sagt: *„Jeder Wissensarbeiter in einer modernen Organisation ist eine ‚Führungskraft', sofern er aufgrund seiner Position oder seines Wissens einen Beitrag zu leisten hat, der sich auf die Leistungsfähigkeit und die Ergebnisse der Organisation auswirkt."*[191] Das Besondere an Druckers Definition ist, dass er „Beiträge durch Wissen zur Leistungsfähigkeit und zu den Ergebnissen" als Qualifikationskriterium einstuft. Das ist ausgesprochen weit gefasst, weil durch diese Definition fast jeder – ausgenommen den niedrigsten Positionen in einer Organisation – als Führungskraft angesehen werden muss. Wenn das Wissen und der Beitrag durch das Wissen das entscheidende Kriterium ist, kommt man zu einem gänzlich anderen *Führungsverständnis*, eben weil man sich darum bemühen muss, dass jeder sein spezifisches Wissen besser (das heißt effektiver und effizienter) zum Einsatz bringt.

Da dieser Aspekt untrennbar mit einer ganzheitlichen systemisch orientierten Auffassung der Unternehmensführung verbunden ist, bezieht sich die Personalentwicklung in der vorliegenden Arbeit auf Personen, die Führungsaufgaben im obigen Sinne übernehmen. Sie sind die hier betrachteten *Führungskräfte,* die es in Zeiten von Change zu entwickeln gilt.

[189] Vgl. Becker, Manfred: Personalentwicklung – Bildung, Förderung und Organisationsentwicklung in Theorie und Praxis, 5., akt. u. erw. Aufl., Stuttgart: Schäffer-Poeschel 2009, S. 206 ff.

[190] Vgl. Drumm, Hans Jürgen: Personalwirtschaft, 6., überarb. Aufl., Heidelberg: Springer 2008, S. 334.

[191] Drucker, Peter F.:Was ist Management – Das Beste aus 50 Jahren, München: Econ 2002, S. 232; dieser Gedanke findet sich ebenfalls bei Weitzel, Alexander: Wirksames Management des Knowledge Workers zur produktiven Nutzung von Wissen, Bamberg: Difo-Druck 2004, S. 189.

3. Personalentwicklung von Führungskräften in Zeiten von Change

3.1 Interdisziplinäres Modell des Forschungsgegenstandes

3.1.1 Modellbeschreibung

In *Kapitel 2* der vorliegenden Arbeit wurde der interdisziplinäre Rahmen dargelegt, anhand dessen geprüft werden kann, welche Rahmenbedingungen für die Personalentwicklung von Führungskräften in Zeiten von Change aus systemorientierter Sicht zu schaffen sind. Diese interdisziplinäre Betrachtung unterscheidet die vorliegende Arbeit von anderen Forschungen. In Abbildung 6 wird dargestellt, wie die wissenschaftlichen Disziplinen, die diesen Rahmen bilden, ineinandergreifen.

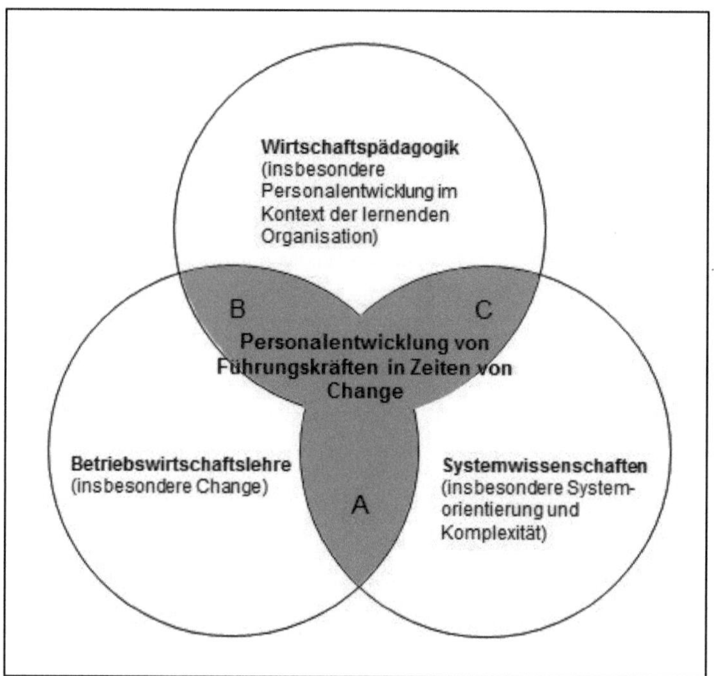

Abb. 6: Interdisziplinäres Modell des Forschungsgegenstandes mit seinen Schnittmengen A, B, C

Das Kernstück der Dissertation bildet die Summe der überlappenden Bereiche (Schnittmengen), die sich wie folgt zusammensetzt:

Der Bereich A setzt sich aus Teilbereichen der Betriebswirtschaftslehre, insbesondere Change, und der Systemwissenschaften, insbesondere Systemorientierung und Komplexität zusammen. Innerhalb dieser Schnittmenge betrachtet diese Arbeit wesentliche *Aspekte des systemorientierten Managements*.

Der Bereich B setzt sich aus Teilbereichen der Wirtschaftspädagogik, insbesondere Personalentwicklung im Kontext der lernenden Organisation, und der Betriebswirtschaftslehre, insbesondere Change, zusammen. Innerhalb dieser Schnittmenge betrachtet diese Arbeit wesentliche *Aspekte der Personalentwicklung im Kontext der lernenden Organisation*.

Der Bereich C setzt sich aus Teilbereichen der Systemwissenschaften, insbesondere Systemorientierung und Komplexität, und der Wirtschaftspädagogik, insbesondere Personalentwicklung im Kontext der lernenden Organisation, zusammen. Innerhalb dieser Schnittmenge betrachtet diese Arbeit wesentliche *Aspekte des systemischen Lernens*.

Diese Schnittmengen stehen in engem Zusammenhang mit den zentralen Fragen, die in der Problemstellung definiert wurden.

Für alle drei Bereiche ist Wissen ein wichtiger Schlüsselfaktor. Organisationen agieren innerhalb der Wissensgesellschaft. Daher hat Wissen in Organisationen heute eine viel höhere Bedeutung als noch vor einigen Jahrzehnten. Daraus resultiert, dass sich für die Personalentwicklung neue, komplexe Herausforderungen ergeben, die in diesem dritten Teil beleuchtet werden. Für die Personalentwicklung von Führungskräften in Zeiten von Change werden im Hinblick auf die nachfolgend genannten Ausgangsfragen Heuristiken für jeden der genannten Teilbereiche entwickelt:

1. Wie kann systemorientiertes Management in Zeiten von Change die Organisation befähigen, Selbstorganisation umfassend zu nutzen (Bereich A)?
2. Was muss Personalentwicklung im Kontext der lernenden Organisation leisten, damit Organisationen langfristig erfolgreich darin sind Change zu bewältigen (Bereich B)?
3. Wie müssen die organisationalen und die individuellen Lernprozesse angelegt sein, damit systemisches Lernen in der gesamten Organisation erfolgreich ist (Bereich C)?

Die zunehmende Komplexität, der sich Unternehmen und Führungskräfte sowohl intern als auch extern ausgesetzt sehen, führt dazu, dass Führungskräfte in der Regel Entscheidungen unter dem Vorzeichen der Unsicherheit und auf Basis von unvollkommenen

Informationen treffen müssen.[192] Aus den Systemwissenschaften ist eine Vielzahl von „Regeln“ bekannt, die helfen können, ein derart komplexes System zu steuern. Dafür reichen Algorithmen als Handlungsleitlinien nicht aus. Ein Algorithmus ist ein Satz von Anweisungen und Instruktionen, der zur Erreichung eines bekannten, vollständig spezifizierten Ziels führt.[193] Unter unsicheren und komplexen Umständen sind vielmehr Heuristiken erforderlich. Stafford Beer versteht unter einer Heuristik einen Satz von Instruktionen, um ein unbekanntes Ziel durch Exploration zu erreichen.[194] Verdeutlichen lässt sich der Unterschied zwischen Algorithmen und Heuristiken anhand des Schachspiels. *„Professionelle Schachspieler beherrschen klarerweise die Schachalgorithmen, aber darüber hinaus kennen sie noch ganz andere Regeln, nämlich solche, um die Schachpartien auch zu gewinnen. Regeln, die man verfolgt, um eine Situation meisterhaft zu beherrschen und die Wahrscheinlichkeit zu gestalten, dass man auch gewinnt, sind Heuristiken.“*[195] Eine derartige Heuristik ist beispielsweise: „Positioniere die Springer in der Mitte des Feldes.“ Diese allgemein formulierte Regel hilft in höchst unterschiedlichen konkreten Spielkonfigurationen in der Mitte des Feldes, eine bessere Ausgangsposition zu erlangen.

Im Umfeld von Unternehmen und Führungskräften versteht man unter Heuristiken *„Handlungsregeln als Voraussetzung zur Sicherstellung der Entwicklungsfähigkeit einer Organisation unter komplexen Kontextbedingungen.“*[196] Daher sind Heuristiken für das Meistern der Herausforderungen, denen sich die *Personalentwicklung von Führungskräften in Zeiten von Change* ausgesetzt sieht, besonders geeignet. Wichtig hierbei ist, dass es sich bei diesen Handlungsregeln um eine Reihe von Vorgehensregeln handelt, die die Wahrscheinlichkeit des Findens einer „guten“ Lösung erhöhen, aber nicht garantieren.[197]

---

[192] Vgl. Pfiffner, Martin/Stadelmann, Peter: Wissen wirksam machen – Wie Kopfarbeiter produktiv werden, Frankfurt: Campus 2012, S. 24 f.

[193] *“An algorithm is a technique, or a mechanism, which prescribes how to reach a fully specified goal.“* Beer, Stafford: Brain of the Firm – The Managerial Cybernetics of Organization, 2nd Edition, Chichester: John Wiley & Sons 1972, S. 54.

[194] Vgl. ebd. S. 54.

[195] Malik, Fredmund: Heuristiken für Gewinner – Die Logik des Gelingens, in: MOM Letter, 10. Ausg., St. Gallen 2007, S. 146 ff.

[196] Litz, Stefan: Organisationaler Wandel und Human Resource Management – eine empirische Studie auf evolutionstheoretischer Grundlage, Wiesbaden: Deutscher Universitäts-Verlag 2007, S. 33-55.

[197] Vgl. Ulrich, Hans/Probst, Gilbert: Anleitung zum ganzheitlichen Denken und Handeln – Ein Brevier für Führungskräfte, 4. Aufl., Bern/Stuttgart/Wien: Haupt 1995, S. 105.

3.1.2 Schlüsselressource Wissen

Unter Ressourcen werden alle Arten von Gütern und Dienstleistungen verstanden, die nötig sind, um Kundennutzen zu schaffen. Die Ressource *Wissen* wird, bezogen auf die Herausforderungen des jetzigen 21. Jahrhunderts, als die zentrale Schlüsselressource angesehen.

Unternehmenszweck als Orientierung für Wissensarbeit

Die Formulierung des richtigen und klaren Unternehmenszwecks erleichtert den Umgang selbst mit höchster Komplexität. *„Klarheit über den Zweck des Unternehmens zu schaffen, diesen nach innen und außen zu vermitteln, zu begründen und zu erklären, ist eine erstrangige, vielleicht überhaupt die wichtigste Aufgabe des Top-Managements."*[198] Deshalb muss der Zweck *klar und richtig* formuliert sein.

Ulrich legt dar, dass Unternehmen nicht aus Selbstzweck existieren. Sie erfüllen produktive Funktionen, das heißt, sie sind zur Erzeugung von Leistungen für Institutionen und Individuen in ihrer Umwelt da. Folglich ist ihr Zweck die Abgabe von Output an die Außenwelt.[199] Darüber hinaus muss der Zweck des Unternehmens sein, wettbewerbsfähig zu sein und zu bleiben.[200]

Peter F. Drucker formulierte in seinem Buch *The Practice of Management*, dass die einzig gültige Definition für den Zweck eines Unternehmens lautet, *zufriedene Kunden zu schaffen.*[201] Später präzisiert er dies: *"A business is not defined by the company's name, statutes, or articles of incorporation. It is defined by the want the customer satisfies when he buys a product or a service. To satisfy the customer is the mission and purpose of every business."*[202] Die Aufgabe und der Zweck eines jeden Unternehmens liegen somit darin, Kunden zufriedenzustellen. Die Antwort auf die schwierige Frage, was das Unternehmen ist, kann aus Druckers Sicht nur gegeben werden, wenn man das Unter-

198 Malik, Fredmund: Unternehmenspolitik und Corporate Governance, Frankfurt/New York: Campus 2008, S. 147.
199 Vgl. Ulrich, Hans: Systemorientiertes Management – Das Werk von Hans Ulrich, Studienausgabe, Bern: Haupt 2001, S. 14.
200 Vgl. Malik, Fredmund: Unternehmenspolitik und Corporate Governance, Frankfurt/New York: Campus 2008, S. 37 ff.
201 Vgl. Drucker, Peter F.: The Practice of Management, Reprinted Edition, New York: HaperCollins Publishers 2006, S. 37.
202 Drucker, Peter F.: Management – Tasks, Responsibilities, Practices, Reprinted Edition, New York: HarperCollins Publishers 1993, S. 79.

nehmen von außen – aus Sicht des Marktes und der Kunden – betrachtet.[203] Pointiert und im Geiste Peter F. Druckers bringt Reinhold Würth dies auf den Punkt: *„Meine Leute sind nicht bei mir angestellt, sondern beim Kunden."*[204]

Im Zusammenhang mit der Definition des Unternehmenszwecks ist es wichtig, zu klären, was dem Kunden Nutzen stiftet, damit er die Befriedigung eines Bedürfnisses erfährt. Peter F. Drucker schrieb: *"The customer never buys a product. By definition the customer buys the satisfaction of a want. The customer buys value."*[205]

Konsequente Orientierung am Kundennutzen bedeutet, sich über verschiedene Aspekte klar zu werden. *Erstens* unmissverständlich zu definieren, wer die Kunden sind und hier auch eine klare Abgrenzung von Kundengruppen zu treffen,[206] *zweitens* herauszufinden, welche Aktivitäten dem Kunden Nutzen stiften, denn der Kunde bezahlt für den Nutzen (= Leistung), den er bekommt,[207] und folglich *drittens* die Aktivitäten einzustellen, die nicht Nutzen schaffend sind.[208]

Vor diesem Hintergrund kann auch die Aufgabe von Management als die *Transformation von Ressourcen,* insbesondere Wissen in *Nutzen für Kunden* verstanden werden mit dem Ziel, zufriedene Kunden zu schaffen. Die nachstehende Grafik gibt diesen Zusammenhang wieder und betont zudem die zentrale Bedeutung der Ressource Wissen.

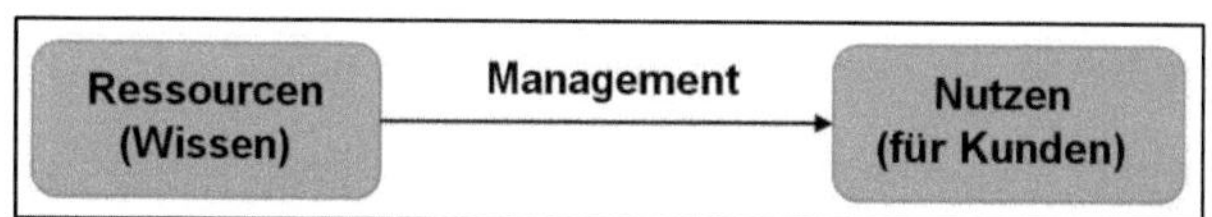

Abb. 7: Zentrale Aufgabe des Managements: Transformation von Ressourcen in Kundennutzen (und damit Erfüllung des Unternehmenszwecks)[209]

---

203 Vgl. Drucker, Peter F.: Management – Tasks, Responsibilities, Practices, Reprinted Edition, Oxford: Butterworth-Heinemann 2001, S. 72 ff. und Drucker, Peter F.: Management – Tasks, Responsibilities, Practices, Reprinted Edition, New York: HarperCollins Publishers 1993, S. 79 ff.

204 Venohr, Bernd: Wachsen wie Würth – das Geheimnis des Welterfolgs, Frankfurt : Campus 2006, S. 55.

205 Drucker, Peter F.: Management – Tasks, Responsibilities, Practices, Reprinted Edition, Oxford: Butterworth-Heinemann 2001, S. 76.

206 Vgl. ebd. S. 75 ff.

207 Vgl. Malik, Fredmund: Management – Das A und O des Handwerks, akt. Aufl., Frankfurt/New York: Campus 2007, S. 155 f.

208 Drucker, Peter F.: Management Challenges for the 21st Century, Reprinted Edition, Oxford: Elsevier Butterworth-Heinemann 2005, S. 74 ff.

209 Malik, Fredmund: Unternehmenspolitik und Corporate Governance, Frankfurt/New York: Campus 2008, S. 149.

Durch eine konsequente Orientierung am Kundennutzen werden das Unternehmen selbst und seine ökonomische Leistung ins Zentrum der Unternehmensführung gerückt.[210] Malik fasst dies zusammen in der Aussage „Nutzenorientierung statt Gewinnmaximierung". Hierin sieht er eine der Grundannahmen zur richtigen Unternehmensführung und Basis einer wirksamen Unternehmensaufsicht.[211] Diese Betrachtung ist nicht gegen den Gewinn gerichtet, sondern führt sogar in der Folge eher zu höheren Gewinnen.[212] Anschauliches Beispiel für diese Betrachtungsweise sind die von Hermann Simon untersuchten Hidden Champions, die heimlichen Weltmarkführer, die sich eben nicht nur durch ausgesprochen hohen Marktanteil auszeichnen, der aus hohem Nutzen resultiert, sondern auch durch gute Gewinne und bemerkenswert hohe Eigenkapitalquoten.[213]

So kann hier eine Reihenfolge festgelegt werden: *Nutzen vor Gewinn.* Die Untersuchungen von Simon zu den heimlichen Weltmarktführern belegen die konsequente Orientierung am Kundennutzen als Ziel, was in der Folge auch viele weitere Entscheidungen beeinflusst, da diese abhängig vom angestrebten Ziel sind.[214] Je nachdem, welches *primäre* Ziel die Unternehmensleitung im Auge hat, werden andere Entscheidungen getroffen. Hat also die Unternehmensleitung das „falsche" Ziel für die erfolgreiche Entwicklung des Unternehmens im Visier, führen richtige Entscheidungen – bezogen auf das falsche Ziel – immer noch in die falsche Richtung.

Für die richtigen Entscheidungen ist das Management zuständig. Drucker schreibt hierzu: *"Management is (...) responsible for directing vision and resources toward greatest results and contributions."*[215]

So kann der Gewinn für das Management als Test gesehen werden, ob die Ressource *Wissen* richtig eingesetzt und Nutzen generiert wurde. In Druckers Worten: *"The ulti-*

---

210 Vgl. Malik, Fredmund: Unternehmenspolitik und Corporate Governance, Frankfurt/New York: Campus 2008, S. 37 ff.

211 Vgl. Malik, Fredmund: Management – Das A und O des Handwerks, akt. Aufl., Frankfurt/New York: Campus 2007, S. 155 f.

212 Vgl. Malik, Fredmund: Unternehmenspolitik und Corporate Governance, Frankfurt/New York: Campus 2008, S. 37 ff.

213 Vgl. Simon, Hermann: Hidden Champions des 21. Jahrhunderts – Die Erfolgsstrategien unbekannter Weltmarktführer, Frankfurt/New York: Campus 2007, S. 36 ff.

214 Vgl. ebd. S. 79 f.

215 Drucker, Peter F.: Management – Tasks, Responsibilities, Practices, Reprinted Edition, New York: HarperCollins Publishers 1993, S. 17.

mate test of management is business performance. Achievement rather than knowledge remains both the proof and the aim of management."[216]

Wissen als Produktions- und Wettbewerbsfaktor

Wissen ist hier, aufgrund seiner zentralen Stellung zur Schaffung von Kundennutzen, vertieft zu betrachten. Schon seit einigen Jahrzehnten vollzieht sich ein Prozess des gesellschaftlichen Wandels, der als Transformation von der Industriegesellschaft *zur Informations- oder Wissensgesellschaft* beschrieben wird.[217] Die Begriffe Informations- oder Wissensgesellschaft werden häufig synonym verwendet. Es existieren jedoch eindeutige und beachtliche Unterscheidungsmerkmale zwischen Wissen und Information.

Huisinga und Lisop definieren *Informationen* als Kenntnisse über bestimmte Sachverhalte, wohingegen es sich bei *Wissen* um bearbeitete Informationen oder begründete Kenntnisse handelt.[218] Wissen ist nach dieser Sichtweise aufgenommene Information, die in Wissen transformiert wurde.

Wissen wird somit entwickelt und entsteht als Ergebnis eines Prozesses, der schwer zu beschreiben und daher schwer zu steuern ist. Bedeutend ist, dass Wissensentwicklungsprozesse in vielen Belangen *selbstorganisatorischen* Prinzipien folgen.[219] Dass Individuen relevantes Wissen für die Organisation entwickeln, setzt die Fähigkeit voraus, Informationen nach Inhalt, Bedeutung und Nutzen zu selektieren, zu bewerten und daraus Wissen zu konstruieren. Der Wissensbesitzer ist demnach *„nicht derjenige, der viel Wissen im Kopf gespeichert hat, sondern der über das beste System zur Versorgung mit stets neuem Wissen verfügt".*[220]

---

216 Drucker, Peter F.: The Practice of Management, Reprinted Edition, New York: HaperCollins Publishers 2006, S. 9 f.

217 Vgl. Müller, Hans-Rüdiger/Stravoravdis, Wassilios: Bildung im Horizont der Wissensgesellschaft: Zur Einführung, in: Müller, H.-R./Stravoravdis, W. (Hrsg.): Bildung im Horizont der Wissensgesellschaft, Wiesbaden: VS Verlag für Sozialwissenschaften 2007, S. 9. Bleicher spricht sogar davon, dass bemerkenswerte Veränderungen unserer Gesellschaft zu einem Paradigmentwechsel von der Industriegesellschaft hin zur serviceorientierten Wissensgesellschaft führen. Vgl. Bleicher, Knut: Die Vision von der intelligenten Unternehmung als Organisationsform der Wissensgesellschaft, in: zfo, 78. Jg., 02/2009, S. 79.

218 Vgl. Huisinga, Richard/Lisop, Ingrid: Wirtschaftspädagogik – ein interdisziplinär orientiertes Lehrbuch, München: Vahlen 1999, S. 324.

219 Vgl. Probst, Gilbert/Raub, Steffen/Romhardt, Kai: Wissen managen – Wie Unternehmen ihre wertvollste Ressource optimal nutzen, 6., überarb.u. erw. Aufl., Wiesbaden: Gabler 2010, S. 116.

220 Ulrich, Hans: Systemorientiertes Management – Das Werk von Hans Ulrich, Studienausgabe, Bern: Haupt 2001, S. 18.

Die Kompetenz, neues Wissen zu generieren, wird umso wichtiger, je schneller das verfügbare Wissen wächst. Bereits Mitte der 1990er-Jahre ging man von einer Verdoppelung des zur Verfügung stehenden Wissens innerhalb von fünf Jahren aus. Das bedeutet einen rasanten Aktualitätsverlust des Wissens.[221] In einer Wissensgesellschaft herrscht also ein struktureller *Zwang* zu lebenslangem Neu- und Umlernen. Diese Notwendigkeit beeinflusst auch die zukünftige Arbeit der Personalentwicklung maßgeblich, da sich neue Anforderungen daraus ergeben, dass sich für Wissensarbeiter die Halbwertszeiten, insbesondere des Fach- und Spezialwissens, immens verkürzen. Abbildung 8 veranschaulicht die drastisch kürzeren Halbwertszeiten von Fach- und Spezialwissen exemplarisch am EDV-Wissen im Vergleich zu Schul-, Hochschul- oder generellem beruflichen Fachwissen.

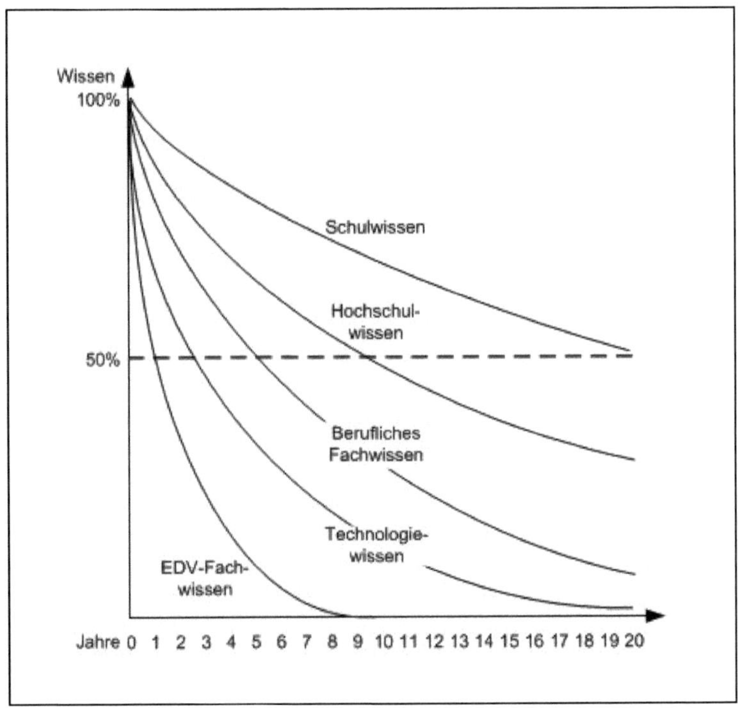

Abb. 8: Entwicklung und Halbwertszeit des Wissens[222]

[221] Vgl. Arnold, Rolf: Weiterbildung, München: Vahlen 1996, S. 113.

[222] Vgl. Merk, Richard: Weiterbildungsmanagement – Bildung erfolgreich und innovativ managen, 2., überarb. Aufl., Neuwied et al.: Luchterhand 1998, S. 223.

Unbestritten ist, dass in der sich entwickelnden Wirtschaftsform materielle Güter in den Hintergrund treten und Wissen an Bedeutung gewinnt.[223] Folglich werden Innovationsprozesse künftig mehr durch Wissen bestimmt und weniger durch Kapital und Technik, anders als zuvor in der Industriegesellschaft.[224] Neben den *klassischen Produktionsfaktoren* Arbeit, Boden und Kapital hat sich die Ressource *Wissen* als eigenständiger Produktionsfaktor etabliert.[225] Angesichts des globalen Wettbewerbs wird die Kontrolle über die klassischen Produktionsfaktoren immer schwieriger, die damit als Quelle für Wettbewerbsvorteile an Bedeutung verlieren. Wissen hat Kapital als *den* raren Produktionsfaktor abgelöst und stellt somit den Schlüssel zum wirtschaftlichen Erfolg dar.[226]

Aus diesem Grund setzt sich Wissen als Schlüsselressource in der Literatur immer mehr durch.[227] Einige Autoren heben gar die Bedeutung noch hervor, indem sie im Wissen die *wichtigste Ressource* sehen. Nicht zuletzt entscheidet *Wissen* über den optimalen Einsatz der Ressource Wissen.[228] Das heißt, vorhandenes Wissen muss darauf verwendet werden, die Produktivität des Wissens zu steigern. Zur Umsetzung dieser Forderung befassen sich Organisationen mit der Frage, wie diese Produktivität des Wissens erhöht werden kann und welches Wissen auf welche Weise aufzubauen ist. So erstaunt es nicht, dass Ulrich im *„Management des Wissens"* ein zentrales Problem der Unternehmensführung sieht.[229] Drucker teilt diesen Gedanken, indem er schreibt: *"Making knowledge productive is a management responsibility."*[230] Das Management übernimmt Verantwortung dafür, Wissen richtig und produktiv einzusetzen. Gerade für wissensintensive Unternehmen ist hierin eine vordringliche Managementaufgabe zu sehen.[231]

---

223 Vgl. Bleicher, Knut: Das Konzept integriertes Management – Visionen – Missionen – Programme, 8., akt. u. erw. Aufl., Frankfurt/New York: Campus 2011, S. 127.

224 Vgl. Bullinger, Hans-Jörg; Braun, Martin: Virtualisierung des wissenschaftlichen Lehrens und Lernens, in: IM Information Management & Consulting, 1/1999, S. 28.

225 Vgl. Mohr, Hans: Wissen – Prinzip und Ressource, Berlin/Heidelberg: Springer 1999, S. 9 f.

226 Vgl. De Geus, Arie: Jenseits der Ökonomie: die Verantwortung der Unternehmen, Stuttgart: Klett-Cotta 1998, S. 39.

227 Beispielsweise Drucker, Peter F.: Managing in the Next Society, 2nd Edition, Oxford: Butterworth-Heinemann 2003, S. 237; Malik, Fredmund: Unternehmenspolitik und Corporate Governance, Frankfurt/New York: Campus 2008, S. 150.

228 Vgl. Pfiffner, Martin/Stadelmann, Peter: Wissen wirksam machen – Wie Kopfarbeiter produktiv werden, Frankfurt: Campus 2012, S. 50 ff.

229 Ulrich nimmt hier Bezug auf Drucker, Galbraith, Gasser und andere. Ulrich, Hans: Systemorientiertes Management – Das Werk von Hans Ulrich, Studienausgabe, Bern: Haupt 2001, S. 18.

230 Drucker, Peter F.: Post-Capitalist Society, London: Butterworth-Heinemann 1993, S. 173.

231 Dem Gedanken *Wissen* messbar zu machen, geht der *Intellectual Capital* Ansatz nach, doch seine Grenzen werden ersichtlich in dem folgenden Zitat: *"Intellectual Capital is typically intangible, includes tacit aspects, and therefore is not a focus of classic economic analysis. Hence, neither intellectual capital nor intangible assets is a synonym for knowledge, for using them as such would imply the reductionist interpretation that knowlwdge is an object. That viewpoint would leave the*

Die Bedeutung des Produktionsfaktors *Wissen* wächst unaufhaltsam. Auch hat das verfügbare Wissen ein noch nie dagewesenes Maß an Komplexität erreicht, da jede Institution einer Wissensgesellschaft weltweit wettbewerbsfähig sein muss.[232] Darüber hinaus nimmt Wissen rasch zu, verändert sich, veraltet schnell und muss kontinuierlich erneuert werden. Drucker schreibt hierzu: "*It is the nature of knowledge that it changes fast and that today's certainties always become tomorrow's absurdities.*"[233] Doch durch die Wissensnutzung verschaffen sich Unternehmen *Wettbewerbsvorteile* und können so einen hohen Grad an Wandlungsfähigkeit realisieren.

So schreibt Senge, dass der einzig tragfähige Wettbewerbsvorteil auf lange Sicht in der Fähigkeit einer Organisation liegt, schneller zu lernen als die Konkurrenz.[234] In diesem Zusammenhang wird das organisationale Lernen zum entscheidenden Faktor. Dieser Punkt wird in *Kapitel 3.4* vertieft. Malik zieht das Fazit, dass in der Produktivität des Wissens der Schlüssel zum Unternehmenserfolg gesehen werden kann.[235]

In der Umsetzung bedeutet das, dass das Management die Prioritäten für die Organisation so setzen muss, dass insbesondere Menschen – mit ihrer Ressource Wissen – in ihrer Entwicklung optimal gefördert werden. Denn „*die Mitarbeiter sind die Träger des Wissens [Wissensarbeiter] und damit die Grundlage des Wettbewerbsvorteils*".[236]

Drucker vertritt die Ansicht, dass es in Unternehmen vor allem auf die Entwicklung von Talenten ankommt, da sich hier der Wettbewerb in einer auf Wissen basierten Wirtschaft abspielt.[237] Diejenigen Unternehmen, die das Heranbilden von Führungspotenzial

process of knowledge and their partly tacit characteristics unaccounted for." Reinhardt, Rüdiger/ Bornemann, Manfred/Pawlowsky, Peter/Schneider, Ursula: *Intellectual Capital and Knowledge Management:* Perspectives and Measuring Knowledge, in: Berthoin-Antal, A./Dierkes, M./Child, J./Nonaka, I. (eds.): Handbook of Organisational Learning and Knowledge, Oxford/New York: Oxford Press 2007, S. 795.

232 Vgl. Drucker, Peter F.: Managing in the Next Society, 2nd Edition, Oxford: Butterworth-Heinemann 2003, S. 238.

233 Drucker, Peter F.: Managing in a Time of Great Change, New York: Truman Tally Books/Plume 1995, S. 77.

234 Vgl. Senge, Peter/Kleiner, Art/Smith, Bryan/Roberts, Charlotte/Ross, Richard: Das Fieldbook zur fünften Disziplin, 5. Aufl., Stuttgart: Schäffer-Poeschel 2008, S.11, Arie de Geus formuliert diesen Gedanken schon Ende der 80er-Jahre in Planning as Learning, in: Harvard Business Review, 66, 1988, S. 74.

235 Vgl. Malik, Fredmund: Unternehmenspolitik und Corporate Governance, Frankfurt/New York: Campus 2008, S. 179.

236 De Geus, Arie: Jenseits der Ökonomie: die Verantwortung der Unternehmen, Stuttgart: Klett-Cotta 1998, S. 40.

237 Vgl. Drucker, Peter F.: Es sind nicht Arbeitnehmer – es sind Menschen, in: Harvard Business Manager, 24. Jg., 4/2002, S. 74.

als Priorität begreifen und die notwendige Infrastruktur bereitstellen, werden einen langfristigen Wettbewerbsvorteil haben.[238]

Aus einem weiteren Grund gewinnt die Entwicklung der Führungskräfte entscheidend an Bedeutung: Die Führungskräfte *„sind die wesentlichen Träger und Multiplikatoren von strategisch, kulturell bzw. strukturell bedingten Lern- und Veränderungsprozessen“.*[239]

Um dieser wichtigen Rolle im Sinne des Unternehmens gerecht zu werden, müssen sie bereit und in der Lage sein, ihre Qualifikationen dem stetigen Wandel anzupassen. Dieser Aspekt ist in der heutigen Wissensgesellschaft zentral geworden, da die Komplexität bestehender Strukturen dazu führt, dass *„ein Nachvollziehen von Interdependenzen eines Systems nur noch schwer möglich ist und zunehmendes Wissen im Entscheidungsfindungsprozess erforderlich macht, um die Vielfalt zu bewältigen“.*[240]

Fest steht, dass es *einerseits* in der heutigen Wissensgesellschaft besonders notwendig ist, Entscheidungen auf der Grundlage fundierten Wissens zu treffen[241], und dass *andererseits* Wissen und Wissensarbeiter enormer Investitionen bedürfen, bis sie überhaupt einsetzbar sind und als Wettbewerbsvorteil zum Tragen kommen. Beides setzt die Bereitschaft zu lebenslangem Lernen voraus. Es besteht somit höchstes Interesse daran, die Ressourcen Wissen und Wissensarbeiter produktiv zu machen, indem sie auf die Lösung der richtigen Aufgaben angesetzt werden.[242]

Managementwissen versus Sach- und Fachwissen

Im Kontext der vorliegenden Arbeit wird zwischen Managementwissen und Sach- und Fachwissen unterschieden.

---

238 Vgl. McCall, Morgan W.: Executive Selection – Advances but no Progress, in: Sattelberger, T. (Hrsg.): Human Resource Management im Umbruch – Positionierung, Potentiale, Perspektiven, Wiesbaden: Gabler 1996, S. 46.

239 Sattelberger, Thomas: Führungskräfteentwicklung: Eine grundsätzliche Positionierung im Rahmen der Unternehmensentwicklung, in: Sattelberger, T. (Hrsg.): Human Resource Management im Umbruch – Positionierung, Potentiale, Perspektiven, Wiesbaden: Gabler 1996, S. 21.

240 Probst, Gilbert/Büchel, Bettina: Organisationales Lernen – Wettbewerbsvorteil der Zukunft, Wiesbaden: Gabler 1998, S. 6.

241 Vgl. Mandl, Heinz/Reinmann-Rothmeier, Gabi: Auf dem Weg zu einer neuen Kultur des Lehrens und Lernens, in: Dörr, G./Jüngst, K. L. (Hrsg.): Lernen mit Medien: Ergebnisse und Perspektiven zu medial vermittelten Lehr- und Lernprozessen, Weinheim/München: Juventa 1998, S. 194.

242 Vgl. Malik, Fredmund: Unternehmenspolitik und Corporate Governance, Frankfurt/New York: Campus 2008, S. 179.

In *Kapitel 2.3.2* wurde unter anderem die Definition der Personalentwicklung vorgestellt: Die Personalentwicklung umfasst *„alle Maßnahmen der Bildung, Förderung und Organisationsentwicklung, die zielorientiert geplant, realisiert und evaluiert werden“.* [243] Diese Definition lässt eine enge Verbindung mit der Organisationsentwicklung zu, sie umfasst bildungs- und stellenbezogene Maßnahmen und ermöglicht die Weiterentwicklung zur lernenden Organisation. Die Personalentwicklung leistet somit einen Beitrag, eine lernende Organisation zu etablieren. Zentral ist dabei unter anderem, wie die Handlungskompetenz derjenigen Organisationsmitglieder gestützt werden kann, die organisationale Lernprozesse vorantreiben.

Hierbei ist der folgende Sachverhalt bedeutsam: Personalentwicklung bezieht sich einerseits auf den Aufbau von *Sach- und Fachwissen*, andererseits auf den Aufbau von *Managementwissen.*

Jede Disziplin hat ihr eigenes spezifisches Sach- und Fachwissen. Um sich auf einem Gebiet sach- und fachkompetent zu bewegen, ist es erforderlich, über die jeweils spezifischen Sach- und Fachkenntnisse sowie Fähigkeiten des Fachgebiets zu verfügen. Anders verhält es sich hingegen bei Managementwissen: Um Leistung zu erbringen und Ergebnisse zu erlangen, ist immer auch Managementwissen nötig. Dieses jedoch ist über alle Wissensgebiete hinweg gleich. Zur Erbringung von Leistung ist immer beides – Sach- und Fachwissen einerseits, Managementwissen andererseits – erforderlich, was es im Rahmen der Personalentwicklung zu berücksichtigen gilt.

Managementwissen und *Sachwissen* können wie folgt unterschieden werden:

1. *Sach- und Fachwissen*

   Eindeutige Sachaufgaben des typischen Wirtschaftsunternehmens sind z.B. Beschaffung, Logistik, Produktion, Marketing, Vertrieb, Rechnungswesen, Finanzen, Personal usw. *„Ihre sachliche Erfüllung erfordert andere Kenntnisse und Erfahrungen als ihr Management (...) in der Regel benötigt man für die Erfüllung von Sachaufgaben hoch spezialisiertes und gänzlich verschiedenes fachliches Wissen, spezielle Methoden und eine je unterschiedliche Expertise.“*[244] Sie sind nicht in allen Institutionen gleich, sondern unterscheiden sich gemäß ihrer Zielsetzung. Beispiels-

[243] Becker, Manfred: Personalentwicklung – Bildung, Förderung und Organisationsentwicklung in Theorie und Praxis, 5., akt. u .erw. Aufl., Stuttgart: Schäffer-Poeschel 2009, S. 4.

[244] Vgl. Malik, Fredmund: Management – Das A und O des Handwerks, akt. Aufl., Frankfurt/New York: Campus 2007, S. 90 f.

weise hängen die Besonderheiten der Sachaufgaben ab von Institution, Branche, Funktionen, Prozessen, der Situation der Institution usw.[245]

2. *Managementwissen*

Das Managementwissen hingegen bleibt über alle Fach- und Sachgebiete hinweg das gleiche: „*Jede Sachaufgabe braucht Management, damit aus dem Sachwissen als Ressource Ergebnisse produziert werden, das Sachwissen somit wirksam wird.*"[246]

Da das große Potenzial von Produktivitätssteigerungen bei der Wissensarbeit liegt und sich Wissensarbeiter im Grunde genommen selbst führen, lautet die Kompetenz, die ein Wissensarbeiter zur Steigerung seiner eigenen Produktivität benötigt, *Managementwissen* insbesondere *Selbstmanagementwissen.* Konkretisiert man das erforderliche Managementwissen auf den Aspekt der Selbst-Führung von Wissensarbeitern, so sind beispielsweise Aufgaben wie Selbst-Organisation, Selbst-Regulation, Selbst-Steuerung und Selbst-Kontrolle zu nennen.

Die obige Unterscheidung ist nicht gleichbedeutend mit einer Trennung der Aufgabenarten. Eine scharfe Abgrenzung zwischen Sach- und Managementaufgaben kann nicht immer erfolgen, beispielsweise gehen sie ineinander über bei den Sachaufgaben des Personalbereichs und den Managementaufgaben der Entwicklung und Förderung von Menschen.[247]

Diesen Bezug zwischen Sach- und Fachwissen einerseits und dem Managementwissen andererseits bringt die folgende Grafik zum Ausdruck.

---

245 Vgl. Malik, Fredmund: Management – Das A und O des Handwerks, akt. Aufl., Frankfurt/New York: Campus 2007, S. 92 ff.

246 Ebd. S. 90 f.

247 Ebenfalls fließend sind die Übergänge bei Strategie-, Struktur- und Unternehmenskulturfragen. Vgl. ebd. S. 91 f.

		Sach- und Fachwissen								
		Beschaffung	Logistik	Produktion	Marketing	Vertrieb	Rechnungs-wesen	Finanzen	Personal	...
Managementwissen	Selbstorganisation									
	Selbstregulation									
	Selbstkontrolle									
	Selbststeuerung									
	Weitere Management- und Führungs-kenntnisse									

Tab. 1: Eigene Darstellung: Unterscheidung zwischen Sach- und Fachwissen versus Managementwissen

Im Kontext der vorliegenden Arbeit *Personalentwicklung von Führungskräften in Zeiten von Change* wird der Schwerpunkt auf das *Managementwissen* gelegt, weil die Personalentwicklung zunehmend darauf reagieren muss, dass gerade der spezifische Anwendungskontext nicht mehr so klar zu definieren ist, wie dies früher der Fall war. So wird sie sich gerade *wegen des stetigen Wandels* damit beschäftigen müssen, wie jene Kenntnisse vermittelt werden können, die es einer Führungskraft ermöglichen, sich in immer wieder ändernden Kontexten zurechtzufinden.

In Abgrenzung zu anderen Arbeiten, die sich aus wissenschaftlicher Sicht mit dem Thema Personalentwicklung befassen, geht es hier erneut insbesondere um *die systemorientierte Sicht.* Da das Wissen über das Funktionieren komplexer Systeme die Grundlage für systemorientiertes Management darstellt, ist zwischen Sach- und Fachwissen einerseits und Managementwissen andererseits zu unterscheiden. Denn der Verzicht auf diese Unterscheidung würde die Gefahr bergen, den Blick auf das Ganze zu verlieren und sich zu sehr auf ein Gebiet zu konzentrieren.

Eindrücklich wird dies anhand Druckers Worten verdeutlicht, dass zwar ein Wirtschaftsunternehmen von seinen Führungskräften die meisterliche Beherrschung ihres Fachgebiets verlangen muss, aber dies immer zu den Bedürfnissen des Ganzen in Bezug gesetzt werden muss, sonst kann es zur Fehlsteuerung durch Spezialisierung kommen.[248] In der Praxis findet sich diese Sicht beispielsweise in Aussagen des Direktors des Schweizerischen Verbandes für Weiterbildung SVEB, André Schläfli, wieder: *„Führungsausbildungen gehen eher in Richtung Generalisierung. Führungspersonen brauchen zwar ein gewisses Maß an Spezialwissen, aber grundsätzlich arbeiten sie interdisziplinär".*[249]

Die Vermittlung *des Ganzen* liegt in der Verantwortung der Führungskräfte. Wenn nun Managementwissen auf jeder Ebene einer Organisation vorhanden ist, können Unternehmensziele auf allen Ebenen verstanden werden. So sehen die Mitarbeiter das Ganze und verstehen, welchen Beitrag sie hierzu leisten sollen. Folglich können dann alle Mitarbeiter *produktivere* und gleichzeitig *wirksamere* Beiträge leisten im Sinne des Ganzen. Organisationen, die auf gute Kenntnisse und Fähigkeiten im Management Wert legen, haben einen klaren Produktivitätsvorteil. *„Die Kosten, die durch systematische Ausbildung im Managementwissen entstehen, haben sich durch den Produktivitätsvorteil und die gesteigerte Wirksamkeit der Mitarbeiter und der gesamten Organisation sehr schnell amortisiert."*[250]

3.1.3 Wissensarbeit und Wissensmanagement im Kontext des Modells

Wissensarbeit im Gegensatz zu manueller Arbeit

Die Wissensgesellschaft ist nicht mehr von den Charakteristika der manuellen Arbeit geprägt. Im Folgenden soll daher *Wissensarbeit* (Knowledge Work) von *manueller Arbeit* (Manual Work) abgegrenzt werden. Zunächst die Definition von Peter F. Drucker: *"Knowledge work by definition does not yield a product. It yields a contribution of knowledge to somebody else. The output of the knowledge worker is always somebody else's input."*[251] Die Beurteilung, ob das gewünschte Ergebnis eingetreten ist, ist nur im Nachhinein möglich. Auch kann eine Produktivitätsmessung nur anhand des Ergebnisses erfolgen und nicht sequenziell durchgeführt werden, wie es bei manueller Arbeit möglich ist. Nach Drucker: *"Knowledge work, therefore, needs far better design,*

[248] Vgl. Drucker, Peter F.: Management – Tasks, Responsibilities, Practices, Reprinted Edition, New York: HarperCollins Publishers 1993, S. 431.
[249] Spirig, Jolanda: Weiterbildung für Kader – Gezielt Skills erwerben, in: Alpha, Ausgabe 27./28. September 2008, S. 3.
[250] Arnold, Frank: Management – Von den Besten lernen, München: Hanser 2010, S. 63.
[251] Drucker, Peter F.: Management – Tasks, Responsibilities, Practices, Reprinted Edition, Oxford: Butterworth-Heinemann 2001, S. 173.

precisely because it cannot be designed for the worker. It can be designed only by the worker."[252] Folglich liegt die Aufgabe der Organisation darin *"to put knowledge to work – on tools, products, and processes; on the design of work; on knowledge itself"*.[253]

Eine anschauliche Gegenüberstellung von manueller Arbeit und Wissensarbeit findet sich bei Weitzel und wird hier in komprimierter Form wiedergegeben.[254]

Charakteristika	Manual Work	Knowledge Work
Arbeitsbasis	Material	Daten/Informationen/ Wissen/Können
Arbeitsprozess	Sichtbar	Verdeckt
Quelle von Standards	Management	Arbeiter
Fokus der Kontrolle	Arbeitsprozess	Ergebnis
Ort der Kontrolle	Management	Arbeiter
Produktivitätsmessung	Befolgung von Vorschriften, Messung	Beitrag/Ergebnis beurteilen
Rolle des Arbeiters	Instrument	Agent
Ansatzpunkt für Management	Arbeitsprozess	Mitarbeiter auf Ziele ausrichten

Tab. 2: Gegenüberstellung von manueller Arbeit und Wissensarbeit in Anlehnung an Weitzel[255]

Die Abgrenzung zwischen *Knowledge Work* und *Manual Work* soll aber nicht darüber hinwegtäuschen, dass Wissensarbeit nebst *"highly advanced and thoroughly theoretical knowledge"* auch *"manual operations"* bedeutet.[256] Zur Wissensarbeit gehört auch manuelle Arbeit, die technisches Verständnis erfordert, also Arbeit, die mit manuellen Tätigkeiten verbunden ist und den Umgang mit Werkzeugen und Hilfsmitteln erfordert. Beispielsweise findet sich dies bei Ärzten, Piloten, Soldaten, Sportlern und Musikern. Wo manuelle Arbeit erforderlich ist, ist zu überdenken, welche Werkzeuge und Hilfs-

252 Drucker, Peter F.: Management – Tasks, Responsibilities, Practices, Reprinted Edition, Oxford: Butterworth-Heinemann 2001, S. 173.

253 Drucker, Peter F.: Managing in a Time of Great Change, New York: Truman Tally Books/Plume 1995, S. 77.

254 Vgl. Weitzel, Alexander: Wirksames Management des Knowledge Workers zur produktiven Nutzung von Wissen, Bamberg: Difo-Druck 2004, S. 165 ff.

255 Vgl. ebd. S. 172.

256 Drucker, Peter F.: Management Challenges for the 21st Century, Reprinted Edition, Oxford: Elsevier Butterworth-Heinemann 2005, S. 141.

mittel zu einer Steigerung der Produktivität beitragen.[257] Um die Produktivität dieser Abläufe zu gewährleisten, schlägt Drucker die Industrialisierung der Kopfarbeit vor. *"And the productivity of these operations also requires Industrial Engineering."*[258] Damit ist der Gedanke verbunden, die Grundprinzipien der Industrietechnik auf die manuellen Tätigkeiten anzuwenden.

Da in den Industrieländern die manuelle Arbeit keinen Wachstumssektor mehr darstellt, ist zu prüfen, wie die Produktivität der Wissensarbeit gesteigert werden kann. Hierin liegt nach Drucker die zentrale Herausforderung der Industrienationen: *"The central challenge will be to make knowledge workers productive."*[259] Er behauptet, dass hierin die größte Herausforderung für das Management im aktuellen 21. Jahrhundert zu sehen ist.[260]

Um Wissen produktiv zu machen, erfordern die heutigen Arbeitsplätze in der Wissensgesellschaft eine umfassende berufsqualifizierende Ausbildung sowie die Fähigkeit, immer neues Wissen zu erwerben und anzuwenden. Sie bedingen also eine andere Sichtweise der Arbeit und andere Einstellungen:[261] Wissensarbeiter müssen bereit zu lebenslangem Lernen sein, Unternehmen sollten Wissensarbeiter als Ressource und nicht nur als Kostenfaktor betrachten.[262] Diese wichtige Grundhaltung ist nach Drucker eine wesentliche Voraussetzung, um Wissensarbeit produktiv zu machen: *"To be productive, knowledge workers must be considered a capital asset. Costs need to be controlled and reduced. Assets need to be made to grow."*[263]

---

257 Drucker, Peter F.: Management Challenges for the 21st Century, Reprinted Edition, Oxford: Elsevier Butterworth-Heinemann 2005, S. 141.

258 Ebd. S. 141.

259 Ebd. S. 141.

260 "*Knowledge-worker productivity is the biggest of the management challenges of the twenty-first century.*" Drucker, Peter F./Maciariello, Joseph A.: Management, Revised Edition, New York: HarperCollins 2008, S. 207.

261 Drucker, Peter F.: Managing in a Time of Great Change, New York: Truman Tally Books/Plume 1995, S. 226 ff.

262 *"Beyond them we will have to learn to look on people as resource and opportunity rather than as problem, cost and threat. We will have to learn to lead rather than to manage, and to direct rather than to control."* Drucker, Peter F.: Management – Tasks, Responsibilities, Practices, Reprinted Edition, New York: HarperCollins Publishers 1993, S. 30.

263 Drucker, Peter F.: Management Challenges for the 21st Century, Reprinted Edition, Oxford: Elsevier Butterworth-Heinemann 2005, S. 148; Drucker, Peter F./Maciariello, Joseph A.: Management, Revised Edition New York: HarperCollins 2008, S. 201.

Der Wissensarbeiter

Nach der Unterscheidung zwischen *Knowledge Work* und *Manual Work* – Wissensarbeit und manueller Arbeit – ist der Blick besonders auf den Wissensarbeiter zu richten. Drucker vertrat dazu folgende Ansicht: *"The next society will be a knowledge society. Knowledge will be its key resource, and knowledge workers will be the dominant group in its workforce."*[264]

Tatsächlich lassen sich in den modernen Industriestaaten die qualitativen Verschiebungen vom vorrangig körperlich Arbeitenden (Handarbeiter) *zum Kopfarbeiter* messen. Schätzungen aus den USA gehen beispielsweise davon aus, dass bereits 60 Prozent aller Mitarbeiter Wissensarbeit verrichten. Hierbei stammen vier von fünf Arbeitsplätzen aus sogenannten wissensintensiven Industrien.[265] Auch eine von Pfiffner und Stadelmann durchgeführte Erhebung im deutschsprachigen Raum kam zu einer Schätzung eines Anteils der Kopfarbeiter zwischen 50 und 70 Prozent.[266] Dieser Trend lässt sich aus der folgenden Abbildung ablesen:

264 Drucker, Peter F.: Managing in the Next Society, 2nd Edition, Oxford: Butterworth-Heinemann 2003, S. 237.

265 Vgl. Probst, Gilbert/Raub, Steffen/Romhardt, Kai: Wissen managen – Wie Unternehmen ihre wertvollste Ressource optimal nutzen, 5., überarb. Aufl., Wiesbaden: Gabler 2006, S. 19.

266 Vgl. Pfiffner, Martin/Stadelmann, Peter: Wissen wirksam machen – Wie Kopfarbeiter produktiv werden, Frankfurt: Campus 2012, S. 47 ff.

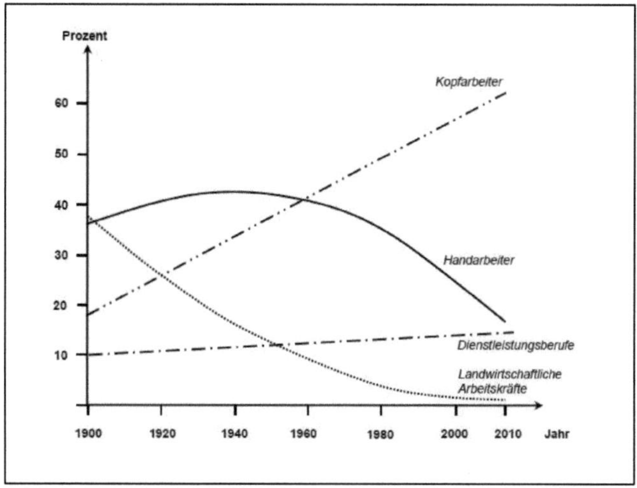

Abb. 9: Veränderung der Erwerbsstruktur in einer Wissens- oder Informationsgesellschaft in Anlehnung an Nefiodow[267]

Wenn sich dieser Trend fortsetzt, wovon auszugehen ist, wird in allen hoch entwickelten Ländern die Nachfrage nach qualifizierten Arbeitskräften ansteigen. Ergänzend hierzu ist Druckers Einschätzung interessant: *"Knowledge Workers will not be the majority in the knowledge society, but in many countries, they will be the largest single group in the population and the workforce. And even if outnumbered by other groups, knowledge workers will be the group that gives the emerging knowledge society its character, its leadership, its social profile. They may not be the ruling class of the knowledge society, but they already are its leading class. And in their characteristics, their social position, their values, and their expectations, they differ fundamentally from any group in history that has ever occupied the leading, let alone the dominant, position."*[268]

Wissensbasierte und wissensverarbeitende Denkprozesse charakterisieren den Wissensarbeiter. Hierbei finden die erfolgsentscheidenden Arbeitsschritte im Kopf statt und sind daher von außen weder sichtbar noch steuerbar. Dies entspricht nicht der klassischen Vorstellung, nach der das Management den Arbeitsprozess plant, organisiert und steu-

267 In Anlehnung an Nefiodow, Leo A: Der Fünfte Kondratieff: Strategien zum Strukturwandel in Wirtschaft und Gesellschaft, Wiesbaden: Gabler 1990, S. 129.

268 Drucker, Peter F.: Managing in a Time of Great Change, New York: Truman Tally Books/Plume 1995, S. 233.

ert, wie dies in der Industriegesellschaft noch möglich war. Damals wurde vorgegeben, *was* der Mensch zu tun hatte und *wie* er es aufführen musste. In der heutigen Wissensgesellschaft ist es grundlegend anders: Der Mensch muss seinen Job selbst organisieren. So entscheidet der Wissensarbeiter, *was* zu tun ist und *wie* es zu tun ist. Er führt sich in großen Teilen selbst.[269]

Drucker bringt dies wie folgt zum Ausdruck: *"[The knowledge worker] has to direct himself. Above all, no one can supervise him. He is the guardian of his own standards, of his own performance and of his own objectives."*[270] Der Wissensarbeiter muss seinen Arbeitsprozess selbstständig planen, organisieren, durchführen und kontrollieren. Es obliegt seiner Verantwortung, sich selbst zu managen und so sein Wissen und Können wirksam in die Organisation einzubringen. *„Sein Aufgabengebiet erweitert sich um Führungsaufgaben. Führungsaufgaben allerdings nicht primär im Sinne der Führung anderer, sondern im Sinne der Selbststeuerung."*[271] Diese Sicht ergänzt die Definition einer Führungskraft aus *Kapitel 2.3.2* um den Aspekt der *Selbststeuerung*.[272]

Richtet man den Blick auf das Ziel *Wissen,* geht es in erster Linie darum, die *Produktivität des Wissensarbeiters* zu verbessern, um so ein System zu schaffen, das die optimale Leistung des Wissensarbeiters sowie die selbstständige Ausrichtung des Einzelnen auf den organisatorischen Gesamtzweck ermöglicht. Hiermit einher geht die systemorientierte Grundauffassung, dass sich die Aufgabe des Managements von der direkten Kontrolle zum metasystemischen Lenken verschiebt.

Drucker weist auf die folgenden sechs Kriterien hin, deren Erfüllung einen wichtigen Beitrag leisten, Wissensarbeiter in ihrer Produktivität zu verbessern. Diese Kriterien

---

269 Vgl. Arnold, Frank: Management – Von den Besten lernen, München: Hanser Verlag 2010, S. 62; siehe auch Malik, Fredmund: Der Unterschied zwischen gutem und schlechtem Management – eine Gratwanderung, in: Schuppert, Dana/Lukas, Andreas (Hrsg.): Signale zum Aufbruch. Wiesbaden: Gabler 1994, Edition Gabler Magazin, S. 9; Drucker, Peter F.: Management Challenges for the 21st Century, Reprinted Edition, Oxford: Elsevier Butterworth-Heinemann 2005, S. 155 ff.

270 Drucker, Peter F.: Management – Tasks, Responsibilities, Practices, Reprinted Edition, New York: HarperCollins Publishers 1993, S. 279.

271 Weitzel, Alexander: Wirksames Management des Knowledge Workers zur produktiven Nutzung von Wissen, Bamberg: Difo-Druck 2004, S. 175.

272 *„Jeder Wissensarbeiter in einer modernen Organisation ist eine ‚Führungskraft', sofern er aufgrund seiner Position oder seines Wissens einen Beitrag zu leisten hat, der sich auf die Leistungsfähigkeit und die Ergebnisse der Organisation auswirkt."* Drucker, Peter F.: Was ist Management – Das Beste aus 50 Jahren, München: Econ 2002, S. 232.

unterscheiden sich maßgeblich von denen zur Produktivitätssteigerung von Manual Workers:[273]

1. Damit Wissensarbeiter produktiv sein können, muss die Frage beantwortet werden: *"What is the task?"*.
2. Die Verantwortung für ihre Produktivität obliegt den Wissensarbeitern selbst. *"Knowledge worker have to manage themselves. They have to have autonomy."*[274] Wissensarbeit erfordert demnach beides, Autonomie und Verantwortung.
3. Ständige Innovation muss Teil der Arbeit, der Aufgaben und der Verantwortung der Wissensarbeiter sein.
4. Wissensarbeit verlangt ständiges Lernen, aber auch Lehren: *"Knowledge work requires continuous learning on the part of the knowledge worker, but equally continuous teaching on the part of the knowledge worker."*[275] Begründen lässt sich das damit, dass Wissen sich rasant ändert und Wissensarbeiter das ständige Lernen in ihren Alltag einbinden müssen, um nicht ins Hintertreffen zu geraten. So muss eine Wissensorganisation sowohl eine lernende als auch eine lehrende Organisation sein.
5. Die Produktivität der Wissensarbeit bemisst sich nicht in erster Linie nach der *Quantität* des Outputs, sondern nach der *Qualität,* wobei die optimale Qualität anzustreben ist. Im Anschluss ist erst die Frage nach der Quantität zulässig.[276]
6. Werden Wissensarbeiter als „asset" und nicht als „cost" behandelt, verbessert sich ihre Leistungsbereitschaft.[277] *"It requires that the knowledge workers want to work for the organization in preference to all other opportunities."*[278] Es ist die Pflicht des Managements mit seinen „assets" sorgsam umzugehen. *"The Management of knowledge workers should be based on the assumption that the*

[273] Vgl. Drucker, Peter F.: Management Challenges for the 21st Century, Reprinted Edition, Oxford: Elsevier Butterworth-Heinemann 2005, S. 142 ff.

[274] Ebd. S. 142.

[275] Ebd. S. 142.

[276] Vgl. Drucker, Peter F.: Management Challenges for the 21st Century, Reprinted, Oxford: Elsevier Butterworth-Heinemann 2005, S. 143.

[277] Ergänzend, um die Bedeutung des Wissensarbeiters gegenüber anderen Interessengruppen abzugrenzen, folgendes Zitat von Drucker: *"Knowledge workers provide 'capital' just as much as does the provider of money. The two are dependent on each other. This makes the knowledge worker an equal – an associate or a partner."* Drucker, Peter F.: Managing in the Next Society, 2nd Edition, Oxford: Butterworth-Heinemann 2003, S. 274.

[278] Drucker, Peter F.: Management Challenges for the 21st Century, Reprinted Edition, Oxford: Elsevier Butterworth-Heinemann 2005, S. 142.

corporation needs them more than they need the corporation."[279] Wissensarbeiter sind mobil und selbstbewusst, denn sie sind im Besitz des teuersten aller Produktionsmittel – ihres Wissens.[280] Dies unterscheidet sie maßgeblich vom *Manual Worker*, dessen Erfahrungen nur im Zusammenhang mit den Betriebsmitteln und im Umfeld des jeweiligen Arbeitsplatzes von Wert sind.
Aus diesem Grund fordert Drucker, Wissensarbeiter zu behandeln und zu führen wie ehrenamtliche Mitarbeiter. Sie brauchen andere Herausforderungen; sie interessieren sich an erster Stelle dafür, was das Unternehmen erreichen und welchen Weg es gehen will: *"They need to know the organization's mission and to believe in it."*[281] Danach interessieren sie sich für persönliche Leistungen und persönliche Verantwortung. Sie erwarten kontinuierliches Lernen und kontinuierliche Weiterbildung. Vor allem erwarten sie Respekt, nicht in erster Linie vor ihnen selbst, sondern vor ihrem Wissensgebiet. Und Wissensarbeiter erwarten zudem, dass sie in ihrem Bereich Entscheidungen selbst treffen können.[282]
Nicht unerwähnt sollte hier sein, dass auch Wissensarbeiter in einer Abhängigkeit stehen, da ihr Wissen nur effektiv ist, wenn es spezialisiert ist.[283] Folglich können Wissensarbeiter nur arbeiten, weil sie von einer Organisation beschäftigt werden, die ihre Kenntnisse benötigt.[284]

Wissensmanagement

Da die Wissensarbeiter *Produzenten* und *Inhaber* immaterieller Vermögenswerte sind, ist die logische Folge aus dem oben Dargelegten, dass das spezifische Wissen eines Unternehmens zu einem bedeutenden Teil in den Köpfen seiner Mitarbeiter *gespeichert* ist und aufgrund seiner herausragenden Bedeutung *gesichert* werden muss. Zumal fol-

---

279 Drucker, Peter F.: Managing in the Next Society, 2nd Edition, Oxford: Butterworth-Heinemann 2003, S. 282.

280 *"But knowledge workers own the means of production. It is the knowledge between their ears. And it is a totally portable and enormous capital asset."* Drucker, Peter F.: Management Challenges for the 21st Century, Reprinted Edition, Oxford: Elsevier Butterworth-Heinemann 2005, S. 149.

281 Ebd. S. 20 f.

282 Vgl. Drucker, Peter F.: Managing in the Next Society, 2nd Edition, Oxford: Butterworth-Heinemann 2003, S. 281 ff.

283 Vgl. ebd. S. 119. Original: *"But, above all, knowledge workers are not homogenous. Knowledge is effective only if specialized."*

284 *"Knowledge workers can only work because there is an organization for them to work in. In that respect, they own the 'means of production', that is, their knowledge."* Drucker, Peter F.: Post-Capitalist Society, London: Butterworth-Heinemann 1993, S. 57.

gender Zusammenhang gilt: Je höher die Bedeutung organisationalen Wissens für die Wertschöpfung eines Unternehmens ist, umso wichtiger wird auch die Wissensarbeit des hochqualifizierten Personals.[285]

Der Erhalt und die Vermehrung des Vermögens *Wissen* werden verständlicherweise in wissensintensiven Unternehmen gerade deshalb zur vordringlichen Managementaufgabe. Hierzu schreibt Pawlowsky: *„Um den zentralen Wettbewerbsfaktor Wissen zur zielorientierten Entfaltung zu bringen, sollte ein effektives und effizientes Wissensmanagement auf einem systematischen und umfassenden Management der Ressource Wissen basieren."*[286]

Es sind auch Aktivitäten im Wissensmanagement weit verbreitet, wie zum Beispiel eine repräsentative Umfrage bei kleinen und mittelständigen Unternehmen in Deutschland aus dem Jahre 2006 ergab.[287] Allerdings erstaunt es Probst und Romhardt, dass in der Wissensgesellschaft *Wissen* so schlecht gemanagt wird. Zumal breiter Konsens darüber besteht, dass *Wissen* oder *„intellectual capital"* für den Erfolg von Unternehmen von großer Bedeutung ist.[288] Mehr Transparenz in das intellektuelle Kapital eines Unternehmens zu bringen illustriert ein *„Dilemma des modernen Managements"*[289], das in den letzten Jahren immer deutlicher zutage tritt. Kontinuierlich werden die Instrumente und Techniken zur Steuerung der klassischen Produktionsfaktoren verbessert, aber Probst, Raub und Romhardt zufolge hat eine Professionalisierung der Managementinstrumente im Bereich der Wissensressourcen so gut wie nicht stattgefunden. In vielen Bereichen liegt daher organisationales Wissen brach. Beispielsweise werden Patente nicht umfänglich ausgeschöpft, spezifische Fähigkeiten von Mitarbeitern werden nicht genutzt oder weiterentwickelt, spezifische organisationale Kompetenzen, wie beispielsweise die

---

285 Vgl. Probst, Gilbert/Raub, Steffen/Romhardt, Kai: Wissen managen – Wie Unternehmen ihre wertvollste Ressource optimal nutzen, 6., überarb. u. erw. Aufl., Wiesbaden: Gabler 2010, S. 18 f.

286 Vgl. Pawlowsky, Peter/Reinhardt, Rüdiger: Wissensmanagement: Ein integrativer Ansatz zur Gestaltung organisationaler Lernprozesse, in: Wiesenhuber, Norbert & Partner (Hrsg.): Handbuch Lernende Organisation – Unternehmens- und Mitarbeiterpotentiale erfolgreich erschließen, Wiesbaden: Gabler 1997, S. 147.

287 Vgl. Pawlowsky, P./ Gerlach, L., Hauptmann, S./Puggel, A. Verbreitung von Wissensmanagement in KMU – Studie zur Nutzung von „Wissen" als Wettbewerbsvorteil in deutschen KMU, in: Gronau, N./Pawlowsky, P./Schütt, P./Weber, M. (Hrsg.): Mit Wissensmanagement besser im Wettbewerb, Tagungsband zur KnowTech 2006, München: Bitkom 2006, S. 17 ff.

288 Vgl. Probst, Gilbert/Romhardt, Kai: Bausteine des Wissensmanagements – ein praxisorientierter Ansatz, in: Wiesenhuber, Norbert & Partner (Hrsg.): Handbuch Lernende Organisation – Unternehmens- und Mitarbeiterpotentiale erfolgreich erschließen, Wiesbaden: Gabler 1997, S. 130.

289 Vgl. Probst, Gilbert/Raub, Steffen/Romhardt, Kai: Wissen managen – Wie Unternehmen ihre wertvollste Ressource optimal nutzen, 6., überarb. u. erw. Aufl., Wiesbaden: Gabler 2010, S. 5.

Beherrschung hoch entwickelter Technologien, werden nicht in Wettbewerbsvorteile umgesetzt.[290]

Wissensmanagement beschäftigt sich damit, wie man *Wissen in Organisationen testen, entwickeln, übertragen und löschen* kann. Diese Aktivitäten verbergen sich nämlich hinter den Begriffen *„Wissensmanagement"* oder auch *„Know-how-Flow- Management"*.[291] Damit wird Wissensmanagement zum Fundament der lernenden Organisation und zur unentbehrlichen Voraussetzung für die Erreichung dauerhafter Wettbewerbsvorteile.

Die Frage, wie man Wissen in Organisationen testen, entwickeln, übertragen und löschen kann, sprich wie Wissen organisational wird, umfasst auch, dass klar sein muss, worin organisationales Wissen steckt (a). Ist das identifiziert, müssen Anstrengungen unternommen werden, das Wissen zu halten (b).

Zu a) Worin steckt organisationales Wissen?

Solange Wissen nur im Kopf der einzelnen Mitglieder gespeichert ist, ist das Wissen verloren, sobald diese die Organisation verlassen. Aber Wissen kann auch in den Akten einer Organisation angesammelt sein. Beispielsweise können festgehalten werden: Aktionen, Entscheidungen, Maßnahmen und Vorgehensweisen, ebenso wie offizielle und inoffizielle Pläne. Darüber hinaus kann organisationales Wissen auch in Hinweisen und Richtlinien enthalten sein. Organisationen verkörpern Wissen, indem sie Strategien zur Durchführung schwieriger Aufgaben darstellen, die auch anders hätten ausgeführt werden können. Hier verbirgt sich Wissen in Abläufen und Verfahren.[292]

Zu b) Wissensbewahrung

Fakt ist, dass Wissensmanagement auch heißt, dass einmal erworbene Fähigkeiten nicht automatisch für die Zukunft zur Verfügung stehen. Vielmehr müssen Erfahrungen oder Informationen und Dokumente gezielt bewahrt werden und das setzt Management-

290 Vgl. Probst, Gilbert/Raub, Steffen/Romhardt, Kai: Wissen managen – Wie Unternehmen ihre wertvollste Ressource optimal nutzen, 6., überarb. u. erw. Aufl., Wiesbaden: Gabler 2010, S. 5.

291 Vgl. Wahren, Heinz-Kurt: Das lernende Unternehmen – Theorie und Praxis des organisationalen Lernens, Berlin: Walter de Gruyter 1996, S. 168 ff.

292 Vgl. Argyris/Schön: Die Lernende Organisation, Grundlagen, Methoden, Praxis, Stuttgart: Klett Cotta 1999, S. 27 f.

anstrengungen voraus.[293] Beispielsweise sind einheitliche Standards zu definieren und die Mitarbeiter zu trainieren und fördern.[294]

Erfolgsrelevantes Wissen zu identifizieren, zu entwickeln, in Verhalten umzusetzen und letztlich so verfügbar und nutzbar zu machen, setzt nach Pawlowsky voraus, Wissensmanagement als zielgerichtete Gestaltung von organisationalen Lernprozessen zu begreifen.[295] Probst und Romhardt gehen noch weiter, indem sie im Wissensmanagement die pragmatische Weiterentwicklung der Ideen des organisationalen Lernens sehen.[296] Hier schließt sich der Kreis. Die vorliegende Arbeit greift die Idee auf im Wissensmanagement die Weiterentwicklung der Ideen des organisationalen Lernens zu sehen. Für diese Arbeit sind zwei Aspekte von Bedeutung, erstens die zentrale Aufgabe der Personalentwicklung das individuelle Lernen der Wissensarbeiter so zu fördern, dass organisationale Lernprozesse unterstützt werden, und zweitens das Lernen der Organisation an sich zu fördern.

Verschiedene Forschungsrichtungen haben Modelle zum Wissensmanagement hervorgebracht sowie unterschiedliche Systematisierungsansätze aus unterschiedlichen Disziplinen, Erkenntnisinteressen und Perspektiven.[297]

---

293 Vgl. Probst, Gilbert/Romhardt, Kai: Bausteine des Wissensmanagements – ein praxisorientierter Ansatz, in: Wiesenhuber, Norbert & Partner (Hrsg.): Handbuch Lernende Organisation – Unternehmens- und Mitarbeiterpotentiale erfolgreich erschließen, Wiesbaden: Gabler 1997, S. 130 ff.

294 Vgl. Steinle, Claus/Behse, Maren/Hoffmeister, Simone: Gut gebunden hält länger, in: Personalwirtschaft, 1/2009, S. 37.

295 Pawlowsky, Peter/Reinhardt, Rüdiger: Wissensmanagement: Ein integrativer Ansatz zur Gestaltung organisationaler Lernprozesse, in: Wiesenhuber, Norbert & Partner (Hrsg.): Handbuch Lernende Organisation – Unternehmens- und Mitarbeiterpotentiale erfolgreich erschließen, Wiesbaden: Gabler 1997, S. 146.

296 Vgl. Probst, Gilbert/Romhardt, Kai: Bausteine des Wissensmanagements – ein praxisorientierter Ansatz, in: Wiesenhuber, Norbert & Partner (Hrsg.): Handbuch Lernende Organisation – Unternehmens- und Mitarbeiterpotentiale erfolgreich erschließen, Wiesbaden: Gabler 1997, S. 130.

297 Ein interessantes betriebswirtschaftliches Modell findet sich bei Probst/Romhardt, es umfasst die Bausteine: *Wissensziel, Wissenstransparenz, Wissenserwerb, Wissensentwicklung, Wissensverteilung, Wissensbewahrung, Wissensnutzung, Wissensbewertung*. Vgl. Probst, Gilbert/Romhardt, Kai: Bausteine des Wissensmanagements – ein praxisorientierter Ansatz, in: Wiesenhuber, Norbert & Partner (Hrsg.): Handbuch Lernende Organisation – Unternehmens- und Mitarbeiterpotentiale erfolgreich erschließen, Wiesbaden: Gabler 1997, S. 132 ff.

3.2 Systemwissenschaften – Systemorientiertes Management mit Fokus auf Selbstorganisation

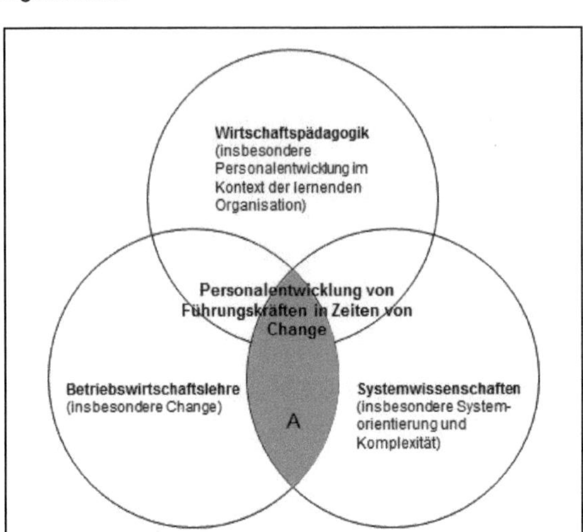

Abb. 10: Den Forschungsgegenstand betreffende Schnittmenge von Betriebswirtschaftslehre und Systemwissenschaften – Aspekte des systemorientierten Managements (Bereich A)

Das dieser Arbeit zugrundeliegende Modell wurde in *Kapitel 3.1.1* dargestellt. In *3.2* betrachten wir die *Personalentwicklung von Führungskräften in Zeiten von Change* nun aus der Perspektive des in Abb. 10 markierten Bereichs A.

Der Bereich A setzt sich aus Teilbereichen der Betriebswirtschaftslehre, insbesondere Change, und der Systemwissenschaften, insbesondere Systemorientierung und Komplexität, zusammen. Einen ganzheitlicheren Umgang mit Change zu realisieren, gelingt Unternehmen durch Systemorientierung und Methoden der Komplexitätsbewältigung. Erst durch die Verwendung der Schnittmenge gelingt es, wissenschaftliche Erkenntnisse zu wesentlichen *Aspekten des systemorientierten Managements* zu entwickeln. Diese in *Kapitel 3.2* zu entwickelnden Heuristiken dienen der Beantwortung der folgenden Frage:

Wie kann systemorientiertes Management in Zeiten von Change die Organisation befähigen, Selbstorganisation umfassend zu nutzen (Bereich A)?

Als Ausgangspunkt für die Beantwortung dieser Frage wird Selbstorganisation als übergeordnetes Ziel in seiner zentralen Bedeutung näher betrachtet. Hierauf aufbauend werden sechs zentrale Heuristiken dargelegt, die die Etablierung von Selbstorganisation in Organisationen fördern.

3.2.1 Selbstorganisation als übergeordnetes Ziel

Kapitel 3.2 untersucht die zentrale Stellung von Selbstorganisation im Kontext von Personalentwicklung in Zeiten von Change. Wie bereits in *Kapitel 2.2.3* skizziert, ist es gerade aus systemischen Gründen erforderlich, ein System so zu organisieren, dass es sich im Wesentlichen selbstorganisiert. Beispielsweise werden Entscheidungen somit nicht vorrangig oder gar ausschließlich an zentraler Stelle getroffen werden, sondern dort, wo die relevante Information für das Treffen dieser Entscheidung vorhanden ist – was in einer Vielzahl von Fällen eben nicht zentral ist.

Auszuarbeiten ist im Rahmen der Arbeit, welche Anforderungen zu erfüllen sind und was zu leisten ist, damit Selbstorganisation in einer Institution etabliert und gefördert wird. Kerngedanke ist es, plakativ gesprochen, folgenden Ansatz zu unterstützen und somit die Selbstorganisationsfähigkeit als Ganzes zu verbessern. Was ist zu tun, um:

- von Organisation zu *Selbst*-Organisation,
- von Regulation zu *Selbst*-Regulation,
- von Steuerung zu *Selbst*-Steuerung und
- von Kontrolle zu *Selbst*-Kontrolle[298]

zu gelangen?

Das Vorgehen geht bildlich gesprochen von einer kausal-mechanistischen Betrachtungsweise zu einer systemorientierten Betrachtungsweise über, wie dies in der folgenden Grafik illustriert wird.

---

298 Vgl. Malik, Fredmund: Unternehmenspolitik und Corporate Governance, Frankfurt/New York: Campus 2008, S. 24.

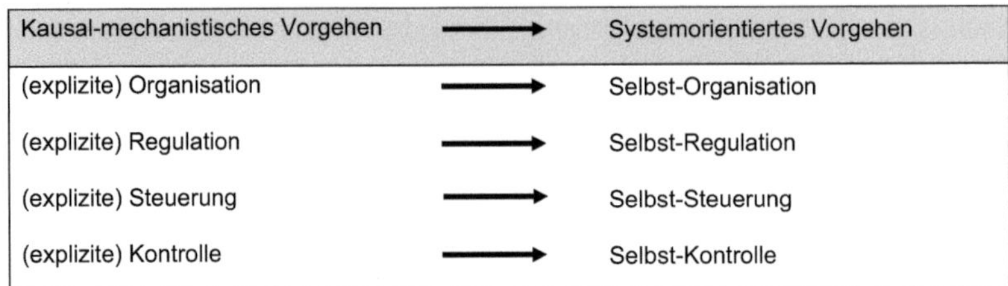

Kausal-mechanistisches Vorgehen	→	Systemorientiertes Vorgehen
(explizite) Organisation	→	Selbst-Organisation
(explizite) Regulation	→	Selbst-Regulation
(explizite) Steuerung	→	Selbst-Steuerung
(explizite) Kontrolle	→	Selbst-Kontrolle

Abb. 11: Eigene Darstellung: Geänderte Betrachtungsweise – von kausal-mechanistisch zu systemorientiert in Anlehnung an Malik[299]

Vor diesem Hintergrund soll Personalentwicklung so betrieben werden, dass der Gedanke systemorientieren Vorgehens – und somit der *Selbstorganisation* – gefördert wird. Dies mit der Zielsetzung, Wandel wirksamer beherrschen zu können.

Eine besondere Herausforderung für die Personalentwicklung ist es, dass Personalentwicklung nicht mehr – wie früher – auf eine klar definierbare Stelle hin erfolgen kann, z.B. Nachfolger für die Stelle „Leiter Marketing“. Vielmehr findet Personalentwicklung in einem sich stetig verändernden Kontext statt, in dem auch die Anforderungen an die Stelle selbst dem Wandel unterliegen. Somit muss Personalentwicklung betrieben werden, ohne Kenntnis darüber, für welche Stelle eine Führungskraft qualifiziert wird und ohne die Stelle selbst im Detail beschreiben zu können.

Zentral ist hieraus abgeleitet zu prüfen, ob Heuristiken zur Etablierung von Selbstorganisation für erfolgreichen Umgang mit komplexen Systemen einen Beitrag im Rahmen der wirksamen Personalentwicklung leisten können. Dies mit der Zielsetzung, Personalentwicklung systematisch so zu betreiben, dass weniger exakte Stellenprofile im Mittelpunkt stehen, sondern dass Führungskräfte *Kompetenzen* erwerben, die sie dauerhaft in die Lage versetzen, sich mit wandelnden Umfeldern erfolgreich auseinanderzusetzen.

3.2.2 Heuristiken zur Etablierung von Selbstorganisation

„In den letzten Jahren ist das Bewusstsein gewachsen, dass die gezielte Gestaltbarkeit komplexer dynamischer sozialer Systeme begrenzt ist.“[300] Die Vertreter des systemisch-

[299] Vgl. Malik, Fredmund: Unternehmenspolitik und Corporate Governance, Frankfurt/New York: Campus 2008, S. 24.

[300] Bea, Franz Xaver/Göbel, Elisabeth: Organisation, 4., neu bearb. u. erw. Aufl., Stuttgart: Lucius & Lucius 2010, S. 520.

evolutionären Managements betonen daher die Bedeutung der ungeplanten selbstorganisierenden Prozesse im Unternehmen.[301]

Bereits auf der Teamebene kommt es zu Selbstregulierung und Selbstorganisation, für die neben gemeinsam etablierten Kommunikationsabläufen und Informationsprozessen unter anderem auch geregelte Feedbackroutinen unerlässlich sind.[302] *„Im Systemdenken umfasst der Begriff Feedback (...) jeden reziproken Einflussstrom. Beim Systemdenken ist das Feedback ein Axiom, nach dem jeder Einfluss sowohl Ursache als auch Wirkung ist. Nichts wird jemals nur in eine Richtung beeinflusst."*[303] Durch eine derartige Feedbackkultur sind die Mitarbeiter jederzeit in der Lage, ihr eigenes Können und ihre eigene Leistung einzuschätzen, etwaige Defizite auszugleichen und sich dementsprechend weiterzuentwickeln. Unterstützt wird diese Weiterentwicklung auch durch den offenen Umgang mit Fehlern und ein transparentes Fehlermanagement.[304]

Die Weiterentwicklung des einzelnen ist zwar unabdingbare Voraussetzung für die Weiterentwicklung des Systems, aber es ist zu bedenken, dass die Weiterentwicklung des Systems nur erfolgen kann, wenn die individuelle Weiterentwicklung nicht isoliert, sondern vernetzt erfolgt. Spezialisiertes Wissen ist nur dann von Nutzen, wenn es als Beitrag zum übergeordneten Unternehmensziel in ein größeres Ganzes integriert wird. Dann kann sich auch das System als solches aus sich selbst heraus weiterentwickeln. Denn: *„Das Verhalten eines Systems entsteht aus dem Zusammenwirken seiner Teile (und) die Eigenschaften eines Systems sind nicht bloß die Summe der Eigenschaften seiner Teile."*[305]

Die Weiterentwicklung des Systems wird auch durch ein ganzheitliches Denken auf allen Ebenen und in allen Bereichen des Unternehmens gefördert. *„Statt in kleinen, linearen Kausalketten mit definierbarem Anfang und Ende wird in zirkulären Verknüpfungen ohne Anfang und Ende gedacht, (...) statt nach gleichbleibenden, materiellen*

---

[301] Vgl. Bea, Franz Xaver/Göbel, Elisabeth: Organisation, 4., neu bearb. u. erw. Aufl., Stuttgart: Lucius & Lucius 2010, S. 520.

[302] Vgl. Hinkel, Norbert: Teamentwicklung in einer Bildungsabteilung, in: Sattelberger, T. (Hrsg.): Innovative Personalentwicklung – Grundlagen, Konzepte, Erfahrungen, 2. Aufl., Wiesbaden: Gabler 1991, S. 320.

[303] Senge, Peter M.: Die fünfte Disziplin – Kunst und Praxis der lernenden Organisation, 11. Aufl., Stuttgart: Schäffer-Poeschel 2011, S. 92 f.

[304] Vgl. Jacob, L./Hiekel, A.: Souverän mit Veränderungen umgehen, in: Personalwirtschaft, 01/2012, S. 44. Siehe hier auch die Ausführung zum individuellen Lernen in *Kapitel 3.4.2.*

[305] Ulrich, Hans/Probst, Gilbert: Anleitung zum ganzheitlichen Denken und Handeln – Ein Brevier für Führungskräfte, 4. Aufl., Bern/Stuttgart/Wien: Haupt 1995, S. 36. Siehe hierzu auch die Bedeutung eines Wissensmanagement in *Kapitel 3.1.3* und die Ausführungen zum organisationalen Lernen in *Kapitel 3.4.1.*

Strukturen der Dinge zu suchen, richtet man den Blick auf die Dynamik des Geschehens und sucht nach dem Ordnungsmuster solcher Prozesse.“[306]

Zusammenfassend ist also festzuhalten, dass das Management und die Weiterentwicklung komplexer sozialer Systeme ganzheitliches, systemisches Denken und Handeln sowie vor allem Selbstorganisation erfordert. Darauf aufbauend werden unter der Prämisse Selbstorganisation zu etablieren, die folgenden zentralen sechs Heuristiken dargelegt:

1. Heuristik: Systemdenken fördern und systemische Manager etablieren
2. Heuristik: Konzept der Selbstorganisation fördern und Rahmenbedingungen für Selbstorganisation schaffen
3. Heuristik: Feedbackprozesse etablieren
4. Heuristik: Regeln für die Steuerung komplexer Systeme nutzen
5. Heuristik: Offenheit von Systemen sicherstellen
6. Heuristik: Verantwortung für Information fördern

1. Heuristik: Systemdenken fördern und systemische Manager etablieren

Soll Selbstorganisation gefördert werden, ist als grundlegender Ansatz von *Personalentwicklung von Führungskräften in Zeiten von Change* das Verständnis für das Arbeiten in komplexen Systemen zu erweitern. Eine Führungskraft, die mit Systemdenken und den Erkenntnissen zum systemischen Manager vertraut ist, wird größere Chancen haben, sich in komplexen Zusammenhängen erfolgreich zurechtzufinden, als Führungskräfte, die ohne Hintergrundwissen in diesem Kontext agieren.

Systemdenken fördern

Senge sieht im Systemdenken eine der zentralen Kompetenzen, um in komplexen Systemen erfolgreich zu sein. Da die Welt von hochkomplexen und dynamischen Systemen bestimmt wird, können die Herausforderungen in ihr nicht mit herkömmlichen, linearen Betrachtungs- und Vorgehensweisen angepackt und gelöst werden. Denn gerade das Systemdenken ermöglicht es zu erkennen, wie Dinge vernetzt sind und sich gegenseitig

[306] Ulrich, Hans/Probst, Gilbert: Anleitung zum ganzheitlichen Denken und Handeln – Ein Brevier für Führungskräfte, 4. Aufl., Bern/Stuttgart/Wien: Haupt 1995, S. 18.

beeinflussen, und wie auch kleine Aktionen, die gezielt durchgeführt werden, deutliche Verbesserungen bringen können.[307]

Weiter folgert Senge: *„Durch die Disziplin des Systemdenkens können wir die grundlegenden Strukturen von komplexen Situationen erkennen und zwischen Veränderungen mit starker und geringer Hebelwirkung unterscheiden. Das heißt, wir lernen, die Welt ganzheitlich zu sehen und damit zu ‚heilen'."*[308]

Insbesondere für Führungskräfte ist dies von herausragender Bedeutung. *„In den meisten Managementsituationen liegt die wahre Hebelwirkung in einem Verständnis der dynamischen Komplexität, nicht der Detailkomplexität."*[309]

Frederic Vester hat den Mangel an „vernetztem Denken" und die gewaltigen Fehler des isolierten Fachdenkens beklagt und seinerseits einen maßgeblichen Beitrag geleistet, „vernetztes Denken" verständlich zu machen und Ansatzpunkte für die praktische Umsetzung aufzuzeigen.[310]

Ossimitz konkretisiert zentrale Aspekte systemischen Denkens in den folgenden vier Bereichen:[311]

1. Denken in vernetzten Strukturen (vernetztes Denken)
2. Denken in systemischen Zeitgestalten (dynamisches Denken)
3. Denken in bewusst wahrgenommen Modellen (modellorientiertes Denken)
4. Denken in der Fähigkeit zur praktischen Steuerung von Systemen (systemorientiertes Handeln).

Probst und Gomez resümieren, dass es nicht erstaunt, dass das *vernetzte Denken* immer mehr den Eingang in das unternehmerische Denken und Handeln findet und so die Führung von Mitarbeitern und Institutionen prägt.[312]

---

307 Vgl. Senge, Peter M.: Die fünfte Disziplin – Kunst und Praxis der lernenden Organisation, 11. Aufl., Stuttgart: Schäffer-Poeschel 2011, S. 73 ff.

308 Senge, Peter M.: Die fünfte Disziplin – Kunst und Praxis der lernenden Organisation, 11. Aufl., Stuttgart: Schäffer-Poeschel 2011, S. 87; Senge, Peter M.: The Fifth Discipline – The Art & Practice of the Learning Organization, New York: Doubleday 1990, S. 69.

309 Senge, Peter M.: Die fünfte Disziplin – Kunst und Praxis der lernenden Organisation, 11. Aufl., Stuttgart: Schäffer-Poeschel 2011, S. 90.

310 Vgl. Vester, Frederic: Die Kunst vernetzt zu denken – Ideen und Werkzeuge für einen neuen Umgang mit Komplexität, 9. Aufl., München: Deutscher Taschenbuch Verlag 2012, S. 30 ff.

311 Vgl. Ossimitz, Günther: Systematisches Denken und systematisches Management, Tagung Graz "Systemorientierte Ansätze in Wirtschaft und Gesellschaft, 24/25.September 1998, wwwu.uni-klu.ac.at/gossimit/pap/sysdenk2.htm.

Systemische Manager etablieren

"In my experience, successful leaders often are 'system thinkers' to a considerable extent. They focus less on day-to-day events and more on underlying trends and forces of change."[313] Diese Ansicht von Senge spiegelt das Verhalten des systemischen Managers wider. Da systemische Manager wissen, dass wir immer nur einen kleinen Ausschnitt der Welt auf einmal erfassen können, versuchen sie die einzelnen kleinen Ausschnitte in einen Zusammenhang zu stellen und in einem größeren Ganzen zu verorten.

Dies ist umso wichtiger, als Teile, die vom Ganzen abgespalten sind, wesentliche Eigenschaften verlieren, genau wie das Ganze, das in Einzelteile zerlegt wurde. Mit dieser Herangehensweise gelingt es systemischen Managern, ihre Handlungen an den langfristigen Zielen zu orientieren und nicht in kurzfristigen Einzelaktionen zu denken.[314]

Weiter konkretisiert Probst *„Systemische Manager zeichnen sich dadurch aus, dass sie gleichzeitig Analysen von Teilen vornehmen können, ohne das Ganze aus den Augen zu verlieren. Sie denken in zwei Richtungen. Bevorzugt erkennen sie zuerst das umfassende Ganze und analysieren dann die Teile im Rahmen und als Funktion im großen Ganzen."*[315] *„Systemische Manager analysieren und beachten sich selbst verstärkende oder stabilisierende Kreisläufe und Beziehungen, unterschätzen die Zeitaspekte nicht und erkennen Nichtlinearitäten, Sprungfunktionen, Schwellwerte, Umkippeffekte usw."*[316]

Besondere Beachtung schenkt der systemische Manager immer dem Zusammenhang zwischen den Teilen und dem Ganzen. Eine einfache Definition eines Systems lautet: *„Ein System ist ein aus Teilen bestehendes Ganzes."*[317] Oder in einer etwas ausführlicheren Definition: *„Ein System ist ein dynamisches Ganzes, das als solches bestimmte*

[312] Vgl. Probst, Gilbert/Gomez, Peter (Hrsg.): Vernetztes Denken – Ganzheitliches Führen in der Praxis, 2., erw. Aufl, Wiesbaden: Gabler 1991, S. 1. Ausführungen zur Methodik des vernetzten Denkens bspw. bei Probst, Gilbert/Gomez, Peter: Die Methodik des vernetzten Denkens zur Lösung komplexer Probleme, in: Probst, G:/Gomez, P: (Hrsg.): Vernetztes Denken – Ganzheitliches Führen in der Praxis, 2., erw. Aufl, Wiesbaden: Gabler 1991, S. 3-22.

[313] Senge, Peter: The Leader´s New Work – Building Learning Organizations, in: MIT Sloan Management Review, 7, 1990, S. 13.

[314] Vgl. Probst, Gilbert: Was also macht eine systemorientierte Führungskraft als Vertreter des „vernetzten Denkens"?, in: Probst, G./Gomez, P: (Hrsg.): Vernetztes Denken – Ganzheitliches Führen in der Praxis, 2., erw. Aufl., Wiesbaden: Gabler 1991, S. 333 ff.

[315] Probst, Gilbert: Was also macht eine systemorientierte Führungskraft als Vertreter des „vernetzten Denkens"?, in: Probst, G./Gomez, P: (Hrsg.): Vernetztes Denken – Ganzheitliches Führen in der Praxis, 2., erw. Aufl., Wiesbaden: Gabler 1991, S. 335.

[316] Ebd S. 335.

[317] Ulrich, Hans/Probst, Gilbert: Anleitung zum ganzheitlichen Denken und Handeln – Ein Brevier für Führungskräfte, 4. Aufl., Bern/Stuttgart/Wien: Haupt 1995, S. 27.

Eigenschaften und Verhaltensweisen besitzt. Es besteht aus Teilen, die so miteinander verknüpft sind, dass kein Teil unabhängig ist von anderen Teilen und das Verhalten des Ganzen beeinflusst wird vom Zusammenwirken aller Teile."[318] Peter F. Drucker maß diesem Zusammenhang besondere Bedeutung bei. Er sah es als eine der Hauptaufgaben von Führungskräften an, ein vollkommenes Ganzes zu schaffen. Indem die Führungskraft die Leistung des Unternehmens als Ganzes steigert, steigert sich der Anspruch an alle Funktionen, ihren Teil dazu beizutragen; indem die Führungskraft in einem Teil einer Unternehmung zu besseren Ergebnissen gelangt, trägt sie zur Ergebnisverbesserung des Ganzen bei. Drucker leitet aus diesem systemischen Verständnis ab, dass es eine der zentralen Aufgaben von Führungskräften ist, ein Ganzes zu schaffen, dass mehr ist als die Summe der Teile.[319]

Dass das Erreichen des hiermit verbundenen Denkens keine Selbstverständlichkeit oder Leichtigkeit ist, veranschaulicht Senge exemplarisch in einem Zitat eines Praktikers: *"'Gradually, I have come to see a whole new model for my role as a CEO,' says Shell Oil's Phil Carroll. 'Perhaps my real job is to be the ecologist for the organization. We must learn how to see the company as a living system and to see it as a system within the context of the larger system of which it is a part. Only then will our vision reliably include return for our shareholders, a productive environment for our employees and a social vision for the company as a whole. Achieving such shifts in thinking, values, and behavior among executives is not easy.'"*[320] Durch diese Betrachtungsweise gelingt es den Führungskräften, nicht nur das Unternehmen als System zu erkennen, sondern auch die Einbettung des Systems „Unternehmen“ in größere Systeme wie zum Beispiel das System „Umwelt“ oder das System „Gesellschaft“. Somit werden auch die Wechselwirkungen und Vernetzungen der Systeme untereinander begreifbar. *„An die Stelle des analytischen, den Blick auf das einzelne richtenden Denkens auf der Suche nach den kleinsten Bauteilchen der Welt tritt ein auf das größere Ganze gerichtetes, integrierendes Denken."*[321]

318 Ulrich, Hans/Probst, Gilbert: Anleitung zum ganzheitlichen Denken und Handeln – Ein Brevier für Führungskräfte, 4. Aufl., Bern/Stuttgart/Wien: Haupt 1995, S. 30.

319 Vgl. Drucker, Peter F.: Management – Tasks, Responsibilities, Practices, Reprinted Edition, New York: HarperCollins Publishers 1993, S. 398.

320 Senge, Peter M.: Leading Learning Organizations – The Bold, the Powerful, and the Invisible; Goldsmith, M./Hesselbein, F. (eds.) in: the Leader of the Future, New York: John Wiley & Sons Company 1996, S. 9.

321 Ulrich, Hans/Probst, Gilbert: Anleitung zum ganzheitlichen Denken und Handeln – Ein Brevier für Führungskräfte, 4. Aufl., Bern/Stuttgart/Wien: Haupt 1995, S. 12-18.

Indem die Personalentwicklung von Führungskräften dazu beiträgt, Systemdenken und systemische Manager in einer Organisation zu etablieren, schafft sie Voraussetzungen, die Selbstorganisation begünstigen und damit auch der Bewältigung von komplexen Aufgabenstellungen in Zeiten von Wandel zuträglich sind.

2. Heuristik: Konzept der Selbstorganisation fördern und Rahmenbedingungen für Selbstorganisation schaffen

Eine zentrale Aufgabe von Führung ist es, Rahmenbedingungen zu schaffen, damit Selbstorganisation ermöglicht wird. *„Komplexe Systeme lassen keine Prognosen zu, da wir nie alles wissen können. Sie produzieren Strukturen und Verhalten aus sich selbst heraus. Selbstregulation, Selbstorganisation und Selbstentwicklung zeichnen solche Systeme aus."*[322] Komplexe Systeme lassen sich unter anderem dadurch wirkungsvoll steuern, dass man Rahmenbedingungen schafft, innerhalb deren Grenzen sich das System in eine gewünschte Richtung entfalten kann. Anstatt auf explizite Regelung möglichst aller Details zu vertrauen, sollte man systematisch durchdenken, wie man Rahmenbedingungen schaffen kann, die Selbstorganisation ermöglichen. Dabei ist vor allem zu durchdenken, wie Ordnung in ebenso komplexen wie dynamischen Systemen entstehen kann.[323]

Besonders bei einer Veränderung der Umweltbedingungen ist es unerlässlich, dass das System selbstorganisierend darauf reagiert und sich neu ordnet. In den Situationen, in denen das System diese Neuordnung nicht schafft, sind die Gründe für die Behinderung der Selbstorganisationskräfte zu beseitigen und die Selbstorganisationspotenziale zu fördern und zu nutzen.[324] Besonderes Augenmerk ist hierbei auf die Beeinflussung von Verhaltensregeln zu richten. *„In Verhaltensregeln – auch in solchen, die sich in Organisationen herausbilden – lagert sich im Evolutionsprozess ‚Wissen' ab. Sie ermöglichen, dass soziale Systeme durch wechselseitige antizipierende Anpassung und Modifikation des Verhaltens der beteiligten Personen sich quasi selbsttätig an wechselnde*

322 Probst, Gilbert: Was also macht eine systemorientierte Führungskraft als Vertreter des „vernetzten Denkens"?, in: Probst, G./Gomez, P: (Hrsg.): Vernetztes Denken – Ganzheitliches Führen in der Praxis, 2., erw. Aufl, Wiesbaden: Gabler 1991, S. 335 f.

323 Vgl. Bea, Franz Xaver/Göbel, Elisabeth: Organisation, 4., neu bearb. u. erw. Aufl., Stuttgart: Lucius & Lucius 2010, S. 184 ff.

324 Vgl. Kriz, Jürgen: Selbstorganisation als Grundlage lernender Organisationen, in: Wiesenhuber, Norbert & Partner (Hrsg.): Handbuch Lernende Organisation – Unternehmens- und Mitarbeiterpotentiale erfolgreich erschließen, Wiesbaden: Gabler 1997, S. 195.

Umweltbedingungen anpassen können. Soziale Systeme verfügen über die Fähigkeit zur Selbstorganisation und durch Selbstorganisation entwickeln sich ihre Verhaltensregeln in evolutionärer Weise weiter.“[325] Das System ist durch die optimierten Verhaltensweisen besser in der Lage auf die Komplexität der Umwelt zu reagieren. Dennoch kann man das System natürlich nicht sich selbst überlassen, sondern muss immer wieder bewusst gestaltend eingreifen.[326]

Möchte man das Konzept der Selbstorganisation fördern und Rahmenbedingungen für Selbstorganisation schaffen, können *vernetztes Denken* und das *Jiu-Jitsu-Prinzip* ergänzend wertvolle Beiträge leisten. Vester beschrieb mit dem Jiu-Jitsu-Prinzip eine Technik, die vorhandene Kräfte nutzt, sie umwandelt, aber nicht zerstört. *„Eines der Hauptmittel der Natur die Überlebensfähigkeit von Systemen zu erreichen, ist dieses Jiu-Jitsu-Prinzip. Bestehende Kräfte und Energien werden hier durch geringfügige Steuerenergie im gewünschten Sinne gelenkt. Ganz im Gegensatz zum Boxerprinzip: Bei diesem wird die vorhandene Kraft bekämpft und auf null gebracht. Dann bringt man ein zweites Mal eigene Kraft auf für das, was man eigentlich erreichen will.“*[327]

Vester stellt fest, dass natürliche Systeme generell nach diesem Prinzip der asiatischen Selbstverteidigung arbeiten, also durch Ausnutzung bereits existierender (auch scheinbar behindernder) Kräfte und deren Umlenkung im gewünschten Sinne mit geringfügigen Steuerungsenergien.[328] *„Nutzung vorhandener Kräfte profitiert von vorhandenen Konstellationen und fördert die Selbstregulation.“*[329]

3. Heuristik: Feedbackprozesse etablieren

Ein weiteres wichtiges Element, um Selbstorganisation zu fördern, ist die Etablierung von Feedbackprozessen. In Organisationen gibt es zahlreiche tagtägliche, unstrukturierte Feedbackprozesse, die undokumentiert sind. Es ist auch nicht nötig, alle diese Schleifen zu erfassen, unerlässlich ist es aber den Feedbackprozess, der sich auf den Grad der

---

[325] Kieser, Alfred (Hrsg.): Organisationstheorien, 2., überarb. Aufl., Stuttgart/Berlin/Köln: Kohlhammer 1995, S. 259 f.

[326] Vgl. Ulrich, Hans/Probst, Gilbert: Anleitung zum ganzheitlichen Denken und Handeln – Ein Brevier für Führungskräfte, 4. Aufl., Bern/Stuttgart/Wien: Haupt 1995, S. 242.

[327] Vester, Frederic: Unsere Welt – ein vernetztes System, 11. Aufl., München: Deutscher Taschenbuch Verlag 2002, S. 130.

[328] Vgl.Vester, Frederic: Die Kunst vernetzt zu denken – Ideen und Werkzeuge für einen neuen Umgang mit Komplexität, 9. Aufl., München: Deutscher Taschenbuch Verlag 2012, S. 164.

[329] Ebd. S. 164.

Zielerreichung bezieht zu institutionalisieren.[330] Denn nur wenn das Wissen über Fehler und Prozessabweichungen zu den Verantwortlichen gelangt, lernt die Organisation, und es können gleiche oder ähnliche Fehler künftig vermieden werden. Fehler offen zu thematisieren erfordert allerdings kulturellen Wandel.[331]

„Dies erfordert zwangsläufig die explizite Bestimmung von Zielen und eine diesen zugeordnete Ergebnisfeststellung. Beides mag selbstverständlich klingen, ist aber in großen und komplexen Organisationen schwierig und keineswegs immer gegeben. Eine Organisation, in der dieser Mechanismus nicht funktioniert, wird früher oder später außer Kontrolle geraten."[332]

Als erstes wies Peter F. Drucker in seinem Buch *The Practice of Management* auf die Bedeutung von Selbstkontrolle im Zusammenhang mit Zielen für die Selbststeuerung hin.[333] Das von ihm eingeführte Konzept des „Management by Objectives", das Führen mit Zielen, ist inzwischen aus der Unternehmensführung nicht mehr wegzudenken. Interessanterweise wurde das Konzept präzise unter dem Titel „Management by Objectives and Self-Control"[334] vorgestellt, wobei in den Ausführungen hohen Wert auf den Aspekt der Selbststeuerung gelegt wird. Dass die damit verbundenen Feedbackprozesse auch heute noch in großen und komplexen Organisationen keineswegs selbstverständlich sind, wie oben ausgeführt, zeigt den großen Handlungsbedarf auf, der hier besteht.

Hierbei ist ein Wandel in Bezug auf die Einstellung und den Umgang mit systemischen Ansätzen zu beobachten. Mittlerweile ist es weithin akzeptiert, dass das Geschehen in Unternehmen vieldimensional und komplex ist. Dies führt dazu, dass

- die Vorgänge im Unternehmen nicht mehr nur analytisch, sondern auch integrierend und systemisch betrachtet werden,

---

330 Vgl. Malik, Fredmund: Systemisches Management, Evolution, Selbstorganisation – Grundprobleme, Funktionsmechanismen und Lösungsansätze für komplexe Systeme, 4. Aufl., Bern: Haupt 2003, S. 370.

331 Vgl. Hofinger, Gesine/Horstmann, Rüdiger/Waleczek, Helfried: Das Lernen aus Zwischenfällen lernen: Incident Reporting im Krankenhaus, in: Pawlowsky, P./Mistele, P. (Hrsg.): Hochleistungsmanagement – Leistungspotenziale in Organisationen gezielt fördern, Wiesbaden: Gabler 2008, S. 213. Dieser Aspekt der Reflexion ist auch Gegenstand des Lernniveaus Deutero-Lernen in *Kapitel 3.4.1.*

332 Vgl. Malik, Fredmund: Systemisches Management, Evolution, Selbstorganisation – Grundprobleme, Funktionsmechanismen und Lösungsansätze für komplexe Systeme, 4. Aufl., Bern: Haupt 2003, S. 370.

333 Vgl. Drucker, Peter F.: The Practice of Management, Reprinted Edition, New York: HaperCollins Publishers 2006, S. 121-136.

334 Weiteres siehe auch Drucker, Peter F./Maciariello, Joseph A: Management, Revised Edition, New York: HarperCollins 2008, S. 258 ff.

- immer mehr Rückkopplungsschleifen vorgesehen sind,
- Kommunikationsprozesse als bedeutsam eingeschätzt werden,
- das Unternehmen im Kontext seiner Umwelt betrachtet wird und
- Probleme ebenso methodisch wie systemisch angegangen werden.[335]

Zwei grundsätzliche Arten der Rückkopplung sind in Systemen zu unterscheiden: *„Positive Rückkoppelung entsteht, wenn Wirkung und Rückwirkung sich gegenseitig verstärken, also gleichgerichtet sind. Positive Rückkopplung ist nötig, um in Systemen Dinge zum Laufen zu bringen. Sie muss jedoch immer einer übergeordneten Regulation gehorchen (negative Rückkopplung). Tut sie es nicht, so können wahre Teufelskreise entstehen, die nicht mehr unter Kontrolle zu bringen sind."*[336] *„Negative Rückkopplung ist einer der wichtigsten Kunstgriffe, mit denen sich natürliche Systeme – trotz existierender positiver Rückkopplungen – am Leben erhalten. Hier ist also „negativ" einmal etwas Gutes! Denn negative Rückkopplung führt zu Selbstregulation eines Systems. Eine solche negative Rückwirkung ist das Grundprinzip aller Regelkreise, mit dem sich Systeme in einem stabilen Gleichgewicht halten. Anders als bei der positiven Rückwirkung verstärkt sich hier nicht Ursache und Wirkung gegenseitig, sondern die Wirkung hemmt wieder die Ursache."*[337]

Das Verständnis und die bewusste Nutzung von Feedback von möglichst vielen Mitgliedern der Organisation leisten einen wesentlichen Beitrag zur Etablierung und Förderung von Selbstorganisation. Es ist für die *Personalentwicklung von Führungskräften in Zeiten von Change* somit von großem Interesse, dies zu fördern.

4. Heuristik: Regeln für die Steuerung komplexer Systeme nutzen

Die Kybernetik, als Wissenschaft der Steuerung komplexer Systeme, sucht Antworten auf die Frage, wie komplexe Systeme unter Kontrolle zu bringen und zu halten sind,

---

[335] Vgl. Malik, Fredmund: Strategie des Managements komplexer Systeme – Ein Beitrag zur Management-Kybernetik evolutionärer Systeme, 10. Aufl., Bern/Stuttgart: Haupt 2008, S. 70.

[336] Vester, Frederic: Unsere Welt – ein vernetztes System, 11. Aufl., München: Deutscher Taschenbuch Verlag 2002, S. 55.

[337] Vester, Frederic: Unsere Welt – ein vernetztes System, 11. Aufl., München: Deutscher Taschenbuch Verlag 2002, S. 61. Weiterführende Literatur mit Fallbeispielen siehe auch Starbuck, William H./Hedberg, Bo: How Organizations Learn form Success and Failure, in: Berthoin-Antal, A./Dierkes, M./Child, J./Nonaka, I. (eds.): Handbook of Organisational Learning and Knowledge, Oxford/New York: Oxford Press 2007, S. 327-350.

sprich wie mit Komplexität umzugehen ist.[338] *„Unter Kybernetik (von griechischen kybernetes, der Steuermann) versteht man die Erkennung, Steuerung und selbsttätige Regelung ineinander greifender, vernetzter Abläufe bei minimalem Energieaufwand.“*[339] In der Ausgestaltung von Regeln liegt einer der wesentlichen Ansatzpunkte Komplexität zu beherrschen. Sie geben die Richtlinien für die individuelle Interpretation und Ausgestaltung der konkreten Situationen. Malik sagt dazu: *„Regeln haben den Charakter von Verboten, und bestimmen somit den Spielraum zulässigen oder gefahrenlosen Handelns. Regeln dieser Art und ihre spielraumbestimmende Wirkung sind äußerst wichtig, vielleicht sogar der wichtigste Mechanismus der Komplexitätsbeherrschung überhaupt, denn sie sind auch oder gerade dort hilfreich, wo positives Wissen über Ursache und Wirkung mangels Kenntnis der besonderen Umstände des Einzelfalls nicht möglich oder nicht ausreichend ist.“*[340]

Für die Etablierung von Selbstorganisation müssen folglich Regeln geschaffen werden, die es den Mitgliedern in der Organisation leicht machen, die Selbstorganisationskraft der Organisation zu nutzen, um Komplexität besser zu beherrschen. Bestehende Regeln müssen unter der Fragestellung geprüft werden, ob sie eventuell selbstorganisierte Prozesse behindern könnten.

Die Entstehung von Regeln hat noch eine Besonderheit, da nicht alle Regeln explizit gesetzt werden müssen: *„Hervorzuheben sind jedoch folgende Tatsachen, die im wesentlichen Ergebnisse der soziokulturellen Evolutionstheorie sind: Regeln brauchen von niemanden in bewusster Absicht gesetzt werden, sondern entstehen im Zuge der Evolution aus der Interaktion der Individuen miteinander und mit ihrer Umwelt, durch einen der Mutation und Selektion analogen Prozess. Sie sind den handelnden Personen häufig auch gar nicht bekannt oder bewusst, sondern wirken faktisch. (...) Solche Regeln des Verhaltens sagen dem Menschen weniger, was er tun, als vielmehr, was er nicht tun soll, und grenzen somit Bereiche des gefahrlosen – oder mindestens in seinen Konsequenzen und Risiken überschaubaren – Handelns von jenen Bereichen ab, über die zu*

338 Vgl. Pfiffner, Martin/Stadelmann, Peter: Wissen wirksam machen – Wie Kopfarbeiter produktiv werden, Frankfurt: Campus 2012, S. 58.

339 Vester, Frederic: Die Kunst vernetzt zu denken – Ideen und Werkzeuge für einen neuen Umgang mit Komplexität, 9. Aufl., München: Deutscher Taschenbuch Verlag 2012, S. 154.

340 Malik, Fredmund: Strategie des Managements komplexer Systeme – Ein Beitrag zur Management-Kybernetik evolutionärer Systeme, 10. Aufl., Bern/Stuttgart: Haupt 2008, S. 37.

wenig faktisches Wissen bekannt ist und in denen menschliches Handeln daher mit unbekannten Risiken und Folgen zu rechnen hätte.“[341]

Da Individuen nie alle relevanten Informationen über ihr Umfeld und die Auswirkungen ihrer Aktionen auf ihr Umfeld und umgekehrt haben bzw. erfassen können, können sie ihr Verhalten auch nicht an eindeutigen Ursache-Wirkungs-Kausalitäten orientieren. Sie nützen daher (auf Erfahrung beruhende) Verhaltensregeln, um an die Umfeldbedingungen angepasst entscheiden und handeln zu können.[342] Diese Anpassung steigert die Wahrscheinlichkeit, dass das Individuum für sein Entscheiden und Handeln ein positives Feedback bekommt – oder zumindest keine negative Rückmeldung.

Es ist sicherzustellen, dass die Regeln in regelmäßigen Abständen auf ihre Relevanz und Zweckmäßigkeit überprüft werden. Gleichzeitig ist auch, wie oben skizziert, zu beachten, dass die Regeln sich verändern können, ohne dass eine explizite Änderung durch eine Überprüfung eingeleitet wurde. *„Diese Spielregeln des Verhaltens sind keineswegs fixiert, sondern evolutionären Veränderungen unterworfen, und zwar in dem Sinne, dass erstens neue Anpassungserfordernisse zu neuen Regeln führen können und zweitens Gruppen, die unzweckmäßige Verhaltensregeln hatten, nicht überlebensfähig waren.“*[343]

Wichtig ist zu beachten, dass Komplexitätsbewältigung sowohl Maßnahmen der Komplexitätsreduktion als auch der Komplexitätserhöhung umfassen. Die Änderung der Regeln zur Erzeugung gewollter Verhaltensmuster ermöglicht diese Beeinflussung komplexer Systeme.[344]

5. Heuristik: Offenheit von Systemen sicherstellen

Wie bereits in *Kapitel 2.2* erwähnt, steht das System „Unternehmen“ im übergeordneten Kontext seiner Umwelt, genau genommen kann gar nicht definiert werden, wo das jeweilige System endet und ein anderes System beginnt: *„Die Grenzen eines Systems ge-*

341 Malik, Fredmund: Systemisches Management, Evolution, Selbstorganisation – Grundprobleme, Funktionsmechanismen und Lösungsansätze für komplexe Systeme, 4. Aufl., Bern: Haupt 2003, S. 189 f.

342 Vgl. Malik, Fredmund: Systemisches Management, Evolution, Selbstorganisation – Grundprobleme, Funktionsmechanismen und Lösungsansätze für komplexe Systeme, 4. Aufl., Bern: Haupt 2003, S. 189.

343 Ebd S. 189 f.

344 Vgl. Ulrich, Hans/Probst, Gilbert: Anleitung zum ganzheitlichen Denken und Handeln – Ein Brevier für Führungskräfte, 4. Aufl., Bern/Stuttgart/Wien: Haupt 1995, S. 65.

genüber seiner Umwelt sind nicht etwas Gegebenes, sondern müssen gedanklich konstruiert werden.“[345] Dennoch können einige Organisationen offener für den Austausch mit anderen Systemen sein als andere.

Die Selbstorganisation kann gefördert werden, indem die Offenheit des Systems zur Umwelt ausgebaut wird. Je offener ein System ist, desto vielfältiger sind die Möglichkeiten des Austauschs sowohl innerhalb des Systems als auch die des Systems mit seiner Umwelt.[346] Dies führt dazu, dass sich das System dadurch weiterentwickelt, dass es von den Systemen in seiner Umwelt lernt. Aber: *„Die Offenheit bewirkt auch, dass kein System völlig unabhängig ist und sich völlig eigenbestimmt verhalten kann, sondern von der Umwelt beeinflusst wird, diese aber auch seinerseits beeinflusst.“*[347] Durch den wechselseitigen Austausch zwischen einer Organisation und den Systemen seines Umfelds entsteht zum einen die Notwendigkeit, dass die Organisation sich in ihr Umfeld einfügen und sich an es anpassen muss. Zum anderen steigen durch den Austausch die Komplexität und die Dynamik, die das System und seine Mitglieder beherrschen müssen.[348]

Während früher überwiegend die Struktur des Systems, also dessen innere Ordnung, betrachtet wurde, ist die Systemtheorie mittlerweile dazu übergegangen, das *„Verhältnis von System und Umwelt in den Vordergrund (‚open-system-model')“*[349] zu stellen. Dabei wird das System hinsichtlich seiner Struktur (also der inneren Ordnung) unter dem Aspekt des Existenzerhalts in einer sich stetig und immer schneller verändernden Umwelt betrachtet. Die Einflüsse und Wirkungen, die die dynamische Umwelt auf das System hat, müssen in diesem bewältigt und verarbeitet werden.[350] *„Die Austauschbeziehungen zwischen Organisation und Umwelt lassen sich als ‚Input-throughput-output‘-Prozess darstellen, d.h. bestimmte materielle und immaterielle Eingaben werden durch die Arbeit der Organisationsmitglieder umgewandelt und an die Umwelt abgegeben.“*[351]

---

345 Ulrich, Hans/Probst, Gilbert: Anleitung zum ganzheitlichen Denken und Handeln – Ein Brevier für Führungskräfte, 4. Aufl., Bern/Stuttgart/Wien: Haupt 1995, S. 36.

346 Vgl. Ulrich, Hans/Probst, Gilbert: Anleitung zum ganzheitlichen Denken und Handeln – Ein Brevier für Führungskräfte, 4. Aufl., Bern/Stuttgart/Wien: Haupt 1995, S. 97.

347 Ebd. S. 97.

348 Vgl. ebd. S. 97.

349 Becker, H./Langosch, I.: Produktivität und Menschlichkeit – Organisationsentwicklung und ihre Anwendung in der Praxis, 5., neu bearb. und erw. Aufl., Stuttgart: Lucius & Lucius 2002, S. 43.

350 Vgl. Becker, H./Langosch, I.: Produktivität und Menschlichkeit – Organisationsentwicklung und ihre Anwendung in der Praxis, 5., neu bearb. und erw. Aufl., Stuttgart: Lucius & Lucius 2002, S. 43.

351 Ebd. S. 42.

Im Rahmen der Personalentwicklung von Führungskräften in Zeiten von Change ist darauf zu achten, dass den Mitgliedern der Organisation, die Notwendigkeit der Offenheit bewusst ist und dass die Austauschbeziehungen zwischen Organisation und Umwelt bewusst zum Nutzen der Organisation gestaltet und gefördert werden.

Hans Ulrich, unter dessen wissenschaftlicher Leitung viele Forschungsvorhaben des systemorientierten Managements durchgeführt wurden, betonte immer wieder, dass zum Überleben des Systems die Offenheit zur Aufnahme und zum Abgeben von Energie und Information notwendig sind. Da lebensfähige Systeme nie vollständig autonom in ihrem Verhalten sind, müssen sie sich in ihre Umwelt einpassen. In diesem Sinne ist das Verhalten des Systems nur zu verstehen, wenn es gedanklich in Verbindung mit seiner Umwelt gesehen und als Teil eines umfassenden Systems verstanden wird.[352]

Beachtet man bei der oben stehenden Aussage, dass in Zeiten von Wandel die Geschwindigkeit und Notwendigkeit von Anpassungen deutlich größer ist als in Zeiten ohne signifikante Veränderungen, lässt sich ableiten, dass auch der Offenheit des Systems zur Förderung von Selbstorganisation besondere Aufmerksamkeit zu schenken ist. Ulrichs Betonung, dass die Überlebensfähigkeit des Systems von der Offenheit abhängt, verdeutlicht das Ausmaß der Wichtigkeit, gerade in Zeiten von Change.

6. Heuristik: Verantwortung für Information fördern

Als weitere Maßnahme kann die Förderung der Verantwortung für Information einen Beitrag zur Selbstorganisation leisten. *„Mit dem Grundproblem der Komplexität sind ein mehr oder weniger hohes Maß an Unsicherheit und in den meisten Fällen unvollkommene Informationen untrennbar verbunden. Die Situationen und Organisationen, in denen Menschen im Allgemeinen und Wissensarbeiter im Besonderen heute leben und handeln, sind durch unzählige, zum Teil unbekannte Faktoren beeinflusst.“*[353] Da Selbstorganisation nur möglich ist, wenn den Mitgliedern der Organisation die relevante Information zur Verfügung steht, ist diesem Punkt besondere Aufmerksamkeit zu schenken. Dass Information für die Organisation beschafft und zur Verfügung gestellt wird, hängt letztlich von der Bereitschaft und dem Engagement des Einzelnen ab. Somit

352 Vgl. Ulrich, Hans/Probst, Gilbert: Anleitung zum ganzheitlichen Denken und Handeln – Ein Brevier für Führungskräfte, 4. Aufl., Bern/Stuttgart/Wien: Haupt 1995, S. 56.

353 Pfiffner, Martin/Stadelmann, Peter: Wissen wirksam machen – Wie Kopfarbeiter produktiv werden, Frankfurt: Campus 2012, S. 21.

ist das Individuum dafür verantwortlich, dass die benötigte Information in der Organisation zur Verfügung steht.

Peter F. Drucker betont, dass gerade die informationsbasierten Organisationen von der bewussten und verlässlichen Übernahme der Verantwortung für Information abhängig sind.*"The information-based organization demands self-discipline and upward responsibility from the first-level supervisor all the way to top management. Traditional organizations rest on command authority. Information-based organizations rest on responsibility. The flow is circular from the bottom up and then down again. The information-based system can, therefore, function only if each individual and each unit accepts responsibility: for their goals and their priorities, for their relationships, and for their communications."*[354]

Dies hat für die Selbstorganisation ganz konkrete Implikationen in der Praxis. Die Mitglieder der Organisation müssen die Verantwortung für Information übernehmen, indem sie die richtigen Informationen zu den richtigen Personen zur richtigen Zeit geben und auch dafür sorgen, dass sie die richtige Information bekommen. Drucker empfiehlt hierzu konkret, dass sich der Einzelne überlegen solle, welche Information er von wem zur Erledigung seiner Aufgaben benötigt und wer umgekehrt von ihm für die Erledigung seiner Aufgaben abhängig ist.[355] Anhand dieser Überlegungen erhält der Einzelne konkrete Impulse für die Verbesserung seines Informationsverhaltens, was wiederum einen signifikanten Beitrag zur Förderung der Selbstorganisation leistet.

Personalentwicklung von Führungskräften in Zeiten von Change muss folglich darauf bedacht sein, dieses hohe Maß an Verantwortung für die Beschaffung und Verteilung von Information bei jedem Einzelnen in der Organisation bewusst zu machen und die notwendigen Rahmenbedingungen zu schaffen, sodass der Austausch von Informationen möglichst leicht gemacht wird.

Die Personalentwicklung selbst, als Teil des Gesamtsystems, ist ihrerseits natürlich ebenso von dem Informationsverhalten in der Organisation abhängig. *„Die Qualität der Personalentwicklung hängt stark von der Qualität der zur Verfügung stehenden Informationen ab. Die Personalbeurteilung, das Personalinformationssystem, Personalbe-*

[354] Drucker, Peter F.: The Frontiers of Management – Where Tomorrow's Decisions Are Being Shaped Today, Reprinted Edition, New York: Harper & Row Publishers 1986, S. 206.

[355] Vgl. Drucker, Peter F.: The Ecological Vision – Reflections on the American Condition, New Brunswick/London: Transaction Publishers 2000, S. 351.

fragungen, Feedbacksysteme (...) und Mitarbeitergespräche (...) liefern wertvolle Hinweise auf Qualifikationsdefizite und Entwicklungsbedürfnisse der Mitarbeiter und Vorgesetzten. "[356] Wird das Informationsverhalten in der Organisation verbessert, entwickelt sich folglich nicht nur die Fähigkeit zur Selbststeuerung, sondern auch die Qualität der Personalentwicklung wird positiv beeinflusst.

3.3 Betriebswirtschaftslehre – Personalentwicklung mit Fokus auf Change-Bewältigung

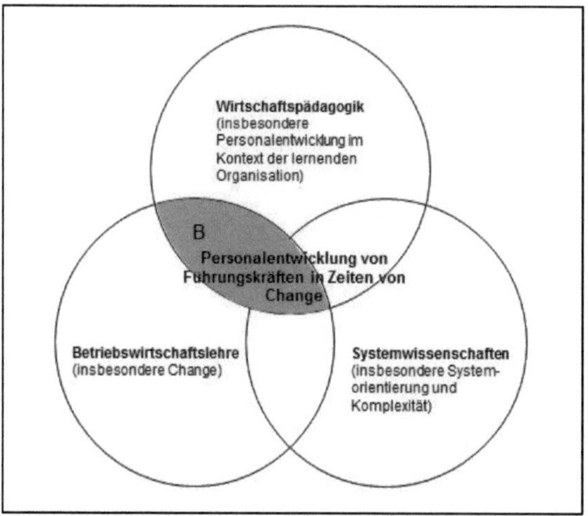

Abb. 12: Den Forschungsgegenstand betreffende Schnittmenge Betriebswirtschaftslehre und Wirtschaftspädagogik – Aspekte der Personalentwicklung im Kontext der lernenden Organisation (Bereich B)

Das dieser Arbeit zugrundeliegende Modell wurde in *Kapitel 3.1.1* dargestellt. In *3.3* betrachten wir die *Personalentwicklung von Führungskräften in Zeiten von Change* nun aus der Perspektive des in Abb. 12 markierten Bereichs B.

Der Bereich B setzt sich aus Teilbereichen der Wirtschaftspädagogik, insbesondere lernende Organisation, und der Betriebswirtschaftslehre, insbesondere Change, zusammen. Die klassische Personalentwicklung würde bei der Führungskräfteentwicklung nicht im ausreichenden Maß die Change-Aspekte behandeln, daher wird es erst in der Verzahnung der Bereiche möglich, diese sich gegenseitig beeinflussenden Disziplinen adäquat

[356] Zaugg, Robert J.: Nachhaltige Personalentwicklung – Von der Schulung zum Kompetenzmanagement; in: Thom, N./Zaugg, R.J. (Hrsg.): Moderne Personalentwicklung – Mitarbeiterpotentiale erkennen, entwickeln und fördern, Wiesbaden: Gabler 2006, S. 24.

zu betrachten und die wesentlichen *Aspekte der Personalentwicklung im Kontext der lernenden Organisation* herauszuarbeiten und die Erkenntnisse zu Heuristiken weiterzuentwickeln. Diese in *Kapitel 3.3* zu entwickelnden Heuristiken dienen der Beantwortung der folgenden Frage:

Was muss Personalentwicklung im Kontext der lernenden Organisation leisten, damit Organisationen langfristig erfolgreich darin sind, Change zu bewältigen?

Als Ausgangspunkt für die Beantwortung dieser Frage wird die Führungskraft als Gestalter und als Teil von Change beleuchtet. Untersucht wird das Verhältnis von *Umwelt, Institution und Führungskraft* zueinander in Zeiten von Wandel sowie die Verhaltensweisen, die *wirksame Führungskräfte* charakterisieren. Die Themengebiete *Effektivität* und *Verantwortung* werden vertieft betrachtet. Hierauf aufbauend werden acht wesentliche Heuristiken für die wirksame Führungskräfteentwicklung im Kontext von Change dargelegt.

3.3.1 Interaktionen zwischen Umwelt, Institution und Führungskräften

Wenn Change immer häufiger und an immer mehr Stellen in komplexen Situationen stattfindet, kann es passieren, dass an einem zentralisierten Ort nicht ausreichend Information vorhanden ist, um den Wandel angemessen zu steuern.

Die Gesetze von Ross Ashby, insbesondere das „Gesetz der erforderlichen Varietät" (Ashby's law, *Kapitel 2.2.1*), liefern umfassende Belege für diese These.[357] Es besagt, dass Varietät nur durch Varietät absorbiert werden kann – somit auch Komplexität nur durch Komplexität.[358] In einer komplexen Situation kann ein *zentralistisch* geführtes System nie genügend Varietät aufbringen, um ein komplexes System funktionssicher zu steuern. Der Zusammenbruch der ehemaligen Sowjetunion ist ein sehr anschauliches Beispiel für diese These.

Die *Gestaltung von Wandel* muss somit – gerade aus Gründen der angemessenen Bewältigung von Komplexität – von immer mehr Führungskräften getragen werden. Nur sie besitzen ausreichende Information – somit auch Varietät –, um die Entscheidungen so treffen zu können, dass sie den Wandel im Sinne der Gesamtunternehmung zielfüh-

[357] Vgl. Beer, Stafford: The Heart of Enterprise, John Wiley & Sons, Chichester: John Wiley & Sons 2000, S. 89 ff.

[358] Detailliertere Ausführungen finden sich in *Kapitel 2.2.2.*

rend und erfolgreich gestalten. Die Führungskräfte sind vor diesem Hintergrund *Gestalter von Wandel*. Aufgabe der Personalentwicklung ist es in diesem Kontext, diesen Aufbau von Varietät entsprechend zu fördern.

Als weitere Herausforderung für die Personalentwicklung gilt, dass das erforderliche Detailwissen der Führungskräfte (und somit auch wieder Varietät) vor allem auch auf *Erfahrungswissen* beruht, welches über die Zeit mit der Zugehörigkeit zu einer Institution wächst. Dieses implizite Wissen über den Kontext der Organisation und die spezifischen Bedingungen, z.B. Kundenbeziehungen, ist nur begrenzt durch Schulung und Training zu vermitteln.

Es stellt sich für Personalentwicklung also das Problem, dass die Personen, die für die Erfüllung der Aufgaben erforderlich sind, am Markt gar nicht – oder nur in sehr begrenztem Maße – verfügbar sind. Personalentwicklung ist somit gerade aus Gründen der angemessenen Bewältigung von Komplexität gezwungen, einen erheblichen Teil der Führungskräfte aus den eigenen Reihen zu rekrutieren. Dies allerdings vor dem Hintergrund, dass auch Führungskräfte selbst „empfänglicher" für Wandel werden und häufigere Stellenwechsel ebenfalls eher die Norm als die Ausnahme sein werden.

Da Personalentwicklung Wandlungsprozesse flankierend begleitet, findet sie in einem in sich dreifacher Hinsicht wandelnden Kontext statt:

a. Wandel der *Umwelt* und des Kontextes
b. Wandel der *Institution*
c. Wandel der *Führungskräfte* selbst

Aus einer systemorientierten Perspektive ergibt sich diese Dreigliedrigkeit wie folgt: Eine *Führungskraft* arbeitet in und für eine *Institution* (des Wirtschafts- oder Non-Profit-/Non-Government-Sektors), die sich wiederum in einer bestimmten *Umwelt* bewegt und befindet. Aber auch die Führungskraft selbst interagiert direkt mit der Umwelt und lässt das so erworbene Wissen in die Institution einfließen.

Im Kontext von Change ergeben sich hieraus eine Fülle von Wechselwirkungen, die ebenfalls eine systemorientierte Betrachtung erfordern. Ein Beispiel ist die *Personalentwicklung*: Die selbst dem Wandel unterliegende Funktion „Personalentwicklung" ist im Kontext der Institution verankert, die in ihr arbeitenden Menschen sind als Führungskräfte wiederum Teil der Institution mit dem spezifischen Beitrag „Personalentwicklung"; die Führungskräfte selbst unterliegen ebenfalls wiederum dem Wandel. Die folgende Grafik veranschaulicht diese logisch unterscheidbaren Bezugsebenen und ihre Interaktion.

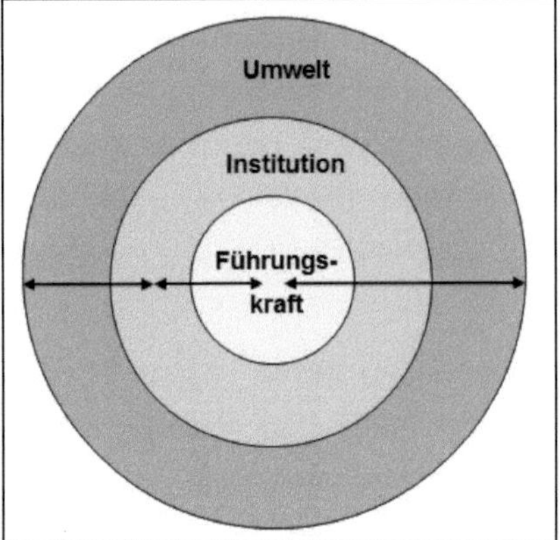

Abb. 13: Eigene Darstellung: Wandel aller drei Bezugsebenen und ihre Interaktionen

Für die weitere Arbeit ist es wichtig, detaillierter auf den sich wandelnden Kontext, in dem sich die Personalentwicklung befindet, einzugehen. Personalentwicklung kann einen erheblichen Beitrag zum *Wandlungserfolg* leisten, denn geschickt eingesetzte Personalentwicklungsmaßnahmen können neben der *Wandlungsfähigkeit* auch eine Verbesserung der *Wandlungsbereitschaft* bewirken. Dies ist ein wichtiger Schritt in Richtung *lernende Organisation*.

a) Wandel der *Umwelt* und des Kontextes

Welche Wettbewerbsbedingungen die heutigen Unternehmen am Markt vorfinden, war bereits Gegenstand des *Kapitels 2.1.1 Change – die neue Realität*. Kommt demnach ein *Impuls für Change von außen* durch geänderte Rahmenbedingungen, kann das Unternehmen unterschiedlich handeln: Es kann *reagieren* und sich *anpassen* oder *nicht reagieren*. Jedoch entspricht das Verhalten, nicht zu reagieren, laut Lütge und Vollmer zwar dem verbreiteten Wunsch nach Stabilität und Berechenbarkeit, es ist aber in komplexen und turbulenten Umwelten nicht dauerhaft erfolgversprechend.[359] Langfristig

[359] Vgl. Lütge, Christoph/Vollmer, Gerhard: Lernen aus der Sicht der Evolutionären Erkenntnistheorie, in: Wiesenhuber, Norbert & Partner (Hrsg.): Handbuch Lernende Organisation – Unternehmens- und Mitarbeiterpotentiale erfolgreich erschließen, Wiesbaden: Gabler 1997, S. 183.

aussichtsreicher ist es, wenn sich das Unternehmen durch *interne* Veränderungen der Umweltdynamik anpasst, sodass es auf Veränderungen schnell reagieren kann.[360] *Anpassen* bedeutet in jedem Fall: Neues zu erlernen, sich weiterzuentwickeln und auch bereits angedachte Strategien zu revidieren.

Wie in 2.1.2 und 2.1.3 dargestellt, kann das Unternehmen als Change Leader Wandel aber auch antizipieren und proaktiv agieren, statt den äußeren Anstoß für Veränderungen abzuwarten.

Eine systemorientierte Betrachtung lenkt den Blick auf die Wechselwirkungen zwischen der Umwelt und der Institution und sucht Lösungen zur Bewältigung von Komplexität. Da Umweltsituationen so komplex sind, dass Ereignisse nicht nur die unmittelbar sichtbaren Effekte haben, sondern auch Fernwirkungen, treten immer wieder unerwünschte Handlungseffekte auf.[361] Aus systemorientierter Sicht muss daher die Notwendigkeit von Lernprozessen gerade in komplexen Umwelten betont werden. *"As the world becomes more interconnected and business becomes more complex and dynamic, work must become more 'learningful'."*[362] Überträgt man Senges Gedanken, ist eine Verbesserung des systemischen Denkens und damit auch des organisationalen Lernens eng mit einem besseren Verständnis von komplexen Umweltsituationen verbunden.

Angewendet in Unternehmen kann das bedeuten, dass der *„erste große Aufgabenkreis der Unternehmensführung eben die Lenkung des Unternehmens im Sinne einer aktiven, dynamischen Anpassung an eine vielschichtige und veränderliche Umwelt"*[363] ist. Sich rasch anzupassen wird zum zwingenden Gebot, wenn man überleben will. Festgefahrene hierarchische Strukturen und autoritärer Führungsstil bedeuten hierbei entscheidende Hindernisse.[364] Frederic Vester, der sich intensiv mit Wechselwirkungen in Systemen beschäftigte, macht konkrete Vorschläge zur praxisbezogenen Umsetzung: *„Wenn wir unsere Umwelt klug gestalten wollen, sollten wir auf die vorhandenen*

---

360 Vgl. Lütge, Christoph/Vollmer, Gerhard: Lernen aus der Sicht der Evolutionären Erkenntnistheorie, in: Wiesenhuber, Norbert & Partner (Hrsg.): Handbuch Lernende Organisation – Unternehmens- und Mitarbeiterpotentiale erfolgreich erschließen, Wiesbaden: Gabler 1997, S. 183.

361 Dörner, Dietrich: Die Logik des Misslingens – Strategisches Denken in komplexen Situationen, 11. Aufl., Reinbek bei Hamburg: Rowohlt 2012. S. 326. Siehe auch Eberl, Peter: Die Idee des organisationalen Lernens – konzeptionelle Grundlagen und Gestaltungsmöglichkeiten, Bern/Stuttgart/Wien: Haupt 1996, S. 62.

362 Senge, Peter M.: The fifth discipline – The Art & Practice of The Learning Organization, New York: Doubleday 1990, S. 4.

363 Ulrich, Hans: Systemorientiertes Management – Das Werk von Hans Ulrich, Studienausgabe, Bern: Haupt 2001, S. 14.

364 Vgl. ebd. S. 11.

Wechselwirkungen achten und zunächst einmal ihre Gestaltungskräfte für uns arbeiten lassen, die den Dingen und ihrem Zusammenspiel innewohnen. Tun wir das nicht und setzen wir uns über das vorhandene Kräftespiel hinweg, so müssen wir dies mit hohem Energieeinsatz bezahlen. Vielfach brauchen wir gerade bei der Gestaltung funktionsfähiger Systeme kaum eigene Kraft, um etwas zu erreichen, nur Steuerenergie.“[365]

b) Wandel der *Institution*

Nicht nur Veränderungen der Umwelt lösen einen Bedarf für Wandel aus, ebenso können interne veränderte Verfügbarkeiten über finanzielle, materielle oder humane Ressourcen zum Wandel führen.[366] Kurz: der *Impuls für Change* kann auch von *innen* heraus erfolgen und aktiv initiiert werden. Man kann sogar sagen, dass der wirksamste Weg, Wandel erfolgreich zu meistern, darin liegt, ihn selbst herbeizuführen. Anstatt zu warten, bis Wandel von außen erzwungen wird, kann der *Change Leader* ihn selbst initiieren, schon zu einem Zeitpunkt, an dem die Umwelt dies noch nicht für nötig hält *(siehe Kapitel 2.1.4).*

Für die weitere Betrachtung ist es nicht primär entscheidend, ob Wandel reaktiv oder aktiv herbeigeführt wird, vielmehr steht der Umgang mit Change im Mittelpunkt sowie der Umgang mit der damit einhergehenden Komplexitätsbewältigung.

Dezentralisierung

Ein von Drucker angeführter Aspekt ist die Dezentralisierung von Unternehmen als eine Möglichkeit, mit der steigenden Komplexität umzugehen. Er hält daher das Axiom, dass ein Unternehmen ein Höchstmaß an Integration anstreben sollte, für überholt: *“Multinationals of 2025 are likely to be held together and controlled by strategy.”*[367] In diesem Zusammenhang gewinnen Strategische Allianzen, Joint Ventures, Minderheitsanteile, Know-how-Vereinbarungen und Kooperationsverträge zunehmend an Bedeutung. Folglich wird ein Unternehmen, das eine möglichst produktive und rentable Organisationsform anstrebt, sich dezentral organisieren und Partnerschaften eingehen.

365 Vester, Frederic: Unsere Welt – ein vernetztes System, 11. Aufl., München: Deutscher Taschenbuch Verlag 2002, S. 120.

366 Vgl. Wagner, Dieter: Den Wandel managen, in: Personal, 9/2008, S. 34.

367 Drucker, Peter F.: Managing in the Next Society, 2nd Edition, Oxford: Butterworth-Heinemann 2003, S. 241 ff.

Das ist unter anderem auch in dem oben skizzierten Punkt begründet, nämlich dass es zunehmend schwieriger ist, Wissen in ausreichendem Maß in einer Organisation vorzuhalten. Drucker formuliert es wie folgt: *"It is therefore increasingly expensive, and also increasingly difficult, to maintain enough critical mass for every major task within an enterprise. And because knowledge rapidly deteriorates unless it is used constantly, maintaining within an organization an activity that is used only intermittently guarantees incompetence."*[368]

Lernen

Wie oben bereits angesprochen, hängt organisationales Lernen eng mit einem besseren Verständnis von komplexen Umweltsituationen zusammen. Dies bedeutet für ein Unternehmen, dass die Thematik des *lebenslangen Lernens* in Form *organisationalen Lernens* ein wichtiger Aspekt bei der Komplexitätsbewältigung ist.

Um am Markt zu bestehen und erfolgreich zu sein ist es wichtig, ganze organisatorische Einheiten und schließlich das gesamte Unternehmen zu kollektivem Lernen zu bewegen. Kurz, das Unternehmen muss lernfähig sein.[369] Denn Wandel ist nicht ohne Erlernen von Neuem und Verlernen von Altem denkbar.[370] Interessant hierbei sind Arie de Geus' Schlussfolgerungen, dass die tiefgreifenden Veränderungen in der wirtschaftlichen Umwelt dazu geführt haben, dass Erfolg und Langlebigkeit eines Unternehmens untrennbar miteinander verbunden sind, dass hierbei aber Wissen eine völlig andere Bedeutung erlangt hat, als dies noch vor fünfzig Jahren der Fall war. Der Schlüssel zum wirtschaftlichen Erfolg liegt heute im Zugang zu Wissen und nicht mehr in der Verfügbarkeit von Kapital allein.[371] Ganz in diesem Sinne bietet die von Shell durchgeführte Studie wichtige Anhaltspunkte zur Lernfähigkeit von Unternehmen.[372]

---

368 Drucker, Peter F.: Managing in the Next Society, 2nd Edition, Oxford: Butterworth-Heinemann 2003, S. 274 ff.

369 Vgl. De Geus, Arie: Jenseits der Ökonomie: die Verantwortung der Unternehmen, Stuttgart: Klett-Cotta 1998, S. 42. Siehe hier auch die Ausführungen in *Kapitel 3.4.1.*

370 Krüger, Wilfried/Bach Norbert: Lernen als Instrument des Unternehmenswandels, in: Wiesenhuber, Norbert & Partner (Hrsg.): Handbuch Lernende Organisation – Unternehmens- und Mitarbeiterpotentiale erfolgreich erschließen, Wiesbaden: Gabler 1997, S. 24-31.

371 Vgl. De Geus, Arie: Jenseits der Ökonomie: die Verantwortung der Unternehmen, Stuttgart: Klett-Cotta 1998, S. 35 ff. Weiteres hierzu im Abschnitt *Wissen als Schlüsselressource* in *Kapitel 3.1.2.*

372 Ebd. S. 23 ff. Für die Wissenschaft sind diese Erkenntnisse von Bedeutung, auch wenn Arie de Geus betont, dass die Studie nicht den strengen wissenschaftlichen Anforderungen entspricht.

Schon in den 1960er-Jahren wies Hans Ulrich auf die Bedeutung von Trial and Error für das Lernen von Organisationen als wesentliches Element des evolutionären Ansatzes hin. Von Malik, Dörner und Vester wurde dies aufgegriffen und vertieft. Bezogen auf De Geus heißt das, dass in dem genannten Fall die Studie selbst nicht wissenschaftlich war, der Grundgedanke der Wichtigkeit von Trial and Error für das Lernen in Organisationen aber sehr wohl wissenschaftlich untermauert ist. So ist De Geus' allgemeine Aussage nicht nur Erfahrungsbericht, sondern auch durch wissenschaftliche Empirie gestützt.

Auch Senge unterstreicht die Wichtigkeit der Lernfähigkeit von Organisationen. Er schreibt, dass Lernfähigkeit zu starkem Wachstum führen kann, und deshalb lernende Organisationen in den vergangenen zwanzig Jahren hierauf ihren Fokus gerichtet haben.

Einen Schritt weiter geht Senge, indem er fordert, dass Lernfähigkeit als ein Teil der Change-Strategie angesehen werden muss. *"Most advocates of change initiatives, be they CEOs or internal staff, focus on the changes they trying to produce and fail to recognize the importance of learning capabilities. This is like trying to make a plant grow, rather than understanding and addressing the constraints that are keeping it from growing. Consequently, their initiatives are doomed from the start to achieve less than their potential – until building learning capabilities becomes part of the change strategy."*[373] Der Schlüssel zu den erreichten Erfolgen liegt in der Energie und dem Commitment, das Menschen freisetzen, wenn sie einen Wandel herbeiführen, der ihnen wirklich am Herzen liegt.[374] Vor diesem Hintergrund definiert Senge: *"'learning capabilities' as skills and proficiencies that, among individuals, teams, and larger communities, enable people to consistently enhance their capability to produce results that are truly important to them. In other words, learning capabilities enable us to learn".*[375]

Hier muss die Unterstützung durch den Personalbereich einsetzen. Im Weiteren sind im Personalbereich vom Wandel besonders betroffen: veränderte Zielstellungen, veränderte Berufsanforderungen und Anforderungsprofile, Veränderungen der Wertvorstellungen,

373 Senge, Peter M. et. al: The Dance of Change – The Challenges to Sustaining Momentum in Learning Organizations, New York: Doubleday 1999, S. 9.
374 Vgl. ebd. S. 9.
375 Ebd. S. 45.

der Motivationsstrukturen, des Betriebsklimas und der Organisationskultur.[376] Natürlich haben auch rechtliche Regelungen Einfluss auf den Wandel im Personalbereich.

c) Wandel der Führungskräfte selbst

Die Veränderungen im Unternehmensumfeld und im Unternehmen selbst haben auch Auswirken auf die Aufgaben der Führungskräfte und auf die Führungskräfte selbst. *Helmut Maucher,* der als Vorsitzender von Nestlé das Unternehmen fast zwei Jahrzehnte leitete, schreibt in seinem Management-Brevier: *„Bei den immer schneller eintretenden Veränderungen – technologisch, wirtschaftlich und auch hinsichtlich der Konsumententrends – ist Change Management eine wichtige Führungsaufgabe geworden.“*[377] Nicht ohne Grund hat sich Change Management zu einem grundlegenden Thema für Führungskräfte entwickelt und die Forschung darüber ist eine feste Größe in der Betriebswirtschaftslehre.

Die wichtigsten Aufgaben der Führungskräfte im Rahmen des Change Managements sind:

1. Überleben und Entwicklungsfähigkeit sichern
2. Veränderungen erkennen
3. Potenziale erkennen
4. Chancen entwickeln
5. Ergebnisse herbeizuführen

Führungskräfte tragen im Ganzen wie in Teilen Verantwortung für die ökonomischen Ziele eines Unternehmens.[378] Um nicht nur das *Überleben,* sondern auch die *Entwicklungsfähigkeit* eines Unternehmens zu sichern, liegt die wichtigste Aufgabe der Führungskräfte darin, bereits eingetretene Veränderungen zu erkennen.[379] Die Herausfor-

---

[376] Vgl. Wagner, Dieter: Den Wandel managen, in: Personal, 9/2008, S. 34.

[377] Maucher, Helmut: Management-Brevier – Ein Leitfaden für unternehmerischen Erfolg, Frankfurt/New York: Campus 2007, S. 46.

[378] Vgl. Bleicher, Knut: Das Konzept integriertes Management – Visionen – Missionen – Programme, 8., akt. u. erw. Aufl., Frankfurt/New York: Campus 2011, S. 48.

[379] Vgl. Drucker, Peter F.: Managing in Turbulent Times, Reprinted Edition, New York: HarperCollins Publishers 2006, S. 6; Bleicher, Knut: Das Konzept integriertes Management – Visionen – Missionen – Programme, 8., akt. u. erw. Aufl., Frankfurt/New York: Campus 2011, S. 48 f.

derung hierbei ist *Potenziale* zu erkennen, aus denen sich *Chancen entwickeln* lassen, die für das Überleben und Wachstum entscheidend sind.[380]

Zentral ist hierbei, dass es auch tatsächlich zur Handlung kommt. *"A change is something people do – a fad is something people talk about."*[381] So obliegt den Führungskräften auch die Verantwortung, *Change als Ergebnis* herbeizuführen. Wilfried Krüger unterteilt Führungskräfte in *Promotoren*, die Wandel aktiv gestalten und vorantreiben, und in *Enabler*, die den sogenannten emergenten Wandel kanalisieren.[382]

Ob Promotor oder Enabler: Das Problem, Entscheidungen in einer Umwelt mit ständig wechselnden labilen Faktoren treffen zu müssen, bleibt. *„Diese Entscheidungen sind mit Risiken behaftet, die in ihrer Tragweite und Bedeutung immer schwieriger abschätzbar sind."*[383]

Um eine sinnvolle Bewältigung von zukünftigen Herausforderungen zu gewährleisten, müssen Führungskräfte ihnen mit einer neuartigen Sichtweise von Problemen und ihrer Lösung entgegentreten.[384] Zum erfolgreichen Umgang von Führungskräften mit Komplexität schreibt *Malik: „Ihre Suche nach geeigneten Lösungen ist ein aufwendiges Herumtasten und Experimentieren, weil ihnen die notwendigen Theorien, Modelle und Konzepte für den Umgang mit den heutigen Dimensionen von Komplexität noch fehlen. Der erfolgreiche Umgang mit dermaßen hoher Komplexität erfordert eine tief greifende Umorientierung bis in die Wurzeln, angefangen beim Grundmodell von Management. (...) Es bedarf dazu einerseits einschneidend neuer Vorstellungen von Management und*

---

380 Vgl. Drucker, Peter F.: Managing for Results, Reprinted Edition, Oxford: Butterworth-Heinemann 1999, S. 141 ff.

381 Drucker, Peter F.: Managing in the Next Society, 2nd Edition, Oxford: Butterworth-Heinemann 2003, S. 75 ff. „Wandel ist etwas, was die Menschen tun, und eine Modeerscheinung ist etwas worüber Menschen reden." Übersetzung: Isabel Arnold.

382 Da Wandel nur zum Teil planbar ist und viele Veränderungen aus ungeplanten Ideen und Impulsen resultieren, sind die eigendynamischen Prozesse des emergenten Wandels zu fördern bzw. zu kanalisieren mittels Freiräumen und Plattformen für die Entfaltung. Vgl. Krüger, Wilfried (Hrsg.): Excellence in Change – Wege zur strategischen Erneuerung, 3., vollst. überarb. Aufl., Wiesbaden: Gabler 2006, Kap. 4 und 5.

383 Blöchlinger Karl: Führungskräfte mit Profil, in: Kälin, K./Müri, S. (Hrsg.): Sich und andere führen – Psychologie für Führungskräfte, Mitarbeiterinnen und Mitarbeiter, Thun: Ott 2005, S. 105 f.

384 Vgl Bleicher, Knut: Das Konzept integriertes Management – Visionen – Missionen – Programme, 8., akt. u. erw. Aufl., Frankfurt/New York: Campus 2011, S. 51. Child und Heavens schreiben in dieser Situation über die Bedeutung von Lernen bei Führungskräften: *"the pressures for change and reform emanating from learning within an organization can easily be interpreted as a challenge to the organization's senior leadership. (...) The need for radical change presents the most dramatic connection between organizational leadership and learning, but the culture that it aims to create must also be sustained on an everyday basis."* Child, John/Heavens, Sally J.: The Social Constitution of Organizations and its Implications for Organizational Learning, in: Berthoin-Antal, A./Dierkes, M./Child, J./Nonaka, I. (eds.): Handbook of Organisational Learning and Knowledge, Oxford/New York: Oxford Press 2007, S. 312 f.

andererseits das Beachten grundlegend neuer Erkenntnisse über Information, Systeme und ihre Komplexität.“[385] Das lässt den Schluss zu, dass erfolgreiche Führungskräfte von morgen die Komplexität und Vernetztheit akzeptieren.[386]

Personalentwicklung findet, wie dargelegt, in einem sich in dreifacher Hinsicht wandelnden Kontext statt. Die daraus resultierende Herausforderung der Personalentwicklung besteht darin, dass sie Führungskräfte entwickelt, die Komplexität bewältigen können.

Diejenigen qualifizierten Führungskräfte, die dies können, sind jedoch rar und keineswegs leicht austauschbar. Auch ist die Rekrutierung außerhalb des Unternehmens riskant. Stellen doch die fundierten und vertraulichen Kenntnisse des Geschäftsmodells, der Abläufe im Unternehmen und der darin involvierten Menschen einen unabdingbaren Bestandteil wirkungsvoller Unternehmensführung dar. *„Menschen, die ein bestimmtes Unternehmen in einer speziellen Branche erfolgreich zu führen verstehen, haben gewöhnlich viel Zeit in diesem Unternehmen verbracht.“*[387]

Es bedarf deshalb einer klugen Strategie, bedeutende Wissensträger langfristig an das Unternehmen zu binden, was auf Dauer *„vermutlich nur dann gelingen wird, wenn durch den Einsatz innovativer Personalmanagement-Maßnahmen Möglichkeiten individueller Entwicklung und Sinnfindung im Rahmen der Organisation geschaffen werden können. Konsequente Wissensorientierung stellt somit auch eine Herausforderung für verändertes Management-Denken im Personalbereich dar.“*[388]

3.3.2 Grundsätze wirksamer Führungskräfte

Bei der Suche nach wirksamen Führungskräften geht es, im Folgenden um die wichtige Unterscheidung von *Effektivität* und *Effizienz* und um *Verantwortung*. Zunächst ist mit dem Begriff der Effektivität (engl. effectiveness) die Frage verbunden *„Was tun wirk-*

[385] Malik, Fredmund: Unternehmenspolitik und Corporate Governance, Frankfurt/New York: Campus 2008, S. 22.

[386] Vgl. Probst, Gilbert/Gomez, Peter: Vernetztes Denken – Ganzheitliches Führen in der Praxis, 2., erw. Aufl, Wiesbaden: Gabler 1991, S. 1.

[387] McCall, Morgan W.: Executive Selection – Advances but no Progress, in: Sattelberger, T. (Hrsg.): Human Resource Management im Umbruch – Positionierung, Potentiale, Perspektiven, Wiesbaden: Gabler 1996, S. 44.

[388] Probst, Gilbert/Raub, Steffen/Romhardt, Kai: Wissen managen – Wie Unternehmen ihre wertvollste Ressource optimal nutzen, 5., überarb. Aufl., Wiesbaden: Gabler 2006, S. 20 f.

same Führungskräfte?", wohingegen die Effizienz (engl. efficiency) der Frage nachgeht: *„Wie tun diese wirksamen Führungskräfte dies?"*

Effektivität

Die Unternehmensentwicklung hängt mit der Entfaltung von Wirksamkeit (Effektivität) eng zusammen. "*It is the way toward performance of the organization. As executives work toward becoming effective, they raise the performance level of the whole organization. They raise the sights of people – their own as well as others."*[389] Somit ist die wichtigste Maßgabe für Führungskräfte *effektiv, also wirksam zu sein*. Sicher ist das zunehmend schwieriger in Zeiten von Wandel und dem damit verbundenen äußeren Druck.[390] Nichtsdestoweniger schließt sich diese Arbeit dem folgenden Gedanken an:

a) "The executive's job is to be effective;
b) and effectiveness can be learned."[391]
c) "The executive is paid for being effective. He owes effectiveness to the organization for which he works. (...) Effectiveness is, after all, not a 'subject' but a self-discipline."[392]

Wirksamkeit kann also erlernt werden und erfordert Selbstdisziplin. Gerade Wissensarbeiter fühlen sich dadurch angesprochen, für sie ist Effektivität ein starker Motivator. Ihnen reichen materielle Aspekte nicht aus, sie wissen, dass Chancen, persönliche Erfolge, Erfüllung und Werte sich nur realisieren lassen, wenn sie effektive Manager sind.[393]

Gibt es Gemeinsamkeiten, die wirksame Menschen verbinden? Laut Malik entsprechen wirksame Menschen keinen Anforderungskatalogen. Sie haben keine Gemeinsamkeiten – außer dass sie wirksam sind. Der Schlüssel zu ihren Leistungen liegt einzig in der Art

---

389 Drucker, Peter F.: The Effective Executive, Reprinted Edition, New York: HarperCollins Publishers 2002, S. 170.

390 Vgl. Senge, Peter M. et. al: The Dance of Change – The Challenges to Sustaining Momentum in Learning Organizations, New York: Doubleday 1999, S. 18. *"Effective executive leadership is probably more challenging today than ever before, especially because of the combination of the demand of profound change and extraordinary external pressures."*

391 Drucker, Peter F.: The Effective Executive, Reprinted Edition, New York: HarperCollins Publishers 2002, S. 166 ff.

392 Ebd. S. 166 ff.

393 Vgl. ebd S. 173.

des Handelns. Durch das Handeln zieht sich allerdings ein roter Faden, ein Muster.[394] Das dahinterliegende Muster der effektiven Führungskräfte ist ihr Beitrag zum Ganzen. *"The effective executive focuses on contribution. He looks up from his work and outward toward goals."*[395] In der Fokussierung auf den eigenen Beitrag kann der Schlüssel zur Effektivität gesehen werden. Darüber hinaus macht die Ausrichtung auf den eigenen Beitrag frei, da Verantwortung für das eigene Handeln übernommen wird.[396]

Zusammenfassend kann festgehalten werden: *"Self-development of the executive toward effectiveness is the only available answer to satisfy both the objective needs of society for performance by the organization, and the needs of the person for achievement and fulfillment."*[397]

Effizienz

Die zweite Prämisse ist die Antwort auf die Frage: *„Wie tun diese wirksamen Führungskräfte dies?"* Betrachtet man wirksame Menschen, finden sich nach Malik Gemeinsamkeiten in ein paar Elementen ihrer Arbeitsweise. Beispielsweise lassen sie sich durch gewisse Regeln leiten und disziplinieren so ihr Verhalten. *Zweitens* werden bestimmte Aufgaben mit besonderer Sorgfalt und Gründlichkeit erfüllt und *drittens* enthält ihre Arbeitsweise durchwegs methodisch-systemische Elemente.[398]

Als logische Zusammenfassung von Effektivität und Effizienz ergibt sich, dass man effektive Führungskräfte braucht, um die Leistung der Organisation zu steigern und Wandel erfolgreich zu meistern. Dass wirksame Führungskräfte nicht ohne Schwierigkeiten zu finden, zu ersetzen oder zu vertreten sind, liegt auf der Hand. Effektive Führungskräfte müssen also intern gezielt entwickelt werden. Personalentwicklung kann hierzu einen erheblichen Beitrag leisten.

---

394 Vgl. Malik, Fredmund: Führen Leisten Leben – Wirksames Management für eine neue Zeit, Frankfurt/NewYork: Campus 2006, S. 36 ff.

395 Drucker, Peter F.: The Effective Executive, Reprinted Edition, New York: HarperCollins Publishers 2002, S. 52 ff.

396 Vgl. ebd. S. 52 ff.

397 Ebd. S. 173 ff.

398 Vgl. Malik, Fredmund: Führen Leisten Leben – Wirksames Management für eine neue Zeit, Frankfurt/New York: Campus 2006, S. 36 ff.

Verantwortung

Führungspersönlichkeiten stehen im Rampenlicht und müssen Vorbilder sein. Führung hat nichts mit Rang, Vorrechten, Titel oder Geld, sondern mit Verantwortung zu tun. Da Führungskräfte im Kontext und als Gestalter von Change Verantwortung übernehmen, geht es im Folgenden um diesen bedeutsamen Aspekt.

An dieser Stelle lohnt erneut der Blick auf die bisherige systemische Definition für *Führungskraft*. Da die systemische Sicht davon ausgeht, dass Management nicht Aufgabe weniger ist, sondern auf zahlreiche Personen verteilt ist, basiert die Definition auf der Sicht Druckers: *„Jeder Wissensarbeiter in einer modernen Organisation ist eine ‚Führungskraft', sofern er aufgrund seiner Position oder seines Wissens einen Beitrag zu leisten hat, der sich auf die Leistungsfähigkeit und die Ergebnisse der Organisation auswirkt.“*[399]

Malik präzisiert diesen Gedanken und erweitert ihn um den Aspekt der Verantwortung, indem er schreibt: *„dass jeder, der führt, eine Führungskraft ist; jeder, der für die Leistung anderer Verantwortung zu tragen hat, der die Leistungserbringung anderer beeinflussen kann, ist in diesem Sinne ein Manager“.*[400]

Die Übernahme von Verantwortung ist Voraussetzung für wirksame und glaubwürdige Führung. Jede wirksame Führungskraft weiß, dass letztlich sie selbst und niemand sonst dafür verantwortlich ist. Diesen Zusammenhang zwischen Führung und Verantwortung veranschaulicht Drucker in dem folgenden Zitat: *"The leader's first task is to be the trumpet that sounds a clear sound. (...) The second requirement is that the leaders see leadership as responsibility rather than as rank and privilege. Effective leaders are rarely 'permissive'. But when things go wrong – and they always do – they do not blame others. (...) But precisely because an effective leader knows that he, and no one else, is ultimately responsible".*[401]

Eine wirksame Führungskraft achtet außerdem darauf, dass sie hochqualifizierte und leistungsstarke Mitarbeiter um sich hat. *"He is not afraid of strength in associates and*

---

399 Drucker, Peter F.: Was ist Management – Das Beste aus 50 Jahren, München: Econ 2002, S. 232; siehe auch *Kapitel 2.3.2, Personalentwicklung im Kontext der lernenden Organisation.*

400 Malik, Fredmund: Systemisches Management, Evolution, Selbstorganisation – Grundprobleme, Funktionsmechanismen und Lösungsansätze für komplexe Systeme, 4. Aufl., Bern: Haupt 2004, S. 127.

401 Drucker, Peter F.: The Essential Drucker, 3rd Edition, Oxford, Burlington: Butterworth-Heinemann 2007, S. 204 ff.

subordinates. Misleaders are; they always go in for purges. But an effective leader wants strong associates; he encourages them, pushes them, indeed glories in them. Because he holds himself ultimately responsible for the mistakes of his associates and subordinates, he also sees the triumphs of his associates and subordinates as his triumphs, rather than as threats."[402]

Die Bezeichnung Führungskraft erfährt hier eine Präzisierung und bezieht sich im Kontext dieser Arbeit auf all diejenigen Personen, *die für die Leistung anderer, aber auch allgemein für die Ergebnisse insgesamt, Verantwortung zu tragen haben.*

Auch obliegt es der Verantwortung des Wissensarbeiters, sich selbst zu managen und so sein Wissen und Können einzubringen. Das heißt: *„Sein Aufgabengebiet erweitert sich um Führungsaufgaben. Führungsaufgaben allerdings nicht primär im Sinne der Führung anderer, sondern im Sinne der Selbststeuerung."*[403]

Doch die Verantwortung besteht nicht nur darin sich selbst zu steuern, sondern greift weiter. Höheren Führungskräften kommt eine besondere Verantwortung zu. Der Manager ist einerseits Angestellter eines Unternehmens mit Vorbildfunktion nach innen, andererseits prägt gerade das Topmanagement den Berufsstand des Managers in der Öffentlichkeit und repräsentiert auch das Unternehmen. So oder so haben Führungskräfte eine Vorbildfunktion. Sie beeinflussen durch ihr Verhalten.

„Endlich muss jede Führungskraft die alte Wahrheit anerkennen, dass jedes Entscheiden und Handeln die Übernahme von Verantwortung für die Folgen einschließt, da es andere Menschen betrifft, und dass diese Verantwortung über die Grenzen der Institution hinausreicht und nicht nur Sichverantworten gegenüber Vorgesetzten oder vor den eigenen Mitarbeitern bedeutet."[404]

So zeigt sich abermals die Fähigkeit, ganzheitlich denken zu können für höhere Führungskräfte als zentrale Anforderung. Was ja bedeutet, isolierendes, enges Denken zu überwinden und größere Zusammenhänge zu erkennen und dabei einzelne Zustände,

---

402 Drucker, Peter F.: The Essential Drucker, 3rd Edition, Oxford, Burlington: Butterworth-Heinemann 2007, S. 204 ff.

403 Weitzel, Alexander: Wirksames Management des Knowledge Workers zur produktiven Nutzung von Wissen, Bamberg: Difo-Druck 2004, S. 175, siehe *Kapitel 3.1.3 Wissensarbeit und Wissensmanagement im Kontext des Modells.*

404 Ulrich, Hans/Probst, Gilbert: Anleitung zum ganzheitlichen Denken und Handeln – Ein Brevier für Führungskräfte, 4. Aufl., Bern/Stuttgart/Wien: Haupt 1995, S. 311 ff.

Geschehnisse und Absichten als Teil eines größeren Ganzes zu verstehen und von diesem aus beurteilen zu können. Hierum geht es im *Kapitel 3.3.3.*

Zusammenfassend lässt sich festhalten, dass die Entscheidung, Verantwortung zu übernehmen insbesondere aus systemischer Sicht eine große Tragweite hat. Die Sicht, dass Führung Verantwortung bedeutet und diese Verantwortung wahrgenommen werden muss, prägt die eigene Entwicklung und die Vorbildfunktion von Führungskräften.

3.3.3 Heuristiken für die wirksame Führungskräfteentwicklung im Kontext von Change

Da die Führungskraft als Gestalter von Wandel auftritt, stellt sich die Frage, was gute Leute ausmacht. Bereits im vorherigen *Kapitel 3.3.1* wurde die Eigenschaft, *Komplexität zu bewältigen,* herausgearbeitet. Dieses Kapitel vertieft die Anforderungen an wirksame Führungskräfte.

Es sind die Mitarbeiter eines Unternehmens, die durch die Qualität ihrer Arbeit darüber entscheiden, wie leistungsfähig die Organisation als Ganzes ist. Somit kann man sagen, dass *Personalentscheidungen* eines der wichtigsten, wenn nicht das wichtigste Steuerungsinstrument für die Entwicklung eines Unternehmens sind. *Drucker* bringt es wie folgt auf den Punkt: *"No organization can do better than the people it has."*[405] Man kann also sagen: *Die Qualität der Mitarbeiter bestimmt die Qualität der Leistung der Organisation und damit auch die Leistungen für den Kunden.*

Die Qualität der Mitarbeiter bestimmt über die Effizienz und Effektivität der Organisation als Ganzes.

Vor dem Hintergrund der heutigen Wissensgesellschaft betrachtet, bedeutet das, dass die Qualität der wichtigsten Ressource *Wissen,* welche die Mitarbeiter in die Organisation einbringen, von der Qualität der Mitarbeiter abhängig ist. Gute Mitarbeiter dauerhaft zu halten ist also für die Wettbewerbsfähigkeit einer Organisation von elementarer Bedeutung. Was für einzelne Unternehmen gilt, kann auch für Branchen gelten: *"The first sign of decline of an industry is the loss of appeal to qualified, able and ambitious people."*[406] Die Umsetzung der im Leitbild proklamierten Werte spielt hierbei eine

[405] Drucker, Peter F.: Managing the Non-Profit Organization, Reprinted Edition, New York: HarperCollins Publishers 2005, S. 145.

[406] Drucker, Peter F.: Management – Tasks, Responsibilities, Practices, Reprinted Edition, Oxford: Butterworth-Heinemann 2001, S. 100.

zentrale Rolle. Mitarbeiter, die ihren Arbeitsplatz wählen können, werden eine Organisation oder Branche verlassen, deren ultur sie nicht unterstützen. Das Ausmaß an Fluktuation ist dabei nicht so bedeutend wie die Frage, wer die Organisation verlässt. Diejenigen, die Optionen haben, sind immer die *guten Leute,* also die leistungsfähigen Mitarbeiter. Wenn viele gute Leute das Unternehmen verlassen, muss das von der Unternehmensspitze sehr ernst genommen werden. Gute Leute orientieren sich an der gelebten Unternehmenskultur und leisten ihrerseits Beiträge zu deren Umsetzung. Folglich ist eine Grundvoraussetzung für die Verwirklichung einer Unternehmenskultur, mit der eine gesteigerte Leistungsfähigkeit der Organisation einhergeht, eine konsequente Personalpolitik zum Gewinnen, Aufbauen und Halten von guten Leuten. Die Entwicklung von Personal und gute Personalentscheidungen basieren nicht primär auf Menschenkenntnis, sondern auf einem nüchternen, gewissenhaften Prozess.[407] Um gute Leute zu entwickeln und im Interesse des Ganzen zu nutzen, können folgende Heuristiken helfen:

1. Heuristik: Stärken finden und nutzen
2. Heuristik: Kenntnisse des Gesamtgeschäfts vermitteln
3. Heuristik: Task Assignment und Person optimal aufeinander abstimmen
4. Heuristik: Sorgfältige Personalauswahl
5. Heuristik: Alle Personalentscheidungen sind bedeutend – daher ist ihnen viel Zeit und Sorgfalt einzuräumen
6. Heuristik: Wirksamen Führungskräften Spielräume gewähren
7. Heuristik: Sich mit guten Leuten umgeben
8. Heuristik: Eine werthaltige Unternehmenskultur schaffen (Integrität und Vertrauen)

1. Heuristik: Stärken finden und nutzen

Wirksame Führungskräfte lassen sich nicht allgemeingültig definieren. Es ist zwar möglich, theoretische Anforderungskataloge für eine „ideale Führungskraft" zu definieren, aber in der Realität lassen sich diese Universalgenies mit der Summe aller Eigenschaften nicht finden, und schon gar nicht in ausreichender Anzahl für die Vielzahl der Organisationen. So muss ein Unternehmen selbst definieren, welches für seine

[407] Drucker, Peter F.: Managing the Non-Profit Organization, Reprinted Edition, New York: HarperCollins Publishers 2005, S. 145.

spezifische Organisation gute Leute in der gegenwärtigen Situation sind. Erst wenn die Schlüsselaufgaben auf eine zu besetzende Stelle herausgearbeitet wurde, können die Eigenschaften der Kandidaten hierzu in Beziehung gesetzt werden. Die Frage lautet dann folglich: *„Wofür ist dieser Mitarbeiter geeignet?"* Diese Herangehensweise illustriert sehr plastisch, welche Konsequenzen systemisches Denken in der Praxis hat. Drucker betont bei der Personalentscheidung die Rolle der Führungskräfte: *"The task of management is to make people capable of joint performance, to make their strengths effective and their weaknesses irrelevant. That is what management is all about, and it is the reason that management is the critical, determining factor."*[408] Wirksame Führungskräfte berücksichtigen bei der Stellenbesetzung, dass sie die Stärken der Menschen nutzen. Die Schwächen eines Mitarbeiters fallen dann nicht mehr ins Gewicht, denn ein nach seinen Stärken eingesetzter Mitarbeiter wird auf jeden Fall produktiv sein. Dies basiert auf der Erkenntnis, dass Leistungen – gar großartige – nur dort möglich sind, wo bereits vorhandene Stärken weiterentwickelt werden.[409] Ganz im Sinne der in der Praxis gelegentlich zu hörenden Aussage: *„Was zählt, ist das, was jemand kann, nicht das, was er nicht kann."* Oder in Druckers Worten: *"Attempts to change a mature man's personality are bound to fail in any event. By the time a man comes to work his personality is set. The task is not to change his personality, but to enable him to achieve and to perform through what he is and with what he has."*[410]

Das Prinzip „Stärken nutzen" erhob Malik zu den zentralen Grundsätzen wirksamer Führung.[411] Peter F. Drucker widmete diesem Thema umfassende Aufmerksamkeit in seinen Werken.[412] Menschen dort Leistung erbringen zu lassen, wo sie ihre Stärken haben, wird nicht nur von Erfolg gekrönt, es schafft auch zufriedene Mitarbeiter. Ganz getreu der Devise *„Man braucht niemanden zu motivieren, dort gut zu sein, wo er gut*

---

[408] Drucker, Peter F.: The New Realities, 2nd Edition, New Brunswick, London: Transaction Publishers 2006, S. 220 f.

[409] Hierzu Drucker: *"The first thing to look for is strength – you can only perform with strength – and what they have done with it."* Ohne spezifische Stärken sind keine guten Leistungen möglich. Entscheidend ist, was jemand mit seinen Stärken anfängt. Übersetzung: Isabel Arnold, Drucker, Peter F.: Managing the Non-Profit Organization, Reprinted Edition, New York: HarperCollins Publishers 2005, S. 16.

[410] Drucker, Peter F.: Management – Tasks, Responsibilities, Practices, Reprinted Edition, New York: HarperCollins Publishers 1993, S. 425.

[411] Vgl. Malik, Fredmund: Führen Leisten Leben – Wirksames Management für eine neue Zeit, Frankfurt/New York: Campus 2006, S. 122 ff.

[412] Beispielsweise in "*The Effective Executive*" im Kapitel "*Making Strength Productive*". Drucker, Peter F.: The Effective Executive, Reprinted Edition, New York: HarperCollins Publishers 2002, S. 71-99.

ist.“[413] Menschen besitzen nur eine beschränkte Anzahl von Stärken. Diese sind zunächst herauszufinden und zu definieren. Wenn die Stärken erkannt sind, kann die Führungskraft die Person dort einsetzen, wo diese Stärke zur Erreichung des übergeordneten Unternehmensziels besonders gebraucht wird. Ein wichtiger, wenn nicht der entscheidende Hinweis auf die tatsächlich vorhandenen Stärken eines Kandidaten sind die Leistungen, die ein Kandidat in der Vergangenheit nachweislich erbracht hat.

2. Heuristik: Kenntnisse des Gesamtgeschäfts vermitteln

Auch sehr gute und am richtigen Platz eingesetzte Mitarbeiter können nur dann die erwünschten Leistungen und exzellenten Beiträge zum Unternehmenserfolg erbringen, wenn ihnen das übergeordnete Unternehmensziel, das grundsätzliche Geschäftsmodell und die Schlüsselabläufe bekannt sind. *„Die Mitarbeiter können nur dann ihr Bestes geben, wenn sie gute Kenntnisse vom Gesamtgeschäft und nicht nur ihren eigenen Aufgaben haben. Das erfordert dramatische Lernanstrengungen sowohl auf Seiten der Mitarbeiter, die lernen müssen, im Interesses des Gesamtunternehmens zu handeln, als auch auf Seiten der Führungskräfte, die lernen müssen, das Prinzip der Persönlichkeitsentwicklung und Selbstbestimmung im ganzen Unternehmen zu verbreiten.“*[414]

Um die Kenntnisse über das Gesamtgeschäft tatsächlich flächendeckend im Unternehmen zu verbreiten, sind eine Reihe von Anstrengungen hinsichtlich der individuellen und der organisationalen Wissensvermittlung vonnöten. Dies beginnt bereits bei der Einarbeitung neuer Mitarbeiter, die umfassende Informationen zur Aufbau- und Ablauforganisation bereits ganz zu Anfang ihrer Tätigkeit im Unternehmen erhalten müssen. Neuen Führungskräften kann darüber hinaus ein Mentor zur Verfügung gestellt werden, der den Start in der neuen Position mit wertvollen Informationen und Hinweisen zu offiziellen Abläufen und inoffiziellen Usancen erleichtern kann.

Aber auch Mitarbeiter, die schon länger im Unternehmen sind und das Gesamtgeschäft prinzipiell kennen, sind laufend über Veränderungen hinsichtlich Abläufen, Zielen, Budgets, Organisationsstruktur und Personal zu informieren.

---

413 Vgl. Drucker, Peter F.: The Effective Executive, Reprinted Edition, New York: HarperCollins Publishers 2002, S. 71-99.; Malik, Fredmund: Führen Leisten Leben – Wirksames Management für eine neue Zeit, Campus, Frankfurt/New York 2000, Neuauflage 2006, Kap. „Stärken nutzen“, S. 122-139.

414 Senge, Peter/Kleiner, Art/Smith, Bryan/Roberts, Charlotte/Ross, Richard: Das Fieldbook zur fünften Disziplin, 5. Aufl., Stuttgart: Schäffer-Poeschel 2008, S. 12.

3. Heuristik: Task Assignment und Person optimal aufeinander abstimmen

Sind die Stärken des Mitarbeiters erkannt, muss in einem weiteren Schritt die Person mit dem Task Assignment, dem Schlüsselauftrag für die nächste überschaubare Periode, so zusammengeführt werden, dass der Mitarbeiter im Hinblick auf das übergeordnete Unternehmensziel optimal eingesetzt ist. Für die Besetzung einer Stelle steht in erster Linie die Frage im Mittelpunkt, welches Assignment hier zu erfüllen ist, und nicht, was im Allgemeinen zu tun ist. Und genau hierin liegt der gravierende Unterschied zwischen *Stelle* und *Assignment.* Die Stelle ist ein Paket an Aufgaben, das aufgrund organisatorischer Aspekte zusammengefasst wird. Von den so zusammengefassten Aufgaben nimmt man an, dass sie dauerhaft von dieser Stelle zu erfüllen sind. Hiermit sind aber noch keine Prioritäten verbunden. So können Stelle und Stellenbeschreibung für eine lange Zeit unverändert bleiben. Das Assignment verändert sich häufiger. Verdeutlichen lässt sich der Unterschied am Beispiel eines Trompeters. *„‚Erste Trompete' ist die Stelle. ‚Mahlers Siebente', das ist das Assignment, der konkrete und prioritäre Auftrag für die nächste Aufführung, und über die Musik hinaus verallgemeinert für die nächste Woche oder für die nächsten überschaubaren 15, 18 oder 24 Monate."*[415] Als Assignment bezeichnet man den *Auftrag* oder die *Schlüsselaufgabe*, die auf einer Stelle für die folgende, überschaubare Zeitperiode die höchste Priorität hat.[416]

Dass die Person und das Assignment zusammenpassen, ist einer der wichtigsten Prioritäten einer effektiven Personalentscheidung. Dabei geht es nicht um die Frage, ob Person und Stelle *allgemein* zusammenpassen, sondern darum, ob die Person in Bezug auf den *konkret* anstehenden Schlüsselauftrag geeignet ist. Die betreffenden Tätigkeiten müssen deshalb den Fähigkeiten der Menschen entsprechen, die für die Durchführung zuständig sind. Das ist vor allem dann wichtig, wenn Personen ihre Verhaltensweisen, Gewohnheiten oder Einstellungen ändern müssen, damit eine Entscheidung umgesetzt werden kann.[417]

Neben der optimalen Abstimmung von Person und Assignment ist es unabdingbar, dass der eingesetzte Mitarbeiter das Assignement auch en détail verstanden und verinnerlicht

[415] Malik, Fredmund: Führen, Leisten, Leben, – Wirksames Management für eine neue Zeit, Frankfurt/New York: Campus 2006, S. 305 f.

[416] Vgl. ebd. S. 304 ff.

[417] Vgl. Drucker, Peter F.: The Effective Executive, Reprinted Edition, New York: HarperCollins Publishers 2002, S. 137.

und sich zu dessen Erfüllung verpflichtet hat. Es ist daher immer ratsam, insbesondere in schwierigen und komplexen Fällen, das Assignment schriftlich zu fixieren.

4. Heuristik: Sorgfältige Personalauswahl

Wird die dritte Heuristik konsequent angewendet, entstehen in relativ kurzer Zeit leistungsstarke Einheiten und Organisationen. Damit die richtige Person auch gefunden wird, die zu dem Assignment passt, kann man sich eines vierstufigen Personalentscheidungsprozesses bedienen:[418]

1. *Das Assignment klären*

   Wirksame Führungskräfte durchdenken die Assignments, die sie vergeben, sehr genau und in einem mehrstufigen Prozess. Es muss größt mögliche Klarheit darüber bestehen, welche Schwerpunktaufgaben in der nächsten überschaubaren Zeitperiode auf der zu besetzenden Stelle zu erfüllen sind. Hieraus leitet sich das Assignment ab, welches von der infrage kommenden Person zu erfüllen ist. So gelingt es dem entsprechenden Mitarbeiter, sich auf seine Schwerpunktaufgaben zu konzentrieren.

2. *Mindestens drei, eher mehr Personen in den Kandidatenkreis aufnehmen*

   Auch wenn die Führungskraft glaubt, den vermeintlich idealen Kandidaten für das Assignment schon zu kennen, kann nur durch das ernsthafte In-Betracht-ziehen mehrerer geeigneter Kandidaten sichergestellt werden, dass tatsächlich eine fundierte Entscheidung gefällt und nicht nur eine Person bestätigt wird. Für Nachfolgeregelungen in Spitzenpositionen ist dieses Vorgehen besonders schwierig, ist doch die Nachfolge an der Unternehmensspitze die wichtigste, aber am schwierigsten wieder rückgängig zu machende Personalentscheidung.[419]

3. *Große Anstrengungen unternehmen, um zu definieren, nach welchen Kriterien über die Kandidaten entschieden wird*

   Hierbei sind einerseits das Fach- und das Führungswissen von Relevanz sowie die notwendigen spezifischen Voraussetzungen zur Erfüllung der Anforderungen auf der Stelle. Nur durch ein sehr sorgfältiges Abwägen der Kriterien ist gewährleistet,

---

[418] Vgl. Drucker, Peter F.: The Essential Drucker, 3rd Edition, Oxford, Burlington: Butterworth-Heinemann 2007, S. 96 ff.

[419] Vgl. Drucker, Peter F.: Managing the Non-Profit Organization, Reprinted Edition, New York: HarperCollins Publishers 2005, S. 154 f. Hierzu ergänzend aus dem Original: *"The most critical people decision, and the one that is the hardest to undo, is the succession to the top. The only test of performance in the top position is performance in the top position."*

dass die Stärken des Kandidaten zum Assignment passen. Zum Verfeinern der Auswahlkriterien können diese noch einer Gewichtung unterzogen werden, die darstellt, welche Kriterien wirklich entscheidend für eine erfolgreiche Personalauswahl sind.

4. *Über jeden Kandidaten mit mehreren Personen sprechen, die mit ihm gearbeitet haben*

„Die Beurteilung durch eine Führungskraft ist wertlos."[420] Um das Risiko von Fehlentscheidungen zu reduzieren, ist es notwendig, sich ein möglichst umfassendes Bild zu verschaffen, wozu Gespräche mit ehemaligen Vorgesetzten, Kollegen und Mitarbeitern einen wertvollen Beitrag leisten. Ein Vorgehen, das man auch bei erfahrenen Spitzenmanagern beobachten kann. So schreibt Helmut Maucher, der fast zwanzig Jahre an der Spitze des Nestlé-Konzerns wirkte: *„Was die Ergebnisse [von Assessment-Centern] betrifft, so bin ich etwas skeptisch. Sie sind meistens nicht gut, da die Assessment-Center zu theoretisch vorgehen. Viel sinnvoller sind Beurteilungen auf der Grundlage von Gesprächen mit Vorgesetzten und einigen anderen erfahrenen Mitarbeitern, mit denen die entsprechenden Mitarbeiter zu tun hatten (um so ein falsches Urteil, welches durch einen zu stark subjektiven Eindruck des Vorgesetzten entstehen kann, zu vermeiden)."*[421]

5. Heuristik: Alle Personalentscheidungen sind bedeutend – daher ist ihnen viel Zeit und Sorgfalt einzuräumen

Ergänzend zu den vier Stufen der 4. Heuristik ist es für eine sorgfältige und gewissenhafte Personalauswahl wesentlich, dass man sich Zeit für die Entscheidung nimmt. Alfred Sloan, langjähriger CEO von General Motors, wurde einmal gefragt, wie er es sich leisten könnte, vier Stunden auf die Personalentscheidung bei einer eher unbedeutenden Stelle zu verwenden. Sloan argumentierte, dass das Unternehmen ihn dafür bezahlt, dass er wichtige Entscheidungen richtig trifft. Er nehme sich daher lieber im Vorhinein die Zeit für eine gewissenhafte Auswahl des Mitarbeiters, um falsche Personalentscheidungen nicht mit einem großen zeitlichen Aufwand wieder ausgleichen zu müssen.[422] Sloan endet mit der Bemerkung, dass die Entscheidung über Personen die einzig

420 *"One executive's judgment alone is worthless."* Vgl. Drucker, Peter F.: The Essential Drucker, 3rd Edition, Oxford, Burlington: Butterworth-Heinemann 2007, S. 98.

421 Vgl. Maucher, Helmut: Management-Brevier – Ein Leitfaden für unternehmerischen Erfolg, Frankfurt/New York: Campus 2007, S. 77.

422 Drucker, Peter F.: Adventures of a Bystander, 4th Edition, New Brunswick, London: Transaction Publishers 2005, S. 280 f. *"This corporation pays me a pretty good salary (...) for making the*

wirklich wichtige sei. Zwar denke jeder, das Unternehmen könne bessere Leute haben, was aber nicht stimme. Das Unternehmen kann nur die Menschen an die richtige Stelle setzen und dann werden sie Leistung erbringen.[423]
Sorgfältige und überlegte Personalauswahl ist auch deshalb so entscheidend, weil Organisationen unternehmerisch handelnde Mitarbeiter brauchen. Nur wenn es gelingt, genügend unternehmerisch denkende Personen zu gewinnen, werden ausreichend Chancen erkannt und in Innovationen realisiert. Hierbei kommt es nicht darauf an, ob die Führungskraft selbst Unternehmer ist – die ganz große Mehrheit sind angestellte Manager – es kommt auf das *unternehmerische Handeln* an. Richtig verstandenes Management führt in diese Richtung. Die richtigen Personalentscheidungen leisten hierzu vielleicht den größten Beitrag. Eine Erkenntnis auch der Managementforscher, Jim Collins pointiert als Fazit seiner Untersuchung von Spitzenunternehmen zog: *"First who ... than what."*[424] So kann wirksam betriebene Personalpolitik zum Motor der Selbstorganisation werden.

6. Heuristik: Wirksamen Führungskräften Spielräume gewähren

Oben wurde bereits darauf hingewiesen, welchen Einfluss die Umsetzung der im Leitbild festgehaltenen Werte auf die Fluktuation wirksamer Führungskräfte haben kann. Die Personalpolitik hängt hier stark mit der Unternehmenskultur zusammen. Eine gesunde Unternehmenskultur, eine Kultur von Vertrauen, Integrität, Offenheit, Leistungsorientierung, Professionalität, Wirksamkeit und Verantwortung, ist attraktiv für gute Leute. Unterstützt wird das durch ein Führen mit Zielvorgaben, bei denen gute Leute Freiraum bei der Umsetzung haben. *"The basic massage is to hire good people, create*

---

important decisions, and for making them right. (...) If we didn't spend four hours on placing a man and placing him right, we'd spend four hundred hours on cleaning up after our mistake – and <u>*that*</u> *time I wouldn't have."*

423 Vgl. Drucker, Peter F.: Adventures of a Bystander, 4th Edition, New Brunswick, London: Transaction Publishers 2005, S. 280 f. *"The decision (...) about people is the only truly crucial one. You think and everybody thinks that a company can have "better" people; that's horse apples. All it can do is place people right – and then it'll have performance."*

424 Collins, Jim: Der Weg zu den Besten – Die sieben Management-Prinzipien für dauerhaften Unternehmenserfolg (Originaltitel: Good to Great – Why Some Companies Make the Leap And Others Don´t, New York 2001), Deutscher Taschenbuch Verlag, München 2003, 5. Auflage 2005, S. 61-90.

the environment for them to work, and get out of their way. (...) This need for freedom and autonomy is well recognized by companies that remain innovative."[425]

Viele wirksame Führungskräfte werden durch Spielräume und Handlungsfreiheiten motiviert, im Unternehmen zu bleiben. Die Handlungsfreiheiten sind ihnen Ansporn, optimale Lösungen auch jenseits der im Unternehmen üblichen Vorgehensweisen zu suchen und zu finden. Die Gewährung dieser Freiräume ist aber nach Senge nur in einem Unternehmen möglich, das über grundlegende Strukturen verfügt: *„Freiräume erfordern optimale grundlegende Strukturen."*[426] Diese grundlegenden Strukturen bilden die Basis und den Rahmen für die Handlungsspielräume und können so ganz wesentlich dazu beitragen, dass eine erfolgreiche evolvierende Struktur entsteht[427] und das Unternehmen sich aus sich selbst heraus weiterentwickeln kann.

7. Heuristik: Sich mit guten Leuten umgeben

Erfolgreiche Führungskräfte wissen, dass es wichtig ist, starke und kluge Leute um sich zu haben und sich intensiv mit ihnen auszutauschen. Jack Welch, der langjährige CEO von General Electric, hat es immer als Signal für besondere Kompetenz angesehen, wenn sich Führungskräfte mit Mitarbeitern umgeben, die besser und schlauer als sie selbst sind.[428] Wirksame Führungskräfte schätzen Diskussionen, in denen aufgeworfene Fragen und Meinungsdifferenzen dazu führen, die wirklich wichtigen Themen zu erkennen und Annahmen zu überdenken. Mit Hilfe dieses – gegebenenfalls kontroversen – Austausches kann die Wahrscheinlichkeit, dass bestmögliche Entscheidungen getroffen werden, erhöht werden. Denn wenn die klügsten Köpfe und die stärksten Persönlichkeiten im Unternehmen die wichtigen Projekte von allen Seiten beleuchten, wird das Risiko, ein kritisches Detail zu übersehen, minimiert.

Ein weiterer, von Eugen Schmid in seiner *Key-People-Analysis* beleuchteter Aspekt lässt sich anfügen: Wirksame Führungskräfte werden stets von wirksamen Führungskräften geformt und hervorgebracht. Seiner Meinung nach gibt es hierfür keinen Ersatz

---

425 Collins, Jim/Lazier, William: Beyond Entrepreneurship – Turning your business into an enduring great company, New York: Prentice Hall 1992, S. 170 f.

426 Senge, Peter: Die Schaffung zukunftsorientierter Unternehmensstrukturen, in: Lernende Organisation, 6. Jg., Heft 9, S. 8.

427 Vgl. ebd. S. 7.

428 Vgl. Welch, Jack/Welch, Suzy: Winning – Das ist Management, Frankfurt/New York: Campus 2005, S. 102.

und darin unterscheiden sich Unternehmen mit kurzfristigem Erfolg von solchen, die auf Dauer erfolgreich bleiben. Schmid führt weiter aus, dass die kontinuierliche Qualität der Führungskräfte an entscheidenden Stellen schließlich längerfristig den Erfolg eines Unternehmens ausmacht.[429]

Auch Drucker greift den Einfluss von Führungskräften auf andere in seiner Empfehlung auf: *"The distance between the leaders and the average is a constant. If leadership performance is high, the average will go up."*[430]

8. Heuristik: Eine werthaltige Unternehmenskultur schaffen (Integrität und Vertrauen)

"To trust a leader, it is not necessary to like him. Nor is it necessary to agree with him. Trust is the conviction that the leader means what he says. It is a belief in something very old-fashioned, called 'integrity'. A leader's actions and a leader's professed beliefs must be congruent, or at least compatible. Effective leadership – and again this is very old wisdom – is not based on being clever; it is based primarily on being consistent."[431]

Integrität wird von vielen erfahrenen Wirtschaftsführern als eines der unverzichtbaren Kriterien angesehen. Um Leistung zu erbringen, reicht Integrität alleine nicht aus, aber wenn sie fehlt, kann sie durch nichts ersetzt werden.[432] Nach *Drucker* zeigt sich die Aufrichtigkeit und Seriosität eines Managements darin, dass es bei der Frage der charakterlichen Integrität keine Kompromisse schließt. Dies spiegelt sich insbesondere in den Personalentscheidungen wider.[433]

Jede Person, die herausragende Stärken hat, wird auch mit Schwächen belastet sein. Wie an anderer Stelle bereits dargestellt, ist es erfolgsentscheidend, Mitarbeiter nach

---

[429] Vgl. Schmid, Eugen: Key-People-Analysis – Ein Mittel zur strategischen Unternehmensführung, in: Kälin, K./Müri, P. (Hrsg.): Sich und andere führen – Psychologie für Führungskräfte, Mitarbeiterinnen und Mitarbeiter, Thun: Ott Verlag 2005, S. 226 f.

[430] Drucker, Peter F.: The Effective Executive, Reprinted Edition, New York: HarperCollins Publishers 2002, S. 99.

[431] Drucker, Peter F.: The Essential Drucker, 3rd Edition, Oxford, Burlington: Butterworth-Heinemann 2007, S. 205.

[432] Vgl. Drucker, Peter F.: Management – Tasks, Responsibilities, Practices, Reprinted Edition, New York: HarperCollins Publishers 1993, S. 462.

[433] Vgl. ebd. S. 462. Und *"Finally, in its people decisions, management must demonstrate that it realizes that integrity is one absolute requirement of a manager, the one quality that he has to bring with him and cannot be expected to acquire later on. And management must demonstrate that it requires the same integrity of itself."* Drucker, Peter F.: Management – Tasks, Responsibilities, Practices, Reprinted Edition, New York: HarperCollins Publishers 1993, S. 456.

ihren Stärken einzusetzen und gleichzeitig Anstrengungen zu unternehmen die Schwächen unwirksam zu machen. Nach Drucker gibt es nur eine Schwäche, die bei Stellenbesetzungen eine Rolle spielen darf, und das ist ein unzureichender Charakter und mangelnde Integrität. Personen, die diese Schwäche haben, sind unter keinen Umständen mit Führungsaufgaben zu betrauen,[434] da sie einer werthaltigen Unternehmenskultur Schaden zufügen können.

Integrität ist ganz besonders wichtig bei der Unternehmensspitze, denn *"for the spirit of an organization is created from the top. If an organization is great in spirit, it is because the spirit of its top people is great."*[435] In diesem Zusammenhang sei noch auf zwei Punkte verwiesen: Erstens spielt Kontinuität in einer kompetenten Führungsspitze eine wichtige Rolle. In Jim Collins Untersuchungen stellte sich Kontinuität gar als einer der entscheidenden Erfolgsfaktoren heraus; zu ähnlichen Schlüssen gelangte auch die Untersuchung der *„Hidden Champions"* von Hermann Simon, in der sehr lange Amtszeiten der Unternehmensleitung zutage traten.[436] Zweitens ist eine starke Führungspersönlichkeit immer auch Vorbild für andere, vor allem auch für jüngere Menschen in der Organisation.[437]

---

[434] Drucker, Peter F.: The Effective Executive, Reprinted Edition, New York: HarperCollins Publishers 2002, S. 72.

[435] Drucker, Peter F.: Management – Tasks, Responsibilities, Practices, Reprinted Edition, New York: HarperCollins Publishers 1993, S. 462 f.

[436] Vgl. Collins, Jim/Porras, Jerry I.: Immer erfolgreich – Die Strategien der Top-Unternehmen (Originaltitel: Built to Last – Successful Habits of Visionary Companies, New York 1994), Deutscher Taschenbuch Verlag, München 2005, S. 221; Simon, Hermann: Hidden Champions – Die Erfolgsstrategien unbekannter Weltmarktführer, Frankfurt/New York: Campus 1996, S. 185.

[437] Vgl. Drucker, Peter F.: Managing the Non-Profit Organization, Reprinted Edition, New York: HarperCollins Publishers 2005, S. 16 f.

3.4 Wirtschaftspädagogik – Systemisches Lernen in Organisationen

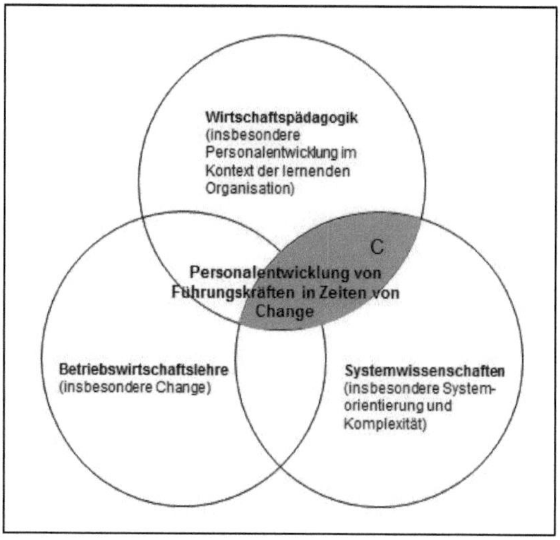

Abb. 14: Den Forschungsgegenstand betreffende Schnittmenge Wirtschaftspädagogik und Systemwissenschaften – Aspekte des systemischen Lernens (Bereich C)

Das dieser Arbeit zugrundeliegende Modell wurde in *Kapitel 3.1.1* dargestellt. In *3.4* betrachten wir das Lernen in und von Organisationen aus der Perspektive des in Abb. 14 markierten Bereichs C. Der Bereich C setzt sich aus Teilbereichen der Systemwissenschaften, insbesondere Systemorientierung und Komplexität, und der Wirtschaftspädagogik, insbesondere lernende Organisation, zusammen. Durch die synchrone Betrachtung von Personalentwicklung im Kontext der lernenden Organisation aus wirtschaftspädagogischer Sicht und Systemorientierung und Komplexität aus systemwissenschaftlicher Sicht gelingt es in der Arbeit wissenschaftliche Erkenntnisse zu *Aspekten des systemischen Lernens* zu entwickeln. Diese in *Kapitel 3.4* zu entwickelnden Heuristiken dienen der Beantwortung der folgenden Frage:

Wie müssen die organisationalen und die individuellen Lernprozesse angelegt sein, damit systemisches Lernen in der gesamten Organisation erfolgreich ist?

Diese Heuristiken müssen systemorientiert auf allen Ebenen des Lernprozesses ansetzen, um das individuelle und auch das organisationale Lernen zu unterstützen und zu vernetzen. Beide Lernprozesse müssen darauf abzielen, die Intelligenz im Unternehmen umfassend zu aktivieren, was sowohl der Organisation als auch ihren Mitgliedern zu Gute kommt.

Organisationen, die überleben wollen, müssen langfristig betrachtet in der Lage sein, zumindest so schnell zu lernen, wie sich ihr Umfeld verändert. Das bedeutet, das bei Entscheidungsfindungsprozessen zur Verfügung stehende organisationale Wissen muss ausreichend sein, um hinsichtlich zukünftiger Anforderungen kompetente Entscheidungen treffen zu können. Träger dieses Wissens sind die für die Entscheidungen verantwortlichen Führungskräfte. Aus diesem Blickwinkel betrachtet, bedeutet Personalentwicklung auch die möglichst adäquate Bereitstellung von Führungswissen und Handlungskompetenz.

In *Kapitel 3.4 Systemisches Lernen in Organisationen* wird zunächst eine Erläuterung und Abgrenzung des organisationalen und des individuellen Lernens vorgestellt. Hierauf aufbauend werden sechs zielführende Heuristiken zur Förderung von lernender Organisation und individuellem Lernen aufgezeigt, damit systemisches Lernen erfolgreich ist.

3.4.1 Organisationales Lernen

"All organizations learn, whether they consciously choose to or not – it is a fundamental requirement for their sustained existence. Some firms deliberately advance organizational learning (...) others make no focused effort and, therefore, acquire habits that are counterproductive. Nonetheless, all organizations learn. But what does it mean that an organization learns?"[438]

Wie schon Arie de Geus schrieb, müssen Organisationen lernfähig sein, wenn sie in Zeiten von Change bestehen möchten.[439] Diese Lernfähigkeit spiegelt sich bei einer lernenden Organisation in ihrem *organisationalen Lernen* wider.[440] Der Begriff *organi-*

---

438 Kim, Daniel H.: The Link between Individual and Organizational Learning, in: Starkey, K./Tempest, S./Mc Kinlay A.(eds.): How Organizations Learn – Managing the search for knowledge, 2nd Edition, Cengage Learning Business Press 2004, S. 29. Und Kim, Daniel H.: The Link between Individual and Organizational Learning, in: MIT Sloan Management Review, 35, 1993, S. 37.

439 Vgl. De Geus, Arie: Jenseits der Ökonomie: die Verantwortung der Unternehmen, Stuttgart: Klett-Cotta 1998, S. 42. *„Jede Organisation, die in einer wandelbaren Welt überleben will, muss die Fähigkeit entwickeln, sich zu verändern und neu zu orientieren. Sie muss in der Lage sein, neue Fertigkeiten und Denkansätze herauszubilden – kurz, sie muss lernfähig sein."*

440 Die hier verwandten Ausdrücke *„organisationales Lernen"* bzw. *„organisationale Lernprozesse"* beziehen sich auf das gesamte Begriffsfeld. In der Literatur finden sich zusätzlich die Bezeichnungen organisatorisches Lernen (siehe bspw. Müller-Stewens, Günter/Pautzke (1998)) sowie Organisations-

sationales Lernen ist seit den 1980er-Jahren etabliert (vgl. *Kapitel 2.3.1)*. Der bis dahin für Individuen reservierte Lernbegriff wird seither auch auf Organisationen angewendet. Nach wie vor sind es zwar die Individuen, die lernen, doch individuelles Wissen und Können werden durch sie der Organisation zur Verfügung gestellt und organisational abrufbar. Hierbei bestehen einige *Besonderheiten*:

1. Individuelle Lernprozesse gehen organisationalen *voraus*. Denn es ist schwer vorstellbar, dass organisationale Routinen oder Regeln sich unabhängig von den Individuen, die damit konfrontiert sind, verändern können.
2. Organisationen lernen nach *Peter Senge* nur, wenn die einzelnen Menschen etwas lernen. Dabei ist das individuelle Lernen *keine Garantie* dafür, dass die Organisation lernt, aber ohne individuelles Lernen gibt es keine lernende Organisation.[441]
3. In der Literatur herrscht Konsens darüber, dass die *bloße Summierung* individueller Lernprozesse nicht mit organisationalem Lernen gleichzusetzen ist.[442] Einerseits hängt organisationales Lernen von der Bereitschaft der Individuen ab, Wissen und Ideen in die Organisation einzubringen.[443] (Die Organisation kann das unterstützen, indem sie Strukturen und Foren schafft, die es erlauben, neue Ideen zu diskutieren und für die Organisation fruchtbar zu machen.) Andererseits können Organisationen in ihrem Reservoir Wissen speichern, das im Wissensreservoir von Individuen nicht mehr vorhanden ist. Folglich können Organisationen sowohl mehr als auch weniger Wissen haben als die Wissenssumme der einzelnen Individuen. Für das organisationale Lernen bedeutet dies, dass sich das Lernen sowohl im quantitativen als auch

---

lernen (siehe Geißler (1991), Becker/Langosch (2002)). Im managementorientierten Kontext hat sich ferner die Bezeichnung der lernenden Organisation durchgesetzt (siehe Senge (2006); Probst/Büchel (1998); Sattelberger (1991)). Da alle Begriffe das Lernen von Organisationen als Gesamteinheit beschreiben und dieses vom Lernen innerhalb von Organisationen abgrenzen, wird in der vorliegenden Arbeit auf eine weitere Differenzierung dieses Begriffsfeldes verzichtet.

441 Vgl. Senge, Peter M.: The Fifth Discipline – The Art & Practice of the Learning Organization, New York: Doubleday 1990, S. 139.

442 Bspw. Pätzold, Günter: Organisationales Lernen, in: Kaiser, F.J./Pätzold, G. (Hrsg.): Wörterbuch Berufs- und Wirtschaftspädagogik, 2., überarb. und erw. Aufl., Bad Heilbrunn: Julius Klinkhardt 2006, S. 386; Probst, Gilbert/Büchel, Bettina: Organisationales Lernen – Wettbewerbsvorteil der Zukunft, Wiesbaden: Gabler 1998, S. 19.

443 Vgl. Müller-Stewens, Günter/Pautzke, Gunnar: Führungskräfteentwicklung und organisatorisches Lernen, in: Sattelberger, T. (Hrsg.): Die lernende Organisation, Wiesbaden: Gabler 1991, S. 191; Probst, Gilbert/Büchel, Bettina: Organisationales Lernen – Wettbewerbsvorteil der Zukunft, Wiesbaden: Gabler 1998, S. 21.

qualitativen Sinne unterscheidet von der Summe des individuellen Lernens. Man kann so organisationales Lernen als eine unternehmenseigene Größe ansehen.[444]

4. Lernende Organisationen sind darauf angewiesen, individuelles (selbst gesteuertes) und kooperatives Lernen durch *„Lernbrücken"* bzw. *„Transformationsprozesse"* zu organisationalem Lernen werden zu lassen.[445] Denn was einzelne Mitarbeiter gelernt und sich erarbeitet haben, *„soll in die Organisation einfließen, systematisch gesammelt, zugriffsgerecht gewartet, strukturell abgesichert und so Bestandteil einer organisationalen Wissens- und Handlungsbasis werden."*[446] So wird Wissen einer Vielzahl von Personen unabhängig von Ort und Zeit zugänglich gemacht.[447]

Aufbauend auf diesen Besonderheiten und der Definition *lernende Organisation* nach Senge *(Kapitel 2.3.1)* soll nun in einem weiteren Schritt der Begriff des *organisationalen Lernens* näher betrachtet werden.

Organisationales Lernen und Wissensmanagement

Diese Arbeit geht von einer engen Verbindung zwischen organisationalem Lernen und der organisationalen Wissensbasis aus, denn *„Wissen bildet den Rahmen für Lernen."*[448] Organisationales Lernen manifestiert sich dann darin, dass die Wissensbasis einer Organisation *nutzbar gemacht*, *verändert* und *fortentwickelt* wird. Zwar erfolgt das organisationale Lernen über die Individuen und deren Interaktionen aber es wird ein verändertes Ganzes mit eigenen Fähigkeiten und Eigenschaften geschaffen.[449]

---

444 Vgl. Probst, Gilbert/Büchel, Bettina: Organisationales Lernen – Wettbewerbsvorteil der Zukunft, Wiesbaden: Gabler 1998, S. 19.

445 Vgl. Pätzold, Günter: Organisationales Lernen, in: Kaiser, F.J./Pätzold, G. (Hrsg.): Wörterbuch Berufs- und Wirtschaftspädagogik, 2., überarb. und erw. Aufl., Bad Heilbrunn: Julius Klinkhardt 2006, S. 386. Welche Bedeutung hierbei den Emotionen und der daraus resultierenden Motivation zukommt wird in Kapitel 3.4.3 aufgegriffen. Die Betrachtung von Emotionen als Lernbrücke oder Lernhindernis kann vertieft werden bei Scherer, Klaus/Tran, Véronique: Effects of Emotion on the Process of Organizational Learning, in: Berthoin-Antal, A./Dierkes, M./Child, J./Nonaka, I. (eds.): Handbook of Organisational Learning and Knowledge, Oxford/New York: Oxford Press 2007, S. 369-397.

446 Vgl. Pätzold, Günter: Organisationales Lernen, in: Kaiser, F.J./Pätzold, G. (Hrsg.): Wörterbuch Berufs- und Wirtschaftspädagogik, 2., überarb. und erw. Aufl., Bad Heilbrunn: Julius Klinkhardt 2006, S. 386.

447 Vgl. Meier, M./Weller; I.: Hat Wissensmanagement eine Zukunft? – Stand der Dinge und Ausblick, in: zfbf, 64. Jg., Februar 2012, S. 121.

448 Probst, Gilbert/Büchel, Bettina: Organisationales Lernen – Wettbewerbsvorteil der Zukunft, Wiesbaden: Gabler 1998, S. 27.

449 Ebd. S. 20.

Im Folgenden wird daher unter organisationalem Lernen der *Prozess* der Erhöhung und Veränderung der organisationalen Wissensbasis verstanden, die wiederum die Problemlösungs- und Handlungskompetenzen verbessert sowie die Verhaltensweisen von und für Mitglieder innerhalb der Organisation erweitert.[450]

Im Anschluss an die praxisorientierte Definition ist zu klären, wie die Prozesse im Einzelnen ablaufen, durch die ein System lernen kann. Hierbei gilt es zum einen, zu untersuchen, *wer die Träger des organisationalen Lernens sind* (1), und zum anderen, *worin das organisationale Lernen besteht* (2). Lernergebnisse entstehen dann durch *„Erfahrungslernen, Analysen, Problemlösungen und betriebspädagogische Lehr- und Lernarrangements."*[451]

1. *Träger des organisationalen Lernens – Die Lernenden*

   In der Literatur finden sich unterschiedliche Sichtweisen. Zum einen werden die Individuen oder Organisationsmitglieder (mehrere oder wenige) genannt, zum anderen können Organisationen über Speichersysteme verfügen, die selbst Wissensträger sind.

   Einige Autoren legen sich fest, dass die Träger des organisationalen Lernens *alle Organisationsmitglieder* sind.[452] Andere sehen im organisationalen Lernen ein *stellvertretendes Lernen* durch eine Elite innerhalb der Organisation (z.B. Führungskräfte). Ihre Lernprozesse haben die größte Chance, die organisationalen Entschei-

---

[450] Vgl. Probst, Gilbert/Raub, Steffen/Romhardt, Kai: Wissen managen – Wie Unternehmen ihre wertvollste Ressource optimal nutzen, 5., überarb. Aufl., Wiesbaden: Gabler 2006, S. 23; Probst, Gilbert/Büchel, Bettina: Organisationales Lernen – Wettbewerbsvorteil der Zukunft, Wiesbaden: Gabler 1998, S. 17; Klimecki, R./Probst, G./Eberl, S.: Entwicklungsorientiertes Management, Stuttgart: Schäffer-Poeschel 1994, S. 52 f.; Küpers, Wendelin: Integrales Lernen in und von Organisationen, in: Integral Review, Heft 2, 2006, S. 47. Bei Pätzold findet sich ebenfalls dieser Gedanke. Doch unterstreicht er den Effizienzgedanken hinsichtlich organisationalen Lernens. Vgl. Pätzold, Günter: Organisationales Lernen, in: Kaiser, F.J./Pätzold, G. (Hrsg.): Wörterbuch Berufs- und Wirtschaftspädagogik, 2., überarb. und erw. Aufl., Bad Heilbrunn: Julius Klinkhardt 2006, S. 386.

[451] Becker, H./Langosch, I.: Produktivität und Menschlichkeit – Organisationsentwicklung und ihre Anwendung in der Praxis, 5., neu bearb. und erw. Aufl., Stuttgart: Lucius & Lucius 2002, S. 195.

[452] Vgl. Argyris/Schön: Die Lernende Organisation, Grundlagen, Methoden, Praxis, Stuttgart: Klett Cotta 1999, S. 26 ff.; Pedler, Mike/Boydell, Tom/Burgoyne, John: Auf dem Weg zum "Lernenden Unternehmen", in: Sattelberger, T. (Hrsg.): Die lernende Organisation, Wiesbaden: Gabler 1991, S. 60; Pedler, Mike/Boydell, Tom/Burgoyne, John: Towards the Learning Company, in: Journal of Management Education and Development, 20-1, 1989, S. 2. *"An organization which facilitates the learning of all of its members and continuously transforms itself."* Senge, Peter M.: The Fifth Discipline – The Art & Practice of the Learning Organization, New York: Doubleday 1990, S. 13 und Senge, Peter M.: The Learning Organization Made Plain, in: Training and Development, 10, October 1991, S. 38.

dungsprozesse zu beeinflussen.[453] Beide Sichtweisen lassen sich wie folgt zusammenfassen: Es sind alle Personen in der Organisation Träger organisationaler Lernprozesse. Ganz im Sinne Senges, der in einem Interview auf die Frage *"Whose Job is it to create the learning organization* antwortet: *"Everyone's. I'm not saying that everyone has the same role. Certainly not everyone will have the same appetite for it. But it is the work of everyone in the organization."*[454]

So unterliegt das organisationale Wissen Veränderungen durch individuelle Wissenserweiterung als auch durch den Austausch der Organisationsmitglieder miteinander.

Auch die Speichersysteme einer Organisation sind Träger organisationalen Lernens. Durch ihre Nutzung, Veränderung und Fortentwicklung kann die Organisation ihren Wissensbestand erhöhen und organisationales Lernen ermöglichen. Hierbei kann nicht nur die tatsächliche Speicherung, sondern auch die Veränderung des organisationalen Wissensbestandes organisationales Lernen bewirken.[455]

2. *Worin besteht organisationales Lernen? – Der Lernprozess*

Die enge Verbindung zwischen organisationalem Lernen und der organisationalen Wissensbasis zeigen Argyris und Schön. Sie schreiben: *„Grundsätzlich kann man sagen, eine Organisation lerne, wenn sie sich Informationen (Wissen, Verständnis, Know-how, Techniken oder Praktiken) jedweder Art auf welchem Weg auch immer aneignet. In diesem übergeordneten Sinn lernen alle Organisationen im Guten wie im Schlechten immer dann, wenn sie ihren Informationsstand erweitern, und es gibt keine Einschränkungen dafür, wie diese Erweiterungen zustande kommen."*[456] Ziel ist dabei, dass die Organisation ihre Aufgaben im Zeitablauf besser erfüllen kann.[457] Diese Definition wird anschließend noch präzisiert: Organisationales Lernen findet statt, wenn Erwartungen nicht mit den Ergebnissen übereinstimmen. Der Lernprozess ist dabei ein Vorgang der Fehlerkorrektur. Damit das Lernen nach Argyris und Schön organisational wird, muss es *„in den Bildern der Organisation verankert*

---

[453] Vgl. De Geus, Arie: Planning as Learning, in: Harvard Business Review, 66, 1988, S. 71. *"The only relevant learning in a company is the learning done by those people who have the power to act."*

[454] Senge, Peter M.: The Learning Organization Made Plain, in: Training and Development, 10, October 1991, S. 38.

[455] Vgl. Probst, Gilbert/Büchel, Bettina: Organisationales Lernen – Wettbewerbsvorteil der Zukunft, Wiesbaden: Gabler 1998, S. 67.

[456] Argyris/Schön: Die Lernende Organisation – Grundlagen, Methoden, Praxis, Stuttgart: Klett-Cotta 1999, S. 19.

[457] Vgl. ebd. S. 19.

werden, die in den Köpfen ihrer Mitglieder und/oder den erkenntnistheoretischen Artefakten existieren (den Diagrammen, Speichern und Programmen), die im organisationalen Umfeld angesiedelt sind."[458]

Lernerfahrungen sind zu standardisieren und in Wissenssystemen zu konservieren. Nur so wird individuelles Verhalten und Handeln zu replizierbarem und überdauerndem Wissen der Organisation.[459] Darin besteht organisationales Lernen.

Denn solange Wissen nur im Kopf der einzelnen Mitglieder gespeichert ist, ist das Wissen verloren, sobald diese die Organisation verlassen. Aber Wissen kann auch in einer Organisation beispielsweise in *Aktionen, Entscheidungen, Maßnahmen und Vorgehensweisen*, ebenso in *offiziellen wie inoffiziellen Plänen* angesammelt sein. Darüber hinaus kann organisationales Wissen auch in *Hinweisen und Richtlinien* enthalten sein. Auch stellen Organisationen Wissen direkt dar, indem sie Strategien zur Durchführung schwieriger Aufgaben verkörpern, die auch anders hätten ausgeführt werden können. Hier verbirgt sich *Wissen in Abläufen und Verfahren.*[460]

Die Betrachtung ist damit aber noch nicht abgeschlossen. Es geht um mehr. Wie oben geschildert, muss die Wissensbasis einer Organisation *nutzbar gemacht*, *verändert* und *fortentwickelt* werden. Der Aspekt der *Nutzung* verweist darauf, vorhandenes Wissen tatsächlich in organisatorische Entscheidungsprozesse einfließen zu lassen. Organisationales Lernen kann sich aber auch darin äußern, dass neues oder auch vorhandenes Wissen die Organisation *verändert* (siehe Argyris/Schön). Diese Veränderung kann dann in einem bestehenden Rahmen (Kultur, Kontext etc.) zur Verbesserung führen. Organisationales Lernen findet aber auch in der *Fortentwicklung* des organisationalen Wissens statt.

Da einmal erworbene Fähigkeiten nicht *automatisch* für die Zukunft zur Verfügung stehen, setzt die gezielte Dokumentation der Fähigkeiten Managementanstrengungen voraus.[461] Zum Beispiel müssen einheitliche Standards definiert und die

---

458 Argyris/Schön: Die Lernende Organisation, Grundlagen, Methoden, Praxis, Stuttgart: Klett Cotta 1999, S. 31 f.

459 Vgl. Probst, Gilbert/Büchel, Bettina: Organisationales Lernen – Wettbewerbsvorteil der Zukunft, Wiesbaden: Gabler 1998, S. 17 ff.

460 Vgl. Argyris/Schön: Die Lernende Organisation, Grundlagen, Methoden, Praxis, Stuttgart: Klett Cotta 1999, S. 27 f.

461 Vgl. Probst, Gilbert/Romhardt, Kai: Bausteine des Wissensmanagements – ein praxisorientierter Ansatz, in: Wiesenhuber, Norbert & Partner (Hrsg.): Handbuch Lernende Organisation – Unternehmens- und Mitarbeiterpotentiale erfolgreich erschließen, Wiesbaden: Gabler 1997, S. 130 ff.

Mitarbeiter trainiert und gefördert werden.[462] Hier kann im Lernen der Organisation die Schnittstelle zum Wissensmanagement gesehen werden. Denn erfolgsrelevantes Wissen zu identifizieren, zu entwickeln, in Verhalten umzusetzen und letztlich so verfügbar und damit nutzbar zu machen, setzt nach Pawlowsky voraus, Wissensmanagement als zielgerichtete Gestaltung von *organisationalen Lernprozessen* zu begreifen.[463] Probst und Romhardt stützen diese Sicht und gehen noch weiter, indem sie im Wissensmanagement die pragmatische *Weiterentwicklung der Idee des organisationalen Lernens* sehen.[464]

Für diese Arbeit sind hierbei zwei Aspekte von Bedeutung, erstens die zentrale Aufgabe der Personalentwicklung, das individuelle Lernen der Wissensarbeiter so zu fördern, dass *organisationale Lernprozesse* unterstützt werden, und zweitens, das *Lernen der Organisation an sich zu fördern.* Deshalb gilt es im Folgenden, die Lernniveaus als praktizierte Lernprozesse zu erläutern.

Lernniveaus als praktizierte Lernprozesse

Die Fortentwicklung von Organisationen ist – wie bereits mehrfach dargestellt – nicht Selbstzweck, sondern Notwendigkeit in Zeiten des Wandels, denn: *„Ein System, das nicht oder zu langsam lernt, zerfällt. Lernt es falsch, entwickelt es sich falsch. Je besser ein System lernt, desto besser entwickelt es sich."*[465] Deshalb wird im Anschluss gezeigt, wie Lernprozesse (und auch Aktionen im Rahmen der Personalentwicklung) zur Evolution von Organisationen beitragen können. Denn die Weiterentwicklung von Wissen hat eine herausragende Stellung, und zwar sowohl für den Einzelnen als auch für die Organisation als Ganzes.

---

462 Vgl. Steinle, Claus/Behse, Maren/Hoffmeister, Simone: Gut gebunden hält länger, in: Personalwirtschaft, 1/2009, S. 37.

463 Vgl. Pawlowsky, Peter/Reinhardt, Rüdiger: Wissensmanagement: Ein integrativer Ansatz zur Gestaltung organisationaler Lernprozesse, in: Wiesenhuber, Norbert & Partner (Hrsg.): Handbuch Lernende Organisation – Unternehmens- und Mitarbeiterpotentiale erfolgreich erschließen, Wiesbaden: Gabler 1997, S. 146; Pawlowsky, Peter: Integratives Wissensmanagment, in: Pawlowsky, P. (Hrsg.): Wissensmanagement – Erfahrungen und Perspektiven, Wiesbaden: Gabler 1998, S. 42.

464 Vgl. Probst, Gilbert/Romhardt, Kai: Bausteine des Wissensmanagements – ein praxisorientierter Ansatz, in: Wiesenhuber, Norbert & Partner (Hrsg.): Handbuch Lernende Organisation – Unternehmens- und Mitarbeiterpotentiale erfolgreich erschließen, Wiesbaden: Gabler 1997, S. 130.

465 Mewes, Wolfgang/Worcester, Maxim (Hrsg.): Die EKS®-Strategie, Heft 15, Frankfurt: Frankfurter Allgemeine Zeitung GmbH Informationsdienste 1990, S. 14.

Wenn Organisationsmitglieder erkennen, dass ihre Vorstellung nicht zu den erwarteten Ergebnissen führen, revidieren sie ihr Vorgehen: So entstehen *Lernschleifen.* Diese sind von unterschiedlicher Qualität und in ihnen können Handlungen überprüft und korrigiert werden.[466] Diese Lernschleifen stellen praktizierte Lernprozesse dar, um mit Komplexität umgehen zu können. So entstehen unterschiedliche Lernniveaus, die in *Single-Loop-Learning, Double-Loop-Learning* und *Deutero-Learning* unterschieden werden:

1. *Single-Loop-Learning*

   Bereits in den 1970er-Jahren unterschieden Argyris/Schön zwischen dem sogenannten Einfach-Schleifen-Lernen (Single-Loop) und einem Doppel-Schleifen-Lernen (Double-Loop). Einfach-Schleifen-Lernen wird auch Anpassungs- oder Verbesserungslernen genannt, da es ein Lernen durch Fehlerkorrektur ist. Dies geschieht innerhalb eines gegebenen Systems von Regeln. Bei derartigen Lernereignissen werden innerhalb einer einzigen Rückmeldeschleife Zielabweichungen aufgespürt, während gleichzeitig die Wertvorstellungen unverändert bleiben.[467] So werden weder die Soll-Zustände hinterfragt noch die Ursachen für Abweichungen theoretisch analysiert. In Probst/Büchels Worten kommt es hier nur zur effektiven *„Adaption an die vorgegebenen Ziele und Normen durch die Bewältigung der Umwelt."*[468]

2. *Double-Loop-Learning*

   Im Fall des Doppel-Schleifen-Lernens, auch *Veränderungslernen* genannt,[469] findet Lernen in einer doppelten Feedback-Schleife statt. In dieser erfolgt nicht nur ein Soll-Ist-, sondern auch ein Soll-Soll-Vergleich.[470] Das heißt, es wird über die Fehlerkorrektur hinaus den Ursachen für Fehler nachgegangen. Dadurch wird ein weiterführender Lernprozess angeregt, *„der die Organisation zur Überprüfung und Neuentwicklung von Strukturen, Prozessen, Methoden und Produkten führt."*[471]

---

466 Vgl. Pätzold, Günter: Organisationales Lernen, in: Kaiser, F.J./Pätzold, G. (Hrsg.): Wörterbuch Berufs- und Wirtschaftspädagogik, 2., überarb. und erw. Aufl., Bad Heilbrunn: Julius Klinkhardt 2006, S. 388.

467 Vgl. Argyris, C./Schön, D.A.: Die Lernende Organisation – Grundlagen, Methoden, Praxis, 3. Aufl., Stuttgart: Schäffer-Poeschel, S. 35 ff.

468 Probst, Gilbert/Büchel, Bettina: Organisationales Lernen – Wettbewerbsvorteil der Zukunft, Wiesbaden: Gabler 1998, S. 35 ff.

469 Vgl. ebd. S. 35 ff. und Küpers, Wendelin: Integrales Lernen in und von Organisationen, in: INTEGRAL REVIEW, Heft 2, 2006, S. 63 ff.; Wunderer, Rolf: Führung und Zusammenarbeit: eine unternehmerische Führungslehre, 3. Aufl., Neuwied/Kriftel: Luchterhand Verlag 2000, S. 412.

470 Vgl. Pätzold, Günter: Organisationales Lernen, in: Kaiser, F.J./Pätzold, G. (Hrsg.): Wörterbuch Berufs- und Wirtschaftspädagogik, 2., überarb. und erw. Aufl., Bad Heilbrunn: Julius Klinkhardt 2006, S. 388.

471 Wunderer, Rolf: Führung und Zusammenarbeit: eine unternehmerische Führungslehre, 3. Aufl., Neuwied/Kriftel: Luchterhand Verlag 2000, S. 412.

Kurz: Es kommt zu einer Hinterfragung von organisationalen Normen und Werten und einer Restrukturierung dieser im neuen Bezugsrahmen.[472] Das kann auch mit einem „Verlernen“ von Verhaltensregeln oder einer Abschaffung von etablierten Regeln einhergehen. Das Veränderungslernen hat somit längerfristig wirksamere Konsequenzen als das anpassungsorientierte Lernen.

3. *Deutero-Learning*

   Beim höchsten Lernniveau, dem Deutero-Lernen (Deutero-Learning), setzt man sich mit den praktizierten Lernprozessen reflexiv auseinander. Deshalb wird in der Literatur Deutero-Lernen auch als *Prozesslernen* bezeichnet.[473] Hier wird *Lernen zu lernen* zur Grundlage von Lernprozessen. *Wunderer und Pätzold* nennen daher dieses Lernniveau *„lernendes Lernen“ oder „Lernen des Lernens“.*[474]

   Es wird beobachtet, wer, was, wie, in welcher Zeit, mit welchen Mitteln und mit welchem Erfolg lernt – mit dem Ziel, neue Lernstrategien zu entwickeln, diese auf ihre Tauglichkeit zu testen und diese Erkenntnisse als neue (Lern-)Norm abzuspeichern. *„Insgesamt also zu lernen, wie man zukünftig sinnvoller, effektiver, ökonomischer und tiefgreifender lernt.“*[475]

   Es kommt zu fundamentaler Reflexion, Analyse und Restrukturierung der Regeln, Normen und, des übergreifenden Sinnbezugs selbst, die alle anderen Lernprozesse voraussetzt und beinhaltet. Mit der Selbstreflexion wird so das reine Anpassungs- oder Veränderungslernen überwunden. Das wiederum erhöht das Problemlösungspotenzial der Organisation und führt zu grundlegenden Veränderungen der Handlungs- und Kommunikationsmuster überhaupt.[476]

   Indem Lernen selbst zum Gegenstand des Lernens wird, ist die Verbesserung der Lernfähigkeit der zentrale Bestandteil dieses Lernniveaus nach Probst/Büchel.[477] Lernen wird hierdurch zu einem ständigen Prozess und die organisationale Lernfä-

---

472 Vgl. Probst, Gilbert/Büchel, Bettina: Organisationales Lernen – Wettbewerbsvorteil der Zukunft, Wiesbaden: Gabler 1998, S. 35 ff.

473 Bspw. ebd. S. 35 ff.; Argyris, C./Schön, D.A.: Organizational Learning: A Theory of Action Perspective, Reading: Addison-Wesley 1978, S. 26 ff.

474 Wunderer, Rolf: Führung und Zusammenarbeit: eine unternehmerische Führungslehre, 3. Aufl., Neuwied/Kriftel: Luchterhand Verlag 2000, S. 412. Und Pätzold, Günter: Organisationales Lernen, in: Kaiser, F.J./Pätzold, G. (Hrsg.): Wörterbuch Berufs- und Wirtschaftspädagogik, 2., überarb. u. erw. Aufl., Bad Heilbrunn: Julius Klinkhardt 2006, S. 388.

475 Wahren, Heinz-Kurt: Das lernende Unternehmen – Theorie und Praxis des organisationalen Lernens, Berlin: Walter de Gruyter Verlag 1996, S. 167.

476 Vgl. Küpers, Wendelin: Integrales Lernen in und von Organisationen, in: INTEGRAL REVIEW, Heft 2, 2006, S. 63 ff.

477 Vgl. Probst, Gilbert/Büchel, Bettina: Organisationales Lernen – Wettbewerbsvorteil der Zukunft, Wiesbaden: Gabler 1998, S. 38.

higkeit selbst wird hier zum Gegenstand des Lernprozesses.[478] Die nachstehende Grafik zeigt den Zusammenhang der Lernzyklen und den daraus entstehenden Lernniveaus innerhalb des organisationalen Lernens.

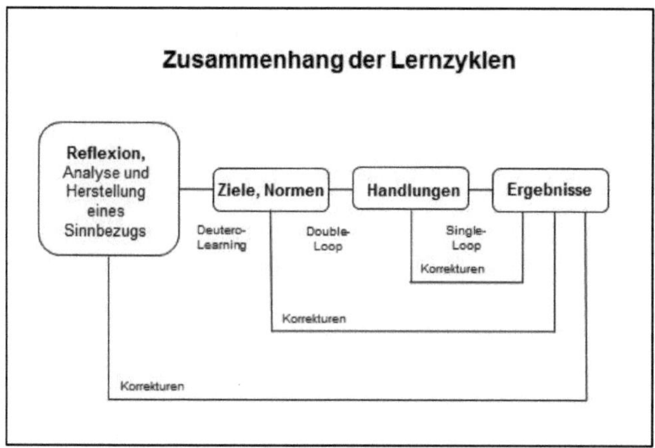

Abb. 15: Der Zusammenhang der Lernzyklen und der daraus entstehenden Lernniveaus innerhalb des organisationalen Lernens[479]

Abschließend kann festgehalten werden, dass die Wirkung von organisationalen Lernprozessen vor allem davon abhängt, auf welcher Ebene sie stattfinden. Soll das organisationale Lernen zu wesentlichen evolutionären Veränderungen führen, müssen immer alle drei Lernebenen angesprochen werden.[480] Auch geht es in Lernprozessen immer darum mit Komplexität umzugehen. Man kann in bestimmten Stufen des Lernprozesses systematisch die Komplexität erhöhen oder reduzieren. Das systematische Spiel mit Komplexität ist von wesentlicher Bedeutung für die Qualität von Lernprozessen. Dieser gezielte Umgang mit Komplexität erlaubt, an bestimmten Stellen Vereinfachungen vorzunehmen, ohne die Nachteile von Simplifizierung in Kauf nehmen zu müssen.[481]

---

[478] Vgl. Küpers, Wendelin: Integrales Lernen in und von Organisationen, in: INTEGRAL REVIEW, Heft 2, 2006, S. 63 ff.

[479] In Anlehnung an Argyris, C./Schön, D.A.: Organizational Learning: A Theory of Action Perspective, Reading: Addison-Wesley 1978, S. 18 ff. zitiert nach Probst/Büchel (1998) S. 35-38.

[480] Vgl. Wahren, Heinz-Kurt: Das lernende Unternehmen – Theorie und Praxis des organisationalen Lernens, Berlin: Walter de Gruyter Verlag 1996, S. 167 f.

[481] Vgl. Wahren, Heinz-Kurt: Das lernende Unternehmen – Theorie und Praxis des organisationalen Lernens, Berlin: Walter de Gruyter Verlag 1996, S. 167 f.

Durch reflexives Lernen oder auch *„Verständnislernen“*[482] kann sich eine Organisation nicht nur lernend, sondern auch zielgerichtet entwickeln. Dies kann in einer höchstentwickelten Form in einen selbstorganisatorischen Entwicklungsprozess münden, welcher sich rekursiv dieses Lernens bedient.[483] Es kommt daher nicht nur auf die einzelnen Lernakte an, sondern auf den Aufbau *genereller* organisationaler Lernfähigkeiten.[484]

Aufbau organisationaler Lernfähigkeit mit Senges fünf Disziplinen oder Lernfähigkeit als Kernkompetenz evolutionsfähiger Systeme

Das Interesse am lernenden Unternehmen wurde maßgeblich durch Senges Buch *“The Fifth Discipline”* angefacht. Das Buch gilt als Plädoyer für die moderne Systemtheorie.[485] In seinen weiteren Werken hat er das Thema dann weiter vertieft.[486]

Senge geht der Frage nach, was eine lernende Organisation auszeichnet. Dabei beschreibt er Methoden[487] und Vorgehensweisen zum Aufbau einer lernenden Organisation durch den gezielten Aufbau organisationaler Lernfähigkeit. Die Praxis steht dabei im Vordergrund und theoretische Konstrukte werden nur unterstützend aufgezeigt. Senge stützt sich in der Theorie unter anderem auf die Ausführungen von Argyris und Argyris/Schön.[488]

Senge versucht nicht, organisationales Lernen im klassischen Sinne zu definieren, sondern entwickelt für die Umsetzung zu einer lernenden Organisation *fünf* Disziplinen:[489]

482 Küpers, Wendelin: Integrales Lernen in und von Organisationen, in: INTEGRAL REVIEW, Heft 2, 2006, S. 63 ff.

483 Vgl. ebd. S. 63 ff.

484 Vgl. Wunderer, Rolf: Führung und Zusammenarbeit: eine unternehmerische Führungslehre, 3. Aufl., Neuwied/Kriftel: Luchterhand Verlag 2000, S. 412.

485 Vgl. Kriz, Jürgen: Selbstorganisation als Grundlage lernender Organisationen, in: Wiesenhuber, Norbert & Partner (Hrsg.): Handbuch Lernende Organisation – Unternehmens- und Mitarbeiterpotentiale erfolgreich erschließen, Wiesbaden: Gabler 1997, S. 188.

486 Hierzu Senge, Peter M. et. al: The Dance of Change – The Challenges to Sustaining Momentum in Learning Organizations, New York: Doubleday 1999; Senge, Peter M.: The Fifth Discipline – The Art & Practice of the Learning Organization, New York: Doubleday 1990; Senge, Peter/Kleiner, Art/Smith, Bryan/Roberts, Charlotte/Ross, Richard: Das Fieldbook zur fünften Disziplin, 5. Aufl., Stuttgart: Schäffer-Poeschel 2008.

487 Methoden im Sinne von Mechanismen, Voraussetzungen, Rahmenbedingungen etc.

488 Vgl. bspw. Senge, Peter M.: The Fifth Discipline – The Art & Practice of the Learning Organization, New York: Doubleday 1990, S. 182 f. und 249 ff, Bilen, S.: Vordenker – Lehrmeister für Organisationen, in: Harvard Business Manager, 33. Jg., 6/2011, S. 78.

489 Für die vorliegende Arbeit ist die Disziplin *System Thinking* und *Personal Mastery* vorrangig von Bedeutung. Für weitere Ausführungen der anderen Disziplinen: Senge, Peter M.: The Fifth Discipline – The Art & Practice of the Learning Organization, New York: Doubleday 1990, S. 139 ff.

1. *Selbststeuerung (Personal Mastery)*

   Personal Mastery umfasst die Klärung der persönlichen Vision, Bündelung der Energien, Entwicklung von Geduld und objektive Betrachtung der Realität. Anders ausgedrückt, beschreibt Personal Mastery die Fähigkeit, „*Ziele konsequent zu verfolgen und zu verwirklichen, Lernmöglichkeiten zu schaffen und zu nutzen, das eigene Verhalten zu reflektieren und auch unter hoher Belastung professionell zu agieren.*“[490] *Senge hierzu*: „*Es gibt nichts Wichtigeres für einen Menschen, der sich seinem persönlichen Wachstum verpflichtet fühlt, als eine unterstützende Umwelt. Wenn eine Organisation sich der Personal Mastery verschreibt, kann sie diese Umwelt schaffen, indem sie die persönliche Vision und das Engagement für die Wahrheit kontinuierlich fördert und bereit ist, sich den Lücken zwischen diesen beiden ehrlich zu stellen. (...) Die wichtigste Führungsstrategie ist einfach: Seien Sie ein Vorbild. Streben Sie konsequent nach der Ausweitung Ihrer eigenen persönlichen Meisterschaft.*“[491]

2. *Mentale Modelle (Mental Models)*

   Ziel ist, die gemeinsamen mentalen Modelle – also die inneren Bilder – in Bezug auf das Unternehmen, seine Märkte und seine Wettbewerber aufzudecken, kritisch zu betrachten und gegebenenfalls zu verändern.[492] Zentral sind hierbei Konfliktfähigkeit, Flexibilität und Offenheit.[493] Denn tief verwurzelte mentale Modelle können die potenziellen Veränderungsansätze des Systemdenkens zunichtemachen, andererseits ist das Systemdenken von entscheidender Bedeutung, um effektiv mit mentalen Modellen arbeiten zu können.[494]

3. *Gemeinsame Visionen (Shared Visions)*

   Die Entwicklung gemeinsamer Ziele, Wertvorstellungen und Bilder über die Zukunft der Organisation ist von elementarer Bedeutung, um das Engagement aller Organisationsmitglieder auf ein gemeinsames Unternehmen zu lenken.[495] Genauso

---

490 Jacob, L./Hiekel, A.: Souverän mit Veränderungen umgehen, in: Personalwirtschaft, 01/2012, S. 43.

491 Senge, Peter M.: Die fünfte Disziplin – Kunst und Praxis der lernenden Organisation, 11. Aufl., Stuttgart: Schäffer-Poeschel 2011, S. 191.

492 Vgl. ebd. S. 223.

493 Vgl. Jacob, L./Hiekel, A.: Souverän mit Veränderungen umgehen, in: Personalwirtschaft, 01/2012, S. 44.

494 Vgl. Senge, Peter M.: Die fünfte Disziplin – Kunst und Praxis der lernenden Organisation, 11. Aufl., Stuttgart: Schäffer-Poeschel 2011, S. 223.

495 Vgl. Jacob, L./Hiekel, A.: Souverän mit Veränderungen umgehen, in: Personalwirtschaft, 01/2012, S. 44.

zentral wie das Commitment der Mitarbeiter sind hierbei eindeutige und umsetzbare Ziele.

4. *Lernen im Team (Team Learning)*
   Das gemeinschaftliche Lernen in Teams wird als fundamentaler Baustein lernender Organisation betrachtet. Hierbei wird der gemeinsame Denk-Dialogprozess hervorgehoben, um Annahmen zu hinterfragen. Aus diesem Grund ist eine uneingeschränkte Kooperation dabei ebenso wichtig wie offene und zielgerichtete Kommunikation.[496]
5. *Systemdenken (System Thinking)*
   Systemdenken stellt die zentrale Disziplin dar und ist implizit die konzeptionelle Basis für ein organisationales Lernverständnis nach Senge.

Diese fünf Disziplinen befinden sich dabei ständig in Bewegung und gestalten innere Strukturen zielgerichtet.[497] Dem *Systemdenken* (System Thinking) kommt allerdings eine besondere Rolle zu. Es ist für Senge der Blick auf das Ganze, die Fähigkeit, Prozesse und Zusammenhänge zu begreifen[498] und die dahinterliegenden Veränderungsmöglichkeiten zu erkennen. So bezeichnet er das Systemdenken als die fünfte Disziplin, auf der alle anderen vier Disziplinen aufbauen und die alle Disziplinen wechselseitig verknüpft. Ohne das Systemdenken fehlt der Anreiz oder auch die Möglichkeit, die Lerndisziplinen mit der Praxis zu verbinden. Die fünfte Disziplin ist *"the cornerstone of how learning organizations think about their world".*[499]

Ausgehend von der engen Verknüpfung von Lernen und Handeln beschreibt Senge *Lernen* als den Prozess, der die Fähigkeit zu effektivem Handeln verbessert.[500] Voraussetzung ist das Erkennen ganzheitlicher Zusammenhänge. Erst wenn das fragmentarische, analytische Denken überwunden ist und stattdessen die Wechselwirkungen und die Rückkoppelungsschleifen erkannt werden, kann organisationales Lernen stattfinden (s.o.). Es geht also darum, vernetzte Strukturen und kybernetische Abläufe besser zu verstehen und zu erfassen.

---

[496] Vgl. Jacob, L./Hiekel, A.: Souverän mit Veränderungen umgehen, in: Personalwirtschaft, 01/2012, S. 44.

[497] Vgl. ebd. S. 43.

[498] Vgl. Senge, Peter M.: The Fifth Discipline – The Art & Practice of the Learning Organization, New York: Doubleday 1990, S. 68 ff.

[499] Ebd. S. 69 – Die fünfte Disziplin ist der Grundstein bei der Weltanschauung einer lernenden Organisation. – Übersetzung Isabel Arnold.

[500] Vgl. Interview mit Senge von Galagan, Patricia: The Learning Organization Made Plain, in: Training and Development, 45, October 1991, S. 39.

In diesem Sinne kann organisationales Lernen als eine *Verbesserung des vernetzten, ganzheitlichen Denkens in einer Organisation gesehen werden, das zu effektiveren Handlungen führt.* Die folgende Grafik gibt eine Übersicht über die fünf Disziplinen.

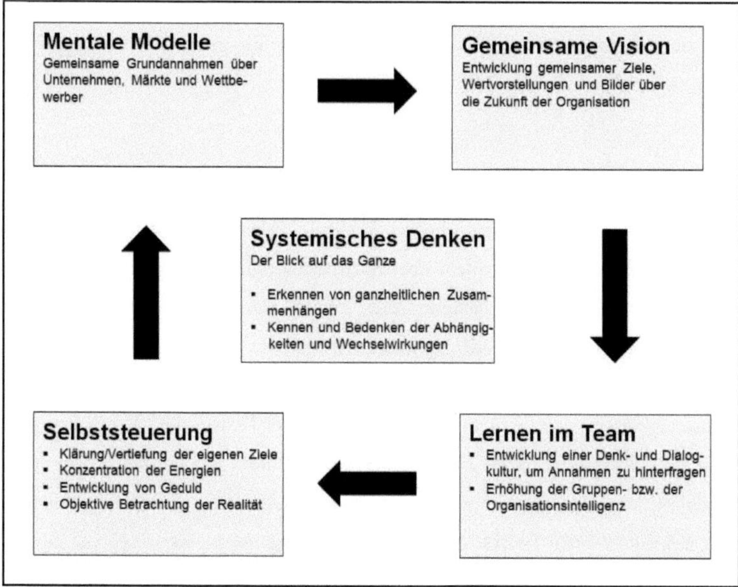

Abb. 16: Eigene Darstellung: Die fünf Disziplinen nach Senge

„Abschließend können wir festhalten, dass die Förderung der Entwicklungsfähigkeit der Unternehmung eine vieldimensionale, höchst anspruchsvolle geistige Aufgabe ist, die in der Unternehmung bewusst wahrgenommen werden muss. Obwohl sie beim einzelnen Mitarbeiter einsetzt, muss sie auf die ganze Unternehmung gerichtet werden und zur Verbesserung des Verhaltens der Unternehmung als Ganzes führen. Förderung der Entwicklungsfähigkeit stellt daher eine Führungsfunktion dar, die von Führungskräften in ihrer zunehmenden Bedeutung verstanden und erfüllt werden muss.“[501]

Die Personalentwicklung kann das organisationale Lernen unterstützen. Die traditionelle Personalentwicklung konzentriert sich meist auf das Lernen des Einzelnen und vernachlässigt dabei die Möglichkeit, dieses individuelle Wissen kollektiv und organisationsweit zu nutzen. Die Personalentwicklung von lernenden Organisationen rückt die

---

[501] Ulrich, Hans/Probst, Gilbert: Anleitung zum ganzheitlichen Denken und Handeln – Ein Brevier für Führungskräfte, 4. Aufl., Bern/Stuttgart/Wien: Haupt 1995, S. 264.

Förderung der Selbstentwicklung der Organisationsmitglieder in den Vordergrund. Die selbstgesteuerte Entwicklung führt zu Planung, Durchführung und Kontrolle eigener Entwicklungsprozesse und beruht daher auf dem Engagement der Organisationsmitglieder. Diese Einbindung hat zwei Effekte: Einerseits wird das Humanpotenzial verstärkt genutzt und andererseits werden die Mitglieder durch die erfahrene Akzeptanz darin bestärkt, sich selbst weiterzuentwickeln.

3.4.2 Individuelles Lernen

Zentral ist die Erkenntnis, dass organisationales Lernen individuelles Lernen voraussetzt, individuelles Lernen allein aber noch keine hinreichende Voraussetzung für organisationale Lernprozesse darstellt. Auch können die Lernniveaus auf Individuen übertragen werden. Im Folgenden geht es darum, was genau individuelles Lernen auszeichnet.

„In seiner alltagssprachlichen Verwendung bezeichnet Lernen eine Veränderung des Wissens oder Könnens – einen Prozess, der bewirkt, dass wir nachher etwas wissen oder können, was wir vorher noch nicht wussten oder konnten. Allgemeiner formuliert: Lernen bezeichnet einen Prozess der zu einer Differenz führt, einer Differenz des Wissens oder Könnens."[502]

Zwei miteinander verwobene Facetten des individuellen Lernens werden hier unterschieden: das Entwickeln neuer Fachkenntnisse oder Denkweisen *(Wissen)* und die Fähigkeit zur Umsetzung dieses Wissens *(Können).*[503] Die Prozesse, die zu diesen Fähigkeiten und somit zum Lernen führen, können sowohl durch intra- als auch interindividuelle Handlungen stattfinden.[504] Wie diese Prozesse konkret ablaufen und welche Handlungen wie zusammenspielen, lässt sich allerdings nicht beobachten. In der Literatur finden sich jedoch viele Theorien, die versuchen, diese nicht beobachtbaren Abläufe der Wissensgenerierung zu erklären und abzubilden.

---

502 Laßleben, Hermann: Lehren und Lernen – Wie wissen wir, was wir lernen müssen?, in: Gmür, Markus (Hrsg.): Entwicklungsorientiertes Management weitergedacht zur Erinnerung an Prof. Dr. Rüdiger Klimecki, Kassel: University Press 2009, S. 11.

503 Vgl. Kim, Daniel H.: The Link between Individual and Organizational Learning, in: Starkey, K./Tempest, S./Mc Kinlay A. (eds.): How Organizations Learn – Managing the search for knowledge, 2nd Edition, Cengage Learning Business Press 2004, S. 30.

504 Vgl. Brown, John Seely/Duguid, Paul: Dem Unternehmen das Wissen seiner Menschen erschließen, in: Harvard Business Manager, Jg. 21, 3/1999, S. 79 f.

Da die Theorien des individuellen Lernens nicht widerspruchsfrei sind, beschränkt sich die folgende Darlegung auf diejenigen Theorien, die relevante Aspekte für die Arbeit enthalten. Für die praktische Ausgestaltung der Personalentwicklung liefern Lerntheorien wichtige Hinweise.[505] Im Rahmen der vorliegenden Untersuchung sind zwei Theoriearten relevant: *Psychologische Lerntheorien* und *soziale Lerntheorien.*

Lerntheorien

Die *psychologischen Lerntheorien* betrachten individuelles Lernen als einen *intraindividuellen* Prozess. Der Lernprozess verläuft dabei individuell und nicht direkt beobachtbar innerhalb des lernenden Individuums.[506] Harald Geißler formuliert dies wie folgt: *„Lernen ist zunächst eine Sache des einzelnen Individuums. Es vollzieht sich in ihm – in seiner Psyche bzw. in seinem Gehirn –, indem neues Wissen und Können hinzukommen oder indem neue Regeln und Verfahren erworben werden, die vorhandene Wissens- und Könnensbestände neuartig verknüpfen."*[507]

Lernen ist aus diesem Blickwinkel als automatisch ablaufender Prozess zu sehen, der sich in zwei Aspekten manifestiert: Erstens werden Fertigkeiten, Wissen und Einstellungen verändert oder sogar neu erworben. Zweitens resultiert aus dem Lernprozess eine Veränderung der Verhaltensweisen, die – beeinflusst durch spezifische Erfahrungen – im Verlauf häufiger oder erstmals an den Tag gelegt werden oder aber seltener oder gar nicht mehr gezeigt werden.[508] Wichtig ist dabei, dass nicht jede Verhaltensänderung auf einen Lernprozess zurückzuführen ist, sondern beispielsweise auch durch Erschöpfung oder nach Drogenkonsum auftreten kann.[509]

In der Psychologie gibt es unterschiedliche Vorstellungen über den individuellen Lernprozess. Sie lassen sich drei einflussreichsten Theoriesystemen zuordnen: dem *Behaviorismus,* dem *Kognitivismus* und dem *Konstruktivismus.*[510]

---

505 Vgl. Becker, Manfred: Wandel aktiv bewältigen!, München/Mering: Rainer Hampp 2009, S. 64 f.

506 Vgl. Leutner, Detlev: Adaptivität und Adaptierbarkeit multimedialer Lehr- und Informationssysteme, in: Issing, Ludwig J.; Klimsa S. (Hrsg.): Information und Lernen mit Multimedia, 2., überarb. Aufl., Weinheim: Psychologie Verlags Union 1997, S. 140.

507 Geißler, Harald: Vom Lernen in der Organisation zum Lernen der Organisation, in: Sattelberger, T. (Hrsg.): Die lernende Organisation, Wiesbaden: Gabler 1991, S. 81.

508 Vgl. Leutner, Detlev: Instruktionspsychologie, in: Rost, Detlev H. (Hrsg.): Handwörterbuch Pädagogische Psychologie, Weinheim: Psychologie Verlags Union 1998, S. 198.

509 Vgl. Staehle, Wolfgang H.: Management – eine verhaltenswissenschaftliche Perspektive, 8., überarb. Aufl., München: Vahlen 1999, S. 207.

510 Baumgartner und Payr sehen in ihnen die drei einflussreichsten Theoriesysteme des letzten Jahrhunderts. Vgl. Baumgartner, Peter/Payr, Sabine: Erfinden lernen, in: Konstruktivismus und Kognitionswissenschaft, Kulturelle Wurzeln und Ergebnisse – Zu Ehren Heinz von Foersters. K., H.

Klassisch behavioristische Ansätze definieren Lernprozesse in Form eines Reiz-Reaktions-Modells (auch als S-R-Theorien bezeichnet). Das lernende Individuum wird als Black Box betrachtet, das mit Reizen (Stimuli) konfrontiert wird, diese verarbeitet und darauf reagiert (Response). Lernergebnisse zeigen sich schließlich in Form veränderter Verhaltensweisen des Individuums. [511] Die Abbildung veranschaulicht das Lernmodell des *Behaviorismus*.

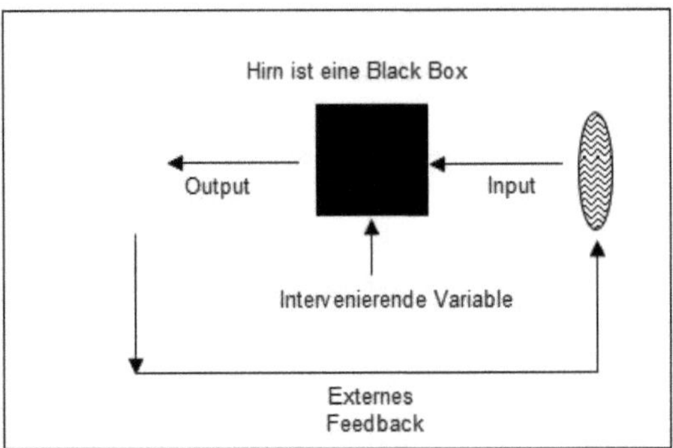

Abb. 17: Schematisches Lernmodell des Behaviorismus in Anlehnung an Baumgartner und Payr[512]

Kognitivistische Analysen (auch S-O-R-Theorien) versuchen, die dem Lernen zugrunde liegenden Prozesse zu modellieren.[513] Individuen lernen hier nicht durch zielloses Herumprobieren (Trial and Error), sondern sie verfügen über intern gespeicherte Grundannahmen, mittels derer sie ihre Wahrnehmung steuern. Folglich ist menschliches Verhalten nicht extern, sondern intern gesteuert – wissensbasiert. Lernen wird hier als Informationsverarbeitungsprozess begriffen.[514] Lernen findet hier statt, wenn Informationen aufgenommen und in vorhandenes Wissen eingearbeitet werden. Informatio-

Müller und F. Stadler. Wien/New York: Springer 1997, S. 89, http://www.peter.baumgartner.name/material/article/erfinden_lernen.pdf.

511 Vgl. Laßleben, Hermann: Lehren und Lernen – Wie wissen wir, was wir lernen müssen?, in: Gmür, Markus (Hrsg.): Entwicklungsorientiertes Management weitergedacht zur Erinnerung an Prof. Dr. Rüdiger Klimecki, Kassel: University Press 2009, S. 11.

512 Vgl. Baumgartner, Peter/Payr, Sabine: Erfinden lernen, in: Konstruktivismus und Kognitionswissenschaft, Kulturelle Wurzeln und Ergebnisse – Zu Ehren Heinz von Foersters. K., H. Müller und F. Stadler. Wien/New York: Springer 1997, S. 89 ff., http://www.peter.baumgartner.name/material/article/erfinden_lernen.pdf.

513 Vgl. Laßleben, Hermann: Lehren und Lernen – Wie wissen wir, was wir lernen müssen?, in: Gmür, Markus (Hrsg.): Entwicklungsorientiertes Management weitergedacht zur Erinnerung an Prof. Dr. Rüdiger Klimecki, Kassel: University Press 2009, S. 11. S-O-R steht dafür, dass die Lücke zwischen Stimulus und Response durch eine Analyse des Organismus zu schließen.

514 Vgl. Laßleben, Hermann: Lehren und Lernen – Wie wissen wir, was wir lernen müssen?, in: Gmür, Markus (Hrsg.): Entwicklungsorientiertes Management weitergedacht zur Erinnerung an Prof. Dr. Rüdiger Klimecki, Kassel: University Press 2009, S. 11.

nen sind die Auslöser für Lernprozesse, denn das alte Wissen generiert mit den neuen Informationen neues Wissen und eröffnet so neue Verhaltensmöglichkeiten. *„Lernen wird insofern als Prozess konzipiert, der zu einem Wissensunterschied führt."*[515] Wissen wird so zu einer höchst subjektiven Konstruktion der Realität. Wenn das Individuum die Fähigkeit zur Selbstreflexion entwickelt, kann es seinen eigenen Lernprozess regulieren. Es geht also nicht nur um die Ebene des individuellen Wissens, sondern auch um die Einstellungs- und Verhaltensebene sowie das individuelle Problemverständnis im Umgang mit Neuem. Die folgende Abbildung veranschaulicht das Lernmodell des *Kognitivismus*.

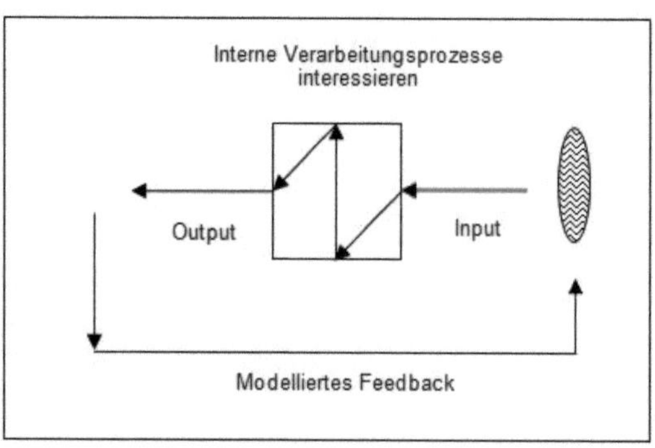

Abb. 18: Schematisches Lernmodell des Kognitivismus in Anlehnung an Baumgartner und Payr[516]

Das Problemlösen steht bei der Lerntheorie des Kognitivismus im Mittelpunkt. Der Ansatz geht davon aus, dass das Problem objektiv gegeben ist und nur noch gelöst werden muss. Das heißt, die richtigen Methoden und Verfahren zur Problemlösung zu lernen, deren Anwendung dann die richtigen Antworten generiert.[517]

Doch Probleme müssen erst einmal gesehen, also analysiert oder erkannt werden, damit sie gelöst werden können. Auch können durch die Konzentration des Ansatzes auf geis-

[515] Laßleben, Hermann: Lehren und Lernen – Wie wissen wir, was wir lernen müssen?, in: Gmür, Markus (Hrsg.): Entwicklungsorientiertes Management weitergedacht zur Erinnerung an Prof. Dr. Rüdiger Klimecki, Kassel: University Press 2009, S. 11.

[516] Vgl. Baumgartner, Peter/Payr, Sabine: Erfinden lernen, in: Konstruktivismus und Kognitionswissenschaft, Kulturelle Wurzeln und Ergebnisse – Zu Ehren Heinz von Foersters. K., H. Müller und F. Stadler. Wien/New York: Springer 1997, S. 89 ff., http://www.peter.baumgartner.name/material/article/erfinden_lernen.pdf.

[517] Vgl. ebd. S. 91 f., http://www.peter.baumgartner.name/material/article/erfinden_lernen.pdf.

tige Verarbeitungsprozesse körperliche Fertigkeiten und Fähigkeiten schwer erklärt bzw. simuliert werden. [518]

Der Konstruktivismus stellt das eigenständige Generieren von Problemen in den Vordergrund. Hier wird Lernen als aktiver Prozess betrachtet. Der Lernende entwickelt sein Wissen, und der Lernprozess basiert auf Erfahrungen und Vorwissen.[519] Der menschliche Organismus wird als ein informationell geschlossenes, energetisch jedoch offenes System gesehen. Die von außen eintreffenden Reize lösen zwar Veränderungen aus, diese hängen aber von der Struktur des Einzelnen ab. Es liegt eine strukturelle Koppelung zwischen Subjekt und Objekt vor, und das Gehirn wird als ein selbstreferentielles, zirkuläres System betrachtet.[520] Die folgende Abbildung veranschaulicht das Lernmodell des *Konstruktivismus*.

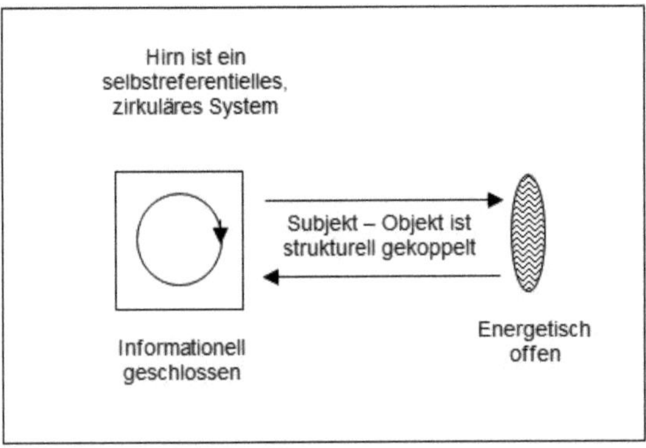

Abb. 19: Schematisches Lernmodell des Konstruktivismus in Anlehnung an Baumgartner und Payr [521]

Zusammenfassend betrachtet, stellt der Konstruktivismus die aktive und konstruktive Rolle des Lernenden in den Vordergrund. Wissen muss selbstständig konstruiert werden, das heißt Lernen bezieht sich auf das Erlangen von Fähigkeiten über die Anwendung des erworbenen Wissens und nicht nur auf das Ansammeln von Faktenwissen.

518 Vgl. Baumgartner, Peter/Payr, Sabine: Erfinden lernen, in: Konstruktivismus und Kognitionswissenschaft, Kulturelle Wurzeln und Ergebnisse – Zu Ehren Heinz von Foersters. K., H. Müller und F. Stadler. Wien/New York: Springer 1997, S. 91 f., http://www.peter.baumgartner.name/material/article/erfinden_lernen.pdf.

519 Vgl. Becker, Manfred: Wandel aktiv bewältigen!, München/Mering: Rainer Hampp 2009, S. 58.

520 Vgl. Baumgartner, Peter/Payr, Sabine: Erfinden lernen, in: Konstruktivismus und Kognitionswissenschaft, Kulturelle Wurzeln und Ergebnisse – Zu Ehren Heinz von Foersters. K., H. Müller und F. Stadler. Wien/New York: Springer 1997, S. 91 f., http://www.peter.baumgartner.name/ material/article/erfinden_lernen.pdf; Baumgartner, Peter/Payr, Sabine: Lernen mit Software, 2. Aufl., Innsbruck et al.: Studien-Verlag 1999, S. 107.

521 Vgl. ebd. S. 89 ff., http://www.peter.baumgartner.name/material/article/erfinden_lernen.pdf.

Durch diese aktive und konstruktive Komponente gewinnt die Selbststeuerung und Selbstregulation für den Lernprozess an Bedeutung.

Die Ansätze beschränken ihre Sicht auf die *intraindividuellen* Lernprozesse. Aber das Lernen wird auch von kognitiven, motivationalen, affektiven und sozial kulturellen Bedingungen mitbestimmt.[522] So vollzieht sich Lernen „*nicht nur innerhalb des Individuums, sondern auch in seiner äußeren Praxis, die es erlebt und die es mit seinem Handeln mitgestaltet. Erleben, Handeln und Lernen bilden also eine Einheit*".[523] Erleben und Handeln sind Aktivitäten des Individuums, die im Zusammenhang mit anderen stehen. Individuelles Lernen in Organisationen stellt deshalb nicht einen Prozess dar, der sich ausschließlich innerhalb des Individuums vollzieht, sondern ist notwendigerweise auch immer an die Interaktion mit denjenigen gebunden, mit denen das Individuum in der Organisation zu tun hat.[524] Diese mannigfaltigen Interaktionsbeziehungen beeinflussen somit das Lernverhalten der Individuen.

Vor diesem Hintergrund gewinnen soziale bzw. *sozial-kognitive und soziologische Lerntheorien* an Relevanz, sie führen das Lernen auf *interindividuelle* Aktivitäten zurück. Einen der wichtigsten Ansätze der sozial-kognitiven Forschungsrichtung stellt Banduras umfassender Ansatz für soziale Lernprozesse dar.[525] Hierzu seine Einschätzung: *"Psychological theories have traditionally assumed that learning can occur only by performing responses and experiencing their effects. Learning through action has thus been given major, if not exclusive, priority. In actuality, virtually all learning phenomena, resulting from direct experience, can occur vicariously by observing other people's behavior and its consequences for them. The capacity to learn by observation enables people to acquire rules for generating and regulating behavioral patterns without having to form them gradually by tedious trial and error."*[526]

Im Mittelpunkt von Banduras Betrachtung stehen die wechselseitigen Interaktionen des Lernenden, seiner Handlungen und der Lernsituation.[527] Diese ständigen Wechsel-

[522] Vgl. Seel, Norbert M.: Psychologie des Lernens: Lehrbuch für Pädagogen und Psychologen, München/Basel: Reinhardt 2000, S. 24

[523] Geißler, Harald: Vom Lernen in der Organisation zum Lernen der Organisation, in: Sattelberger, T. (Hrsg.): Die lernende Organisation, Wiesbaden: Gabler 1991, S. 82.

[524] Vgl. ebd. S. 82.

[525] Vgl. Bandura, Albert: Sozial-kognitive Lerntheorie, Stuttgart: Klett Verlag 1979.

[526] Bandura, Albert: Social Foundations of Thoughts and Action – A Social Cognitive Theory, New Jersey: Prentice Hall 1986, S. 19.

[527] Hier ist Interaktion von Verhalten, Individuum und Umwelt gemeint. Siehe hier auch Bandura, Albert: Sozial-kognitive Lerntheorie, Stuttgart: Klett 1979, S. 20 ff.

wirkungen sind es, die Lernvorgänge anregen und vorantreiben. Dabei wird vor allem den symbolischen und selbstregulativen Prozessen eine besondere Bedeutung zugemessen, da erstere reflexives Denken ermöglichen und letztere die Individuen dazu befähigen, ihre Handlungen zu kontrollieren und den Erfolg zu beurteilen.[528]

Banduras Theorie des *Modelllernens* unterstellt, dass der Lernende der Beobachter ist und die beobachteten Personen/Gruppen das Modell. Lernen findet hier somit nicht nur durch eigene, direkte Erfahrung statt, sondern auch indirekt bzw. stellvertretend durch Nachahmung der Handlungsweisen anderer. Die Lernprozesse erwachsen daraus, dass der Lernende seine Beobachtungen in sein vorhandenes Wissen in Form von Handlungsrichtlinien (Verhaltensmustern) integriert, und sie in ähnlichen Situationen reproduzieren kann.[529] Interessant hierbei ist der Aspekt, dass Verhaltensmuster eine evolutionäre Tendenz erhalten, sobald mehrere Modelle zu einem Modell verknüpft werden, oder unterschiedliche Merkmalskombinationen in ein und dasselbe Modell übernommen werden. Das Modelllernen kommt im organisationalen Kontext im Rahmen von Personalentwicklungsmaßnahmen und Führungskräftetrainings zur Anwendung.[530]

Zusammenfassend können wir festhalten, dass sich das individuelle Lernen *nicht* auf die Ansammlung von Faktenwissen (*Wissen*) allein bezieht, sondern auch auf den Erwerb von Fähigkeiten zur Umsetzung dieses Wissens *(Können)*. Dabei bedeutsam ist, dass Lernen ein individueller Prozess ist, der nur vom Lernenden selbst ausgeht, sodass jeder Lernende die aufgenommenen Inhalte individuell verarbeiten muss. Die Lernenden sollten daher über Fähigkeiten verfügen, die es ihnen ermöglichen, ihre Lernprozesse selbst zu steuern.

So durchläuft das Individuum erst die *Wissensaneignung* (sowohl durch intra- als auch interindividuelle Aktivitäten), dann erfolgt ein *verarbeitendes Verstehen* (Reflextion)[531] und darauf aufbauend das *integrierte Anwenden* in Handlungen.

---

528 Vgl. Bandura, Albert: Sozial-kognitive Lerntheorie, Stuttgart: Klett Verlag 1979, S. 22 ff.

529 Vgl. ebd. S. 22 und 31. Und an anderer Stelle schreibt er: *"They learn by extracting the **basic structure of behavioral** pattern from information conveyed by modeled performances, instructions, and extrinsic feedback, as well as from sensory information returning from a movement."* Bandura, Albert: Social Foundations of Thoughts and Action – A Social Cognitive Theory, New Jersey: Prentice Hall 1986, S. 110.

530 Vgl. Latham, G./Saari, L.M.: Application of social learning theory to training supervisors through behavioral modelling, in: Journal of Applied Psychology, 64, 1979, S. 239 ff.

531 Die Lernschleifen können auch auf den Lernprozess von Individuen übertragen werden in Form von double loop und deutero learning.

Kurz: Im Rahmen dieser Arbeit kann individuelles Lernen als ein Sammelbegriff für Prozesse gesehen werden, *„die bei einem Individuum zum Erwerb oder zur Veränderung von Wissen oder Fertigkeiten und so zu höherer Kompetenz führen".*[532]

Um an diesem Punkt Begriffsklarheit zu haben, sei darauf hingewiesen, dass es sich bei Fertigkeiten, Wissen und Qualifikation nicht um Kompetenzen handelt. Bei *Wissen* kann auch von *Fertigkeiten (Können)* gesprochen werden. Wohingegen *Qualifikation* die Befähigung zum Handeln ist und alle Kenntnisse und Fertigkeiten umfasst, *„aus denen der Mensch als Problemlöser im Rahmen seiner Tätigkeit für die Organisation schöpft."*[533] Diese kann vor oder während der Tätigkeit für die Organisation erworben sein. Menschen verfügen auch immer über mehrere Qualifikationen und in eine Handlung können verschiedene Qualifikationen eingehen. Qualifikationen und Motivationen werden stets in Kombination wirksam, folglich fließen in jede Handlung Motivationen und Qualifikationen ein.[534] *Kompetenzen* schließen Fertigkeiten, Wissen und Qualifikationen ein, wie die nachfolgende Grafik verdeutlicht.

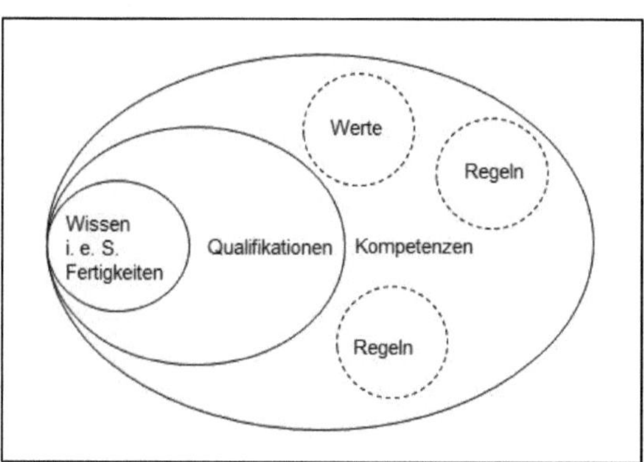

Abb. 20: Zusammenhang zwischen Kompetenzen, Qualifikationen, Fertigkeiten und Wissen nach Erpenbeck/Rosenstiel[535]

---

[532] Mandl, Heinz/Gruber, Hans: Lernen, in: Kaiser, F.J./Pätzold, G. (Hrsg.): Wörterbuch Berufs- und Wirtschaftspädagogik, 2., überarb. und erw. Aufl., Bad Heilbrunn: Julius Klinkhardt 2006, S. 344.

[533] Gmür, Markus: Entwicklungsorientiertes Personalmanagement: Eine Zwischenbilanz, in: Gmür, Markus (Hrsg.): Entwicklungsorientiertes Management weitergedacht zur Erinnerung an Prof. Dr. Rüdiger Klimecki, Kassel: University Press 2009, S. 56.

[534] Vgl. ebd. S.56.

[535] Vgl. Erpenbeck, John/Rosenstiel, Lutz v.: Handbuch Kompetenzmessung – Erkennen, Verstehen und Bewerten von Kompetenzen in der betrieblichen, pädagogischen und psychologischen Praxis, 2., überarb. und erw. Aufl., Stuttgart: Schäffer-Poeschel 2007, S. XII.

3.4.3 Heuristiken zur Förderung von lernender Organisation und individuellem Lernen

Da in der Wissensgesellschaft die Nutzung von Intelligenz und organisationales Lernen erfolgsentscheidend sind,[536] ist das Zusammenspiel des individuellen und organisationalen Lernens zu betrachten. Denn wie bereits dargelegt, ist organisationales ohne individuelles Lernen nicht möglich. Individuelles Lernen *generiert* organisationales Lernen, wenn *erstens* seitens des Individuums der Lernvorgang von der Wissensaneignung bis zur Handlung reicht. *Zweitens* ist Voraussetzung für organisationales Lernen, dass das Individuum die Bereitschaft zeigt, individuelles Wissen in gemeinsame Lernprozesse einzubringen und dass das Individuum offen ist für das Wissen und die Erfahrung anderer.

In der Weitergabe des Wissens liegt der Schlüssel, denn es sind die Erfahrungen und das Wissen, die die Position und das Expertentum der Mitarbeiter bestimmen. Wenn es nicht gelingt, das für die Organisation wichtige personengebundene Expertentum auf andere zu übertragen, geht dieses bei einem Stellenwechsel des betreffenden Mitarbeiters der Organisation verloren.[537]

In diesem Zusammenhang gewinnt die Aussage *„Personalentwicklung kann zu organisationalem Lernen führen, wenn es gelingt, individuelles Wissen für andere nutzbar zu machen"*[538] eine tiefere Bedeutung. Die Personalentwicklung trägt hier maßgeblich zum *Transfer* von individuellem zu organisationalem Lernen bei.

Probst, Raub und Romhard weisen darauf hin, dass einige Transformationsbedingungen vorab erfüllt sein müssen, damit individuelles Wissen in kollektives Wissen überführt wird und gleichzeitig auf die individuelle Ebene zurückwirken kann. Sie nennen als Bedingung *Kommunikation beziehungsweise Interaktion, Transparenz und Integration.*[539] Nur durch den Transfer lässt sich verhindern, dass individuelles Wissen isoliert und für kollektive Prozesse der Wissensentstehung nicht nutzbar ist.

---

536 Vgl. Bleicher, Kurt: Die Vision von der intelligenten Unternehmung als Organisationsform der Wissensgesellschaft, in: zfo, 78. Jg., 02/2009, S. 72-79.

537 Vgl. Hanft, Anke: Personalentwicklung zwischen Weiterbildung und "organisationalem Lernen" – Eine strukturationstheoretische und machtpolitische Analyse der Implementierung von PE-Bereichen, München: Mering Hampp 1995, S. 51.

538 Zaugg, Robert J.: Nachhaltige Personalentwicklung – Von der Schulung zum Kompetenzmanagement; in: Thom, Norbert/Zaugg, Robert J. (Hrsg.): Moderne Personalentwicklung – Mitarbeiterpotentiale erkennen, entwickeln und fördern, Wiesbaden: Gabler Verlag 2006, S. 33.

539 Vgl. Probst, Gilbert/Raub, Steffen/Romhardt, Kai: Wissen managen – Wie Unternehmen ihre wertvollste Ressource optimal nutzen, 5., überarb. Aufl., Wiesbaden: Gabler Verlag 2006, S. 125,

Ein wichtiges Anliegen der Personalentwicklung lernender Organisationen besteht in der Sensibilisierung der Organisationsmitglieder für die Bedeutung lebenslangen Lernens und in der frühzeitigen Erkennung und Deckung von veränderten Anforderungen.[540] Denn das berufliche Wissen und Können unterliegt einer ständig sinkenden Verfallszeit – und somit veraltet das spezielle Fachwissen schnell. Deshalb sind Wissen und Fähigkeiten zum Aneignen neuen Wissens sehr gefragt.[541] Damit das Personal die permanenten Veränderungs- und Entwicklungsprozesse im Unternehmen mittragen und mitgestalten kann, müssen die Individuen über Managementkenntnisse verfügen, um die ständig wachsende Komplexität und Dynamik von erforderlichem Wissen bewältigen zu können. Und damit Organisationen dauerhaft vom Wissen ihrer Mitglieder profitieren, sind die Mitarbeiter anzuhalten, sich ständig weiter zu qualifizieren. Darüber hinaus sind die Mitarbeiter beim individuellen Lernen zu fördern.

Zwar bedeuten verbesserte Bedingungen für individuelle Lernprozesse in Organisationen nicht zwangsläufig eine Verbesserung des organisationalen Lernens.[542] Dennoch schaffen die folgenden herausgearbeiteten Heuristiken Rahmenbedingungen, in denen die Selbstentwicklungsfähigkeit auf individueller und organisationaler Ebene gestützt wird, um *systemisches Lernen* in der gesamten Organisation möglich zu machen.

Diese Heuristiken müssen in ihrer Gesamtheit auf allen Ebenen des Lernprozesses ansetzen. Nur so ist gewährleistet, dass sowohl das individuelle als auch das organisationale Lernen optimal unterstützt und gefördert wird; darüber hinaus werden beide Bereiche verzahnt. Da sich diese Prozesse gegenseitig beeinflussen, sind die Bereiche des individuellen und des organisationalen Lernens nicht völlig trennscharf, aber das übergeordnete Ziel beider Lernprozesse muss es sein, das *Aktivieren der Intelligenz* im Unternehmen ganzheitlich und umfassend zu ermöglichen, zum Wohle der Organisation und zum Nutzen des Individuums. Hier können folgende Heuristiken helfen:

---

weiterführendes zu dem *Transfer* und der *Transformationsbrücke* siehe Probst, Gilbert/Büchel, Bettina: Organisationales Lernen – Wettbewerbsvorteil der Zukunft, Wiesbaden: Gabler Verlag 1998, S. 22 ff.

540 Vgl. Stäbler, Samuel: Die Personalentwicklung der "Lernenden Organisation": konzeptionelle Untersuchung zur Initiierung und Förderung von Lernprozessen, Berlin: Duncker & Humblot 1999, 250 ff.

541 Vgl. Konrad, Klaus/Traub, Silke: Selbstgesteuertes Lernen in Theorie und Praxis, München: Oldenbourg 1999, S. 23.

542 Es gibt keine Garantie, dass die Mitarbeiter, ihr Wissen automatisch in vollem Umfang zur Verfügung stellen und in die organisatorischen Handlungsabläufe einfließen lassen. Vgl. Müller-Stewens, Günter/Pautzke, Gunnar: Führungskräfteentwicklung und organisatorisches Lernen, in: Sattelberger, T. (Hrsg.): Die lernende Organisation, Wiesbaden: Gabler Verlag 1991, S. 194.

1. Heuristik: Selbstregulation von Lernprozessen fördern
2. Heuristik: Selbstverantwortung einfordern und Motivation fördern
3. Heuristik: Kontinuierliches Lernen fördern
4. Heuristik: Möglichkeiten zur Selbstentwicklung schaffen
5. Heuristik: Problemlösungskompetenz ausbauen
6. Heuristik: Wissensreservoir aufbauen und Wissensmanagement etablieren

1. Heuristik: Selbstregulation von Lernprozessen fördern

Um ein ständiges individuelles Lernen in Organisationen als dauerhaften Prozess zu etablieren, ist es unerlässlich, dass während des Lernprozesses nicht nur Selbststeuerung stattfindet, sondern auch *Selbstregulation.* Selbststeuerung bedeutet, dass Individuen einmal gewählte Ziele oder Vorhaben eigenverantwortlich erfüllen, ohne während des Prozesses auf Veränderungen im Umfeld oder Feedback zu reagieren. Dagegen findet Selbstregulation statt, wenn das Individuum während der Verwirklichung des Vorhabens Veränderungen im Umfeld oder Feedback von außen wahrnimmt und darauf mit Änderungen in der Vorgehensweise und/oder Zielkorrekturen reagiert. Darüber hinaus handelt es sich bei Selbstregulation um einen zyklischen Prozess, "*because the feedback from prior performance is used to make adjustments during current efforts. Such adjustments are necessary because personal, behavioral, and environmental factors are constantly changing during the course of learning and performance, and must be observed or monitored using three self-oriented feedback loops.*"[543] Damit wird klar, dass Selbstregulation gerade in Zeiten des ständigen Wandels unerlässlich ist, um sowohl als Organisation als auch als Individuum kontinuierlich zu lernen und dauerhaft erfolgreich zu bleiben.

Beim selbstregulierten Lernen setzt sich das Individuum eigene Lernziele und überwacht, reguliert und kontrolliert ständig die eigene Wahrnehmung, Motivation und das eigene Verhalten im Hinblick auf die Lernziele und die Umweltbedingungen.[544] Auch Boekaerts nimmt wiederholt (1992, 1997, 1999) Bezug auf die Interdependenzen zwi-

---

[543] Zimmerman, Barry J.: Attaining Self-Regulation – A Social Cognitive Perspective, in: Boekaerts, M./Pintrich, S.R./Zeidner, M. (eds.): Handbook of Self-Regulation, San Diego/London: Academic Press 2000, S. 13.

[544] Vgl. Pintrich, Paul R.: The Role of Goal Orientation in Self-Regulated Learning, in: Boekaerts, M./Pintrich, S.R./Zeidner, M. (eds.): Handbook of Self-Regulation, San Diego/London: Academic Press 2000, S. 453.

schen kognitiven und metakognitiven Strategien wie auch motivationalen Aspekten.[545] Sie haben alle drei Einfluss auf das selbstregulierte Lernen, das wie ein Mediator hinsichtlich der Beziehungen zwischen den Individuen im Unternehmen untereinander und zu ihrem Umfeld wirkt. Dadurch verbessert sich der Grad der Erreichung des übergeordneten Unternehmensziels.[546]

Voraussetzungen für eine Steigerung der Selbstregulation

Selbstwirksamkeit

Selbstregulation kann in allen drei Phasen einer Aufgabenbewältigung stattfinden: Vor der Aufgabe, also in der Planungs- und Konzeptionsphase, während der Durchführung der Aufgabe und nach der Aufgabenerfüllung, also in der Phase der Selbstreflexion. In allen drei Phasen ist *Selbstwirksamkeit* die Voraussetzung für Selbstregulation.[547] Auch Bandura weist auf Selbstwirksamkeit als wesentliches Element für Selbstregulation hin.[548] Selbstwirksamkeit beruht auf der persönlichen Überzeugung eines Individuums, über die erforderlichen Fähigkeiten zu verfügen, um ein bestimmtes Vorhaben, eine Aufgabe oder ein Ereignis zu meistern ohne bereits konkrete Erwartungen hinsichtlich des Ergebnisses zu haben. Es ist also zu unterscheiden zwischen den Selbstwirksamkeitserwartungen und den Ergebniserwartungen (siehe Abbildung 21).

---

545 Vgl. Boekaerts, Monique: The adaptable learning process: Initiating and maintaining behavioural change, Applied Psychology, 41/4, 1992, S. 377-397; Boekaerts, Monique: Self-regulated learning: A new concept embraced by researchers, policy makers, educators, teachers and students, Learning and Instruction, 7/2, 1997, S. 161-186; Boekaerts, Monique: Self-regulated learning – Where we are today, International Journal of Educational Research, 31, 1999, S. 445-475.

546 Vgl. Pintrich, Paul R.: The Role of Goal Orientation in Self-Regulated Learning, in: Boekaerts, M./Pintrich, S.R./Zeidner, M. (eds.): Handbook of Self-Regulation, San Diego/London: Academic Press 2000, S. 453.

547 Vgl. Schunk, Dale H./Ertmer, Peggy A.: Self-Regulation and Academic Learning – Self-Efficacy enhancing interventions, in: Boekaerts, M./Pintrich, S.R./Zeidner, M. (eds.): Handbook of Self-Regulation, San Diego/London: Academic Press 2000, S. 634 ff.

548 Vgl. Bandura, Albert: Social foundations of thought and action: A social cognitive theory. Englewood Cliff, NJ: Prentice-Hall 1986 und Bandura, Albert: Preface in: Bandura, Albert (eds.): Self-Efficacy in changing Societies, Cambridge: Cambridge University Press 1995.

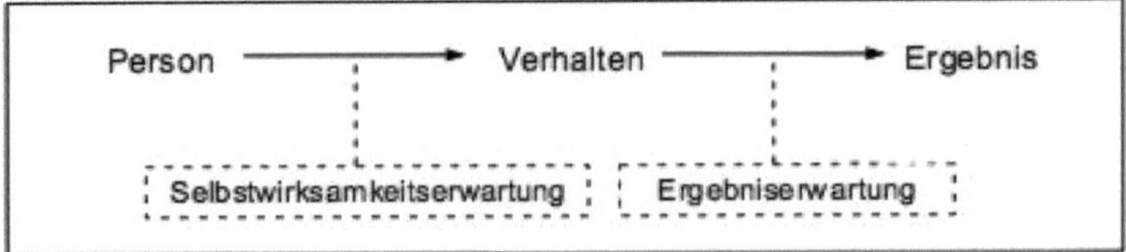

Abb. 21: In Anlehnung an Bandura Unterschied zwischen Selbstwirksamkeitserwartungen und Ergebniserwartungen[549]

Je nachdem wie sehr ein Individuum auf die eigene Selbstwirksamkeit vertraut, packt es eine Aufgabe auch an. Personen mit einer hohen Selbstwirksamkeitsüberzeugung bemühen sich nicht nur stärker, ein gegebenes Ziel zu erreichen, sondern setzen sich mit der Zeit auch immer höhere Ziele. Es ist also sowohl im Sinne des Unternehmens als auch des Individuums, diese Selbstwirksamkeitsüberzeugung zu steigern. Ein wesentlicher Faktor sind dabei Freiräume für die Mitarbeiter hinsichtlich eigenständiger Entscheidungen und auch hinsichtlich der Vorgehensweisen bei der Aufgabenerfüllung.

Einen entscheidenden Einfluss auf die eigene Selbstwirksamkeitsüberzeugung haben aber auch bereits gemachte Erfahrungen hinsichtlich der eigenen Leistungs- und Problembewältigungsfähigkeit. Aber nicht nur das Individuum, sondern auch die Organisation als System verbessert seine Leistungsfähigkeit durch eine hohe Selbstwirksamkeitsüberzeugung. Bandura dazu: *"The influence of individualistic and collectivistic orientations on performance operates largely through beliefs of personal and group efficacy and their motivational impact (...). Efficacy beliefs function as regulative influences for collectivists in individualistic societies and individualists in collectivistic societies, regardless of whether orientations are analyzed at the cultural level or at the individual level."*[550]

Selbstreflexion

Jede Aufgabenerfüllung bedingt dann einen Lernprozess, wenn während und nach der Aufgabenerfüllung Selbstreflexion hinsichtlich der Vorgehensweisen und Ergebnisse

549 Vgl. Bandura, Albert: Self-Efficacy: Toward a unifying theory of behavioral change. Psychological Review, 84-2, 1977, S. 193; Bandura, Albert: Self-Efficacy – The exercise of control, NY: Freeman 1997, S. 21 f. und Bandura, Albert: Sozial-kognitive Lerntheorie, Stuttgart: Klett 1979, S. 86 hier heisst es nicht *Selbstwirksamkeitserwartung* sondern *Leistungseffizienzerwartung*.

550 Bandura, Albert: Self-Efficacy – The exercise of control, NY: Freeman 1997, S. 32.

erfolgt. Diese führt zu einer kontinuierlichen Verbesserung der Vorgehensweisen und Methoden bei ähnlich gelagerten Aufgabenstellungen. Diese Selbstreflexion wird nicht nur durch die individuellen Sichtweisen beeinflusst, sondern auch durch die Urteile von außen. Diese Urteile beeinflussen die Selbsteinschätzung der Leistung und führen zu selbstbewertenden Konsequenzen. Bandura betont, dass ein Großteil menschlichen Verhaltens durch selbstbewertende Konsequenzen beeinflusst wird. Diese zeigen sich unter anderem in Selbstzufriedenheit und Stolz auf sich selbst, oder aber in Selbstkritik und Unzufriedenheit mit dem eigenen Handeln. Diese Selbstbewertung führt auch dazu, dass Menschen sich selbst veranlassen, Dinge zu tun, die sie ansonsten gar nicht oder nicht gerne tun würden. Darüber hinaus beeinflusst die Bewertung der eigenen Leistungen und des eigenen früheren Verhaltens auch die Leistungsstandards, die sich Personen setzen: *„Frühere Leistungen entscheiden über die Selbstbewertung vor allen Dingen deshalb, weil sie Standards setzen. Sobald die Person einen bestimmten Leistungsstandard erreicht hat, dient dieser nicht mehr als Ziel, das man sich setzen kann. Um mit sich selbst zufrieden zu sein, muss die Person ihre Leistungen ständig verbessern. In der Regel heben Menschen ihren Leistungsstandard an, wenn sie Erfolg haben, und reduzieren ihn auf ein realistisches Maß, wenn sie wiederholt Misserfolge erlebt haben.“*[551]

Zusammenfassend ist festzustellen, dass die Förderung von Selbstregulation und selbstreguliertem Lernen, sowie damit verbunden die Steigerung der Selbstwirksamkeitsüberzeugung und das Fördern von Selbstreflexion, nicht nur die Selbstverwirklichung der Mitarbeiter und damit ihre Zufriedenheit steigert, sondern im Zeitverlauf auch dazu führen kann, dass Mitarbeiter ihre eigenen Leistungsstandards immer wieder nach oben korrigieren. Dies führt zu einer verbesserten, effizienteren und umfassenderen Erreichung des übergeordneten Unternehmensziels. Die Personalentwicklung kann dafür sorgen, dass das Maß an Selbstregulation im Unternehmen steigt, beispielsweise durch die Schaffung folgender Rahmenbedingungen:

- Mitarbeiter haben die Möglichkeit, eigene Entscheidungen über die Vorgehensweisen bei der Aufgabenerfüllung und dem eigenen Lernen zu treffen.
- Mitarbeiter können die Ziele, die ihnen gesetzt werden oder die sie sich selbst setzen, hinterfragen und je nach Umfeldreaktionen auch korrigieren.

---

[551] Bandura, Albert: Sozial-kognitive Lerntheorie, Stuttgart: Klett Verlag 1979, S. 135 f.

- Mitarbeiter erhalten bei der Erfüllung ihrer Aufgaben und bei entsprechenden Leistungen positives und klares Feedback, sodass sie Anreize haben, ihre Leistungsstandards kontinuierlich zu verbessern.

2. Heuristik: Selbstverantwortung einfordern und Motivation fördern

Die permanente Lernbereitschaft und -fähigkeit aufzubauen und zu erhalten wurde in *Kapitel 2.3* als eine zentrale Herausforderung einer lernenden Organisation genannt. Die *eigene* Lernfähigkeit dauerhaft zu pflegen, liegt in der Selbstverantwortung der Mitarbeiter, während die Lernbereitschaft von der intrinsischen und extrinsischen Motivation des Individuums abhängt.

Selbstverantwortung einfordern

Neben der Vermittlung von Sach- und Fachwissen seitens der Organisation besteht für den Mitarbeiter die Selbstverantwortung, sich hinsichtlich von Fähigkeiten und Wissen, die im eigenen Beruf aktuell erforderlich sind, auf dem Laufenden zu halten und sich weiterzubilden. Dies ist auch im Interesse des Mitarbeiters, da er nur so seine Beschäftigungsfähigkeit auf Dauer erhalten kann. In Druckers Worten: *"But above all, today's manager and career professional has a responsibility to develop himself. It is a responsibility he has toward his institution, as well as toward himself."*[552] Die Weiterentwicklung der eigenen Persönlichkeit liegt in der Verantwortung des Individuums selbst. Motivation, Leistung und Ergebnisse müssen von der Person selbst kommen. *"The first priority of one's own development is to strive for excellence. (...) The critical factor for success is accountability – holding yourself accountable. Everything else flows from that. The important thing is not that you have rank, but that you have responsibility. To be accountable, you must take the job seriously enough to recognize: I've got to grow up to the job."*[553]

[552] Drucker, Peter : Management – Tasks, Responsibilities, Practices, Reprinted Edition, New York: HarperCollins Publishers 1993, S. 428.

[553] Drucker, Peter F.: Managing the Non-Profit Organization, Reprinted Edition, New York: Harper Collins Publishers 2005, S. 192. Übersetzung Isabel Arnold: Grundvoraussetzung für Erfolg ist Verantwortung – sich selbst verantwortlich zu machen. Daraus ergibt sich alles Weitere. Wichtig ist nicht ein hohe Stellung, sondern dass sie Verantwortung übernehmen. Dazu müssen Sie Ihre Arbeit ernst genug nehmen, um zu erkennen: Ich muss mich entwickeln und dieser Aufgabe gerecht werden.

Nach Peter F. Drucker werden dem Wissensarbeiter hierbei zwei Leitfragen von Nutzen sein:[554]

- Was muss ich lernen, um das Wissen, für das ich bezahlt werde, auf der Höhe der Zeit zu halten?
- Und was müssen meine Kollegen über mein Wissensgebiet wissen und verstehen, um den Beitrag zu erkennen, den es zur Organisation und zu ihrer Arbeit leisten kann und sollte? Getreu der Devise: "*The best learning takes place in teams that accept that the whole is larger than the sum of the parts, that there is a good that transcends the individual.*"[555]

Die Organisation kann hierbei die Rahmenbedingungen schaffen, Persönlichkeitslernen durch das Anbieten, Erschließen oder Zulassen neuer kreativer Lernwege in der Eigenverantwortung und Selbstregie des Individuums zu fördern.[556] Den Mitarbeitern mehr Selbstverantwortung einzuräumen erweitert in den Organisationsmodellen die Spielräume für die autonome Selbstorganisation deutlich. Bea und Göbel nennen als Voraussetzung dafür Restrukturierung hin zu mehr Prozessorganisation und Teamorganisation. Diese lassen autonome Entscheidungen in großem Umfange überhaupt erst zu.[557] Dieser Trend zu mehr Eigenverantwortung wird durch Antworten einer Bildungsmanager-Befragung untermauert.[558] Konkretisierend verdeutlicht Mintzberg, dass Manager am besten lernen, *„wenn sie ein hohes Maß an Verantwortung für alle Aspekte des Lernprozesses tragen, einschließlich deren Konzeption.“*[559]

Auch kann die Organisation Einfluss nehmen auf die am Arbeitsplatz herrschenden Bedingungen. Der Arbeitsplatz gilt immer noch als wichtigster Lernort und gewinnt aufgrund der wachsenden Komplexität und Ganzheitlichkeit der Arbeits- und Lernbereiche

---

554 Vgl. Drucker, Peter F.: Management Challenges for the 21st Century, Reprinted Edition, Oxford: Elsevier Butterworth-Heinemann 2005, S. 163 ff.

555 De Geus, Arie: Planning as Learning, in: Harvard Business Review, 66, 1988, S. 74.

556 Vgl. Sattelberger, Thomas: Personalentwicklung neuer Qualität durch Renaissance helfender Beziehungen, in: Sattelberger, T. (Hrsg.): Die lernende Organisation, Wiesbaden: Gabler 1991, S. 224 f.

557 Vgl. Bea, Franz Xaver/Göbel, Elisabeth: Organisation, 4., neu bearb. u. erw. Aufl., Stuttgart: Lucius & Lucius 2010, S. 415 ff.

558 Vgl. Seufert, S./Diesner, I.: Wie Lernen im Unternehmen funktioniert, in: Harvard Business Manager, August 2010, S. 10 Studie durchgeführt von den Autoren und European Foundation for Management Development und Mohammed e-University in Dubai.

559 Mintzberg, Henry: Manager statt MBA's – eine kritische Analyse, Frankfurt/New York: Campus 2005, S. 249.

weiter an Bedeutung.[560] Oelze und Nolden verweisen sogar auf die Erkenntnisse des Forscherteams Bob Mosher und Conrad Gottfredsson, dass 80 Prozent des Lernens am Arbeitsplatz stattfindet und nicht innerhalb eines strukturierten Lernangebots.[561] Der Aspekt, den Lernenden nicht von seinem Unternehmen zu trennen, und somit Lernprozess und Praxis nicht auseinanderfallen zu lassen, kann als unverzichtbare Klammer verstanden werden, die das Unternehmen zusammenhält.

Motivation – respektive Selbstmotivation fördern

Noer schreibt, dass sich jede Organisation eine Belegschaft wünscht, die sich bei Veränderungen wohlfühlt und in der Lage ist, zu lernen und sich zu entwickeln. Nur so generiert sie Wettbewerbsvorteile und sichert sich ihre Zukunft. Die Belegschaft hierbei muss nicht nur motiviert sein, Probleme aktiv anzugehen, sondern auch fähig sein, die eigene Lernkompetenz zu entwickeln.[562]

Das Thema Mitarbeitermotivation gewinnt dadurch eine neue Relevanz, denn nur motivierte Mitarbeiter werden auch die Bereitschaft und den Antrieb haben, sich im Sinne der Unternehmensziele weiterzuentwickeln. Wenn die Mitarbeiter entsprechend ihrer Stärken und Fähigkeiten eingesetzt werden, wird sich Leistung und Erfolg einstellen. Aber nicht nur die adäquate Aufgabenstellung, sondern auch das Gefühl, als Teil der Organisation wertgeschätzt zu werden, trägt zur Leistungsbereitschaft bei. Dies bedeutet unter anderem, dass Mitarbeiter in Zeiten vieler Veränderungsprozesse, informiert werden wollen, was, und auch verstehen wollen, warum etwas verändert wird.[563]

Peter F. Drucker schreibt über Motivation: *"No one can motivate a man toward self-development. Motivation must come from within. But a man's superior and the company can do a good deal to discourage even the most highly motivated man and to misdirect his development efforts. The active participation, the encouragement, the guidance from*

---

560 Vgl. Münch, Joachim: Personalentwicklung als Mittel und Aufgabe moderner Unternehmensführung, Bielefeld: wbv 1995, S. 41.

561 Vgl. Oelze, J./Nolden, J.: Das Mitarbeiter-Potenzial voll ausschöpfen, in: Personalwirtschaft, 12/2011, S. 62-63

562 Vgl. Noer, David M.: Die vier Lerntypen – Reaktionen auf Veränderungen im Unternehmen, Stuttgart: Klett-Cotta 1998, S. 117

563 Vgl. Wabel, C./Kiese, L.: Neue Rolle für den Chef, in: Personalwirtschaft, 02/2011, S. 38. Hierzu Drucker: *"The development of a manager focuses on the person. Its aim is to enable man to develop his abilities and strengths to the fullest extent and to find individual achievement. The aim is excellence."* Drucker, Peter F.: Management – Tasks, Responsibilities, Practices, Reprinted Edition, New York: HarperCollins Publishers 1993, S. 426 ff.

both superior and company are needed for manager-development efforts to be fully productive."[564] Malik schreibt über Motivation respektive Selbstmotivation, dass das eher eine Frage von Praxis und Disziplin ist. Nicht selten sei es ein selbstauferlegter Zwang, dem man sich unterwirft, weil es einem Einsicht, Vernunft und Verstand gebieten. Diejenigen, die Chancen in den Problemen sehen und sich selbst motivieren, wollen Dinge verändern.[565]
Senge betont, dass es nur zu tiefgreifenden Lernprozessen kommt, wenn Menschen *„selbst den leidenschaftlichen Wunsch haben, ihr Wissen und Können zu erweitern."*[566] Wenn allerdings dieser Antrieb fehlt, erfahren Weiterbildungsmaßnahmen nur oberflächliche Akzeptanz.[567] Besonders beim selbstregulierten Lernen ist der innere Antrieb des Individuums vonnöten. Da selbst reguliertes Lernen eine gewisse Ausdauer erfordert, werden hier die Wechselwirkungen zwischen *Selbstmotivation* und *Selbstregulation* ersichtlich.

Die Entwicklung der Selbstmotivation und Selbstregulation beruht auf bestimmten grundlegenden Funktionen, die mithilfe äußerer Anreize entwickelt werden. Viele der Tätigkeiten, die Fähigkeiten erweitern, sind zu Beginn uninteressant und ermüdend. Sie werden erst belohnend, wenn man in ihnen eine gewisse Fertigkeit erwirbt.[568] Dieses Erfolgserlebnis hat dann zur Folge, dass die Selbstmotivation, sich mit diesem Wissensgebiet zu beschäftigen, steigt.

Die Lernbereitschaft von Individuen hängt von ihrer intrinsischen und extrinsischen Motivation ab. Intrinsische Motivation bezeichnet den Umstand, dass eine Person eine Tätigkeit ausführt, ohne Erwartung auf Belohnung und nur aufgrund von Werten oder Motiven, die in der Handlung selbst liegen. Wird ein Verhalten dagegen ausgeführt, weil die Folgen einer Handlung attraktiv erscheinen, oder aber die Folgen des Nichthandelns unangenehm wären, ist dies extrinsisch motiviert.[569] Grundlage für das Ent-

564 Drucker, Peter F.: Management – Tasks, Responsibilities, Practices, Reprinted Edition, New York: HarperCollins Publishers 1993, S. 426 ff.
565 Vgl. Malik, Fredmund: Führen Leisten Leben – Wirksames Management für eine neue Zeit, Frankfurt/New York: Campus 2006, S. 159.
566 Senge, Peter/Kleiner, Art/Smith, Bryan/Roberts, Charlotte/Ross, Richard: Das Fieldbook zur fünften Disziplin, 5. Aufl., Stuttgart: Schäffer-Poeschel 2008, S. 223.
567 Vgl. ebd. S. 223.
568 Vgl. Bandura, Albert: Sozial-kognitive Lerntheorie, Stuttgart: Klett Verlag 1979, S. 108.
569 Vgl. Rosenstiel, Lutz von: Motivation von Mitarbeitern, in: Rosenstiel, L. von/Regnet, E./Domsch, M. (Hrsg.): Führung von Mitarbeitern, 5., überarb. Aufl., Stuttgart: Schäffer-Poeschel 2003, S. 201.

stehen intrinsischer Motivation sind die Bedürfnisse nach Kompetenz und Selbstbestimmung.[570]

Nach Bandura beeinflusst unter anderem auch der Motivationslevel die Auswirkungen der Selbstreflexion. *"People who desire to change the behavior they are monitoring are the most prone to set goals for themselves and to react self-evaluatively to the progress they are making."*[571] Wenn Individuen über bestimmte Aufgaben nachdenken, lenken sie außerdem ihre Aufmerksamkeit nicht nur auf die Anforderungen der Aufgaben, sondern auch auf ihr Können hinsichtlich kognitiver Strategien und ihre persönlichen Fähigkeiten. Wenn das Handeln dann nicht die gewünschten Folgen nach sich zieht, werden sie ihr eigenes Denken nochmals bewerten und verändern.[572]

In Ziel und Absicht einer Handlung kommt immer auch eine Motivation zum Ausdruck. Diese kann auf negativen Emotionen wie Widerwille oder Angst, aber auch positiven wie Hoffnung oder Freude fußen. *„Die Handlung einer Person kann immer auch von mehreren Motivationen getragen sein, die sich gegenseitig ergänzen oder sogar in einem Konflikt zueinander stehen können."*[573]

Die Organisation kann Voraussetzungen schaffen, um die gewünschte Motivation oder die gewünschten Interessen zu wecken. Diese führen zum Einsatz von Lernaktivität und Lernstrategien, die nicht nur faktenorientiertes und mechanisches, sondern auch bedeutungshaltiges Lernen umfassen. Bedeutungshaltiges Lernen ist nachhaltiger, da es durch Übertragung hilft, komplexe Fragestellungen zu lösen.

Senge unterstreicht: *"People learn best when they want to learn – which is why organizational purpose is so important. When members comprehend an organization's purpose as distinct from what it does, they can understand why it may be important to change what the organization does in order to serve its purpose. More importantly, they*

570 Vgl. Friedrich, Helmut/Mandl, Heinz: Analyse und Förderung des selbstgesteuerten Lernens, in: Weinert, Franz E.; Mandl, Heinz (Hrsg.): Psychologie der Erwachsenenbildung, Göttingen u.a.: Hogrefe 1997, S. 243.

571 Bandura, Albert: Social Foundations of Thoughts and Action – A Social Cognitive Theory, New Jersey: Prentice Hall 1986, S. 339.

572 Vgl. Bandura, Albert: Social Foundations of Thoughts and Action – A Social Cognitive Theory, New Jersey: Prentice Hall 1986, S. 125.

573 Gmür, Markus: Entwicklungsorientiertes Personalmanagement: Eine Zwischenbilanz, in: Gmür, Markus (Hrsg.): Entwicklungsorientiertes Management weitergedacht zur Erinnerung an Prof. Dr. Rüdiger Klimecki, Kassel: University Press 2009, S. 56. Die Auswirkung von Emotionen auf das organisationale Lernen kann vertieft werden bei Scherer, Klaus/Tran, Véronique: Effects of Emotion on the Process of Organizational Learning, in: Berthoin-Antal, A./Dierkes, M./Child, J./Nonaka, I. (eds.): Handbook of Organisational Learning and Knowledge, Oxford/New York: Oxford Press 2007, S. 369-397.

may have a good idea of how their specific part of the organization should change the way it operates."[574]

Allein durch die Vorbildfunktion können Führungskräfte durch ihr Lernen und durch ihre Lernerfahrung in der Organisation eine kreative Spannung erzeugen, die zum Lernen motiviert.

Gelingt es der Organisation, ein Umfeld von kreativer Spannung zu erzeugen, werden die Individuen genauso wie die Organisation angetrieben. *„Der erste Schritt zur Schaffung dieser umfangreicheren Spannung besteht darin, dass man lernt, die kreative Spannung in sich selbst zu erzeugen und aufrechtzuerhalten."*[575]

3. Heuristik: Kontinuierliches Lernen fördern

Die zunehmende Komplexität, der sich Unternehmen und ihre Mitarbeiter ausgesetzt sehen, wurde in dieser Arbeit bereits mehrfach dargestellt. Um diese Komplexität bewältigen zu können, werden Organisationen danach streben, sich der externen Umweltdynamik durch interne Veränderung anzupassen[576] und sich dem Wandel entsprechend kontinuierlich weiterzuentwickeln. Laut Ulrich und Probst sind Organisationen soziale Systeme, die in hohem Maß entwicklungsfähig sind[577], also tatsächlich als Organisationen lernen können, was zur Folge hat, dass Change auch bewältigt werden kann (siehe auch *Kapitel 2.3*). Dabei ist es unerlässlich, dass auch alle Individuen im Unternehmen entwicklungsfähig und -willig sind. *„Der Kerngedanke einer lernenden Organisation besteht darin, dass nur ein kontinuierliches, sich selbst steuerndes Lernen aller Personen im Unternehmen dessen Leistungsfähigkeit steigert."*[578] Dabei unterstützen als zentrale Gestaltungskriterien die oben angeführte Selbstorganisation und Selbstregulation.

---

574 Bower, Joseph L.: The Purpose of Change – a Commentary on Jensen and Senge, in: Beer, M./Nohira, N. (eds.): Breaking the Code of Change, Boston: Harvard Business School Press 2000, S. 85.

575 Senge, Peter/Kleiner, Art/Smith, Bryan/Roberts, Charlotte/Ross, Richard: Das Fieldbook zur fünften Disziplin, 5. Aufl., Stuttgart: Schäffer-Poeschel 2008, S. 227.

576 Vgl. Lütge, Christoph/Vollmer, Gerhard: Lernen aus der Sicht der Evolutionären Erkenntnistheorie, in: Wiesenhuber, Norbert & Partner (Hrsg.): Handbuch Lernende Organisation – Unternehmens- und Mitarbeiterpotentiale erfolgreich erschließen, Wiesbaden: Gabler 1997, S. 183 f.

577 Vgl. Ulrich, Hans/Probst, Gilbert: Anleitung zum ganzheitlichen Denken und Handeln. Ein Brevier für Führungskräfte, 4. Aufl., Bern/Stuttgart 1995, S. 92.

578 Stihl, Hans Peter: Lernen in der Wirtschaft, in: Wiesenhuber, Norbert & Partner (Hrsg.): Handbuch Lernende Organisation – Unternehmens- und Mitarbeiterpotentiale erfolgreich erschließen, Wiesbaden: Gabler 1997, S. 18.

Lernfördernde Unternehmenskultur etablieren

Eine Grundvoraussetzung für die kontinuierliche Weiterentwicklung ist, dass alle Mitglieder der Organisation die Notwendigkeit der permanenten Verbesserung erkennen und entsprechend bereit sind, an dieser aktiv und engagiert mitzuwirken.[579] Stihl betont: *„Ein lernendes Unternehmen braucht Mitarbeiter, die bereit und fähig sind, sich für den Erfolg ihres Unternehmens einzusetzen. ‚Fordern und Fördern' heißt daher die Devise im Unternehmen – und sie gilt für alle Ebenen, damit sich die Integration von Lernen und Arbeit auch wirklich vollziehen kann. Sie sollte Teil der Kultur eines lernenden Unternehmens sein."*[580]

Die Kultur einer Organisation *„wird bestimmt durch die Wertvorstellungen, Verhaltensnormen, Mentalitäten und die geistige Fokussierung der Organisationsmitglieder."*[581] So beeinflusst also einerseits die Unternehmenskultur die Mitglieder ihrer Organisation, andererseits wiederum beeinflussen die Organisationsmitglieder die Kultur der Organisation. Erstrebenswert ist also *„eine auf qualifiziertes Lernen ausgerichtete Unternehmenskultur"*, die *„auch den großen Vorteil hat, dass sie für lernbereite, geistig bewegliche Menschen attraktiv ist. Unternehmen mit einer solchen Kultur ziehen daher Mitarbeiter an, welche diese heute oft geforderten und vermissten Eigenschaften aufweisen."*[582]

Ist eine Unternehmenskultur von Innovationsfreude, Fehlertoleranz und der Unterstützung von Leistungsträgern geprägt, kann dies nicht nur den Umgang mit Komplexität erleichtern, sondern die gesamte Organisation auch flexibler machen.[583] Gleichzeitig ist die Unternehmenskultur Träger und Speicher des organisationalen Wissens und spielt somit eine wichtige Rolle bei der lernenden Organisation.[584]

---

[579] Hierbei sei auf die Wichtigkeit der Feedbackprozesse verwiesen *(Kapitel 3.2.2)*.

[580] Stihl, Hans Peter: Lernen in der Wirtschaft, in: Wiesenhuber, Norbert & Partner (Hrsg.): Handbuch Lernende Organisation – Unternehmens- und Mitarbeiterpotentiale erfolgreich erschließen, Wiesbaden: Gabler 1997, S. 19.

[581] Malik, Fredmund: Systemisches Management, Evolution, Selbstorganisation – Grundprobleme, Funktionsmechanismen und Lösungsansätze für komplexe Systeme, 4. Aufl., Bern: Haupt 2003, S. 369.

[582] Ulrich, Hans/Probst, Gilbert: Anleitung zum ganzheitlichen Denken und Handeln – Ein Brevier für Führungskräfte, 4. Aufl., Bern, Stuttgart, Wien: Haupt 1995, S. 264.

[583] Vgl. Lütge, Christoph/Vollmer, Gerhard: Lernen aus der Sicht der Evolutionären Erkenntnistheorie, in: Wiesenhuber, Norbert & Partner (Hrsg.): Handbuch Lernende Organisation – Unternehmens- und Mitarbeiterpotentiale erfolgreich erschließen, Wiesbaden: Gabler 1997, S. 183 f.

[584] Vgl. Probst, Gilbert/Büchel, Bettina: Organisationales Lernen – Wettbewerbsvorteil der Zukunft, Wiesbaden: Gabler 1998, S. 67.

Institutionalisierte Weiterbildung durch die Organisation ausbauen

Eine der Grundvoraussetzungen für die Weiterentwicklung der Organisation und ihrer Mitglieder ist es, dass Aus- und Weiterbildung systematisch und institutionalisiert betrieben wird. Möglichkeiten dazu sind angemessene finanzielle Weiterbildungsbudgets, aber auch die Bereitschaft der Organisation, Mitarbeiter für Weiterbildungsmaßnahmen im angemessenen Rahmen freizustellen. Andererseits ist es unerlässlich, dass die Mitarbeiter diese Angebote auch annehmen (siehe auch *Kapitel 2.3*, Abschnitt b). Eine weitere denkbare Vorgehensweise wäre es, Mitarbeiter zu verpflichten, in regelmäßigen Abständen Weiterbildungsangebote eigeninitiativ wahrzunehmen und ihren eigenen Weiterbildungsbedarf zu evaluieren.

Auch wenn die Institutionalisierung von Weiterbildung ein hilfreiches Instrument ist, darf sie doch nicht so weit führen, dass Lernen und Weiterbildung sowohl von der Organisation als auch vom Individuum als Ausnahmesituation empfunden wird. "*The key is to see learning as inseparable from everyday work.*"[585] So kann Lernen wirklich zum kontinuierlichen und ununterbrochenen Prozess werden – sowohl für Individuen als auch für Organisationen.

Wissens- und Erfahrungsaustausch ermöglichen

Die Halbwertszeit des Wissens sinkt ständig,[586] somit ist der Wissensarbeiter gefordert und von der organisationalen Struktur dabei zu unterstützen, die Entwicklung seines Wissensgebiets engmaschig zu beobachten und sein Wissen entsprechend zu erweitern. Aber auch die Organisation hat Entwicklung von Wissen zu analysieren und neues Wissen in Form von Wissenspools oder gezielten Ausbildungsangeboten zur Verfügung zu stellen. Damit sowohl das Individuum als auch die Organisation diese komplexen Aufgaben bewältigen können, fordern Pfiffner und Stadelmann, dass für die Personalentwicklung nicht nur die höchste Kontinuität, sondern auch die bestmögliche Qualität und Quantität gewährleistet sein muss.[587] Dabei ist zu beachten, dass nicht nur die kontinuierliche Verbesserung des Fachwissens diesen Maßstäben unterworfen sein muss,

585 Senge, Peter M. et. al: The Dance of Change – The Challenges to Sustaining Momentum in Learning Organizations, New York: Doubleday 1999, S. 24.

586 Vgl. Merk, Richard: Weiterbildungsmanagement: Bildung erfolgreich und innovativ managen, 2., überarb. Aufl., Neuwied et al.: Luchterhand 1998, S. 223.

587 Vgl. Pfiffner, Martin/Stadelmann, Peter: Wissen wirksam machen – Wie Kopfarbeiter produktiv werden, Frankfurt: Campus 2012, S. 381 ff.

sondern auch das Verfahrenswissen. *„Wissensarbeiter müssen lernen, wie und dass sie ihre Arbeit steuern können.“*[588]

Darüber hinaus müssen sie aber auch ihren eigenen Lernprozess steuern können – sie müssen also das Lernen lernen.[589] Sie müssen zu Experten des Lernens werden.[590] Die Kompetenz im Wissensentwicklungsprozess wird somit zu einer Schlüsselqualifikation. Wie aber gelangt man zu neuem Wissen? Grundsätzlich kann es unternehmensintern geschaffen werden durch das Double-Loop-Lernen und seinem systematischen Experimentieren (Trial and Error), durch Lernen aus eigenen Erfahrung aus der Vergangenheit und Lernen aus der Erfahrung der „Besten“.[591]

Gerade das Lernen aus den Erfahrungen von anderen – idealerweise natürlich von den Besten – kann dem Einzelnen nicht nur für ihn neues Wissen bescheren, sondern auch neue Perspektiven und Sichtweisen. Dabei können gute Resultate auch dadurch erzielt werden, dass der Austausch der Generationen innerhalb von Organisationen zielgerichtet und institutionalisiert stattfindet. Während dies traditionell meist geschieht, indem die Älteren ihr Wissen an die Jüngeren weitergeben, greifen Unternehmen nun zusätzlich zur umgekehrten Vorgehensweise. Im sogenannten *reverse mentoring* geben junge Mitarbeiter ihr Wissen – beispielweise hinsichtlich der Nutzung von modernsten Internetanwendungen – nun an ihre älteren Mitarbeiter weiter. Von diesem bilateralen Austausch profitieren alle beteiligten Individuen und damit die gesamte Organisation.[592]

Das Erwerben neuen Wissens und neuer Sichweisen durch den Dialog von Individuen wird vor allem auch aufgrund der Tatsache begünstigt, dass Individuen in der Regel ja nicht nur einem sozialen System angehören, sondern mehreren. Da davon auszugehen ist, dass sich diese sozialen Systeme bei den einzelnen Teammitgliedern unterscheiden

---

588 Vgl. Pfiffner, Martin/Stadelmann, Peter: Wissen wirksam machen – Wie Kopfarbeiter produktiv werden, Frankfurt: Campus 2012, S. 381 f.

589 Nach Probst heisst Lernen zu lernen, *„sich ständig kritisch mit Veränderungen auseinanderzusetzen, Probleme immer wieder und intensiv zu analysieren und in neue Zusammenhänge zu stellen, eine permanente Suche nach Chancen und Möglichkeiten.“* Probst, Gilbert: Was also macht eine systemorientierte Führungskraft als Vertreter des „vernetzten Denkens“?, in: Probst, G./Gomez, S. (Hrsg.): Vernetztes Denken – Ganzheitliches Führen in der Praxis, 2., erw. Aufl, Wiesbaden: Gabler 1991, S. 340

590 Vgl. Pfiffner, Martin/Stadelmann, Peter: Wissen wirksam machen – Wie Kopfarbeiter produktiv werden, Frankfurt: Campus 2012, S. 381 ff. Sie führen den Gedanken aus, *„Ohne eine fundierte Fähigkeit zum Lernen werden Wissensarbeiter ihr kompetitives Wissen nach und nach verlieren. Zu einem bestimmten Zeitpunkt sind sie nicht mehr in der Lage, ihre für die Ausübung ihrer Arbeit fundamentale Wissensarbeit zu erhalten.“*

591 Vgl. ebd. S. 381 ff.

592 Vgl. Dommer, Martin: Alt lernt von Jung, in: FAZ, Ausg. 8./9. Dezember, 2012, S. C1.

und nur innerhalb einer oder weniger Organisationen überschneiden, wird so die Vielfalt des Wissens und der Perspektiven durch interindividuelles Lernen erhöht.

Da Individuen so auch Wissen und Perspektiven aus anderen sozialen Systemen in das Unternehmen tragen und dort austauschen, können sie voneinander lernen. Dies steigert nicht nur das interindividuelle Lernen, sondern führt auch dazu, dass die unterschiedlichen sozialen Systeme durch die Individuen, die ihnen angehören, voneinander lernen. So wird aus dem ursprünglichen interindividuellen Lernen ein interorganisationales Lernen. Das bedeutet, dass Unternehmen und andere Organisationen mithilfe ihrer „Mittelsmänner", also der Individuen, die unterschiedlichen sozialen Systemen angehören, voneinander lernen können.

Social Media und virtuelle Teams als Lernort

Das interindividuelle und damit auch das interorganisationale Lernen wird unterstützt und begünstigt durch Social Media. *„Hierbei handelt es sich um Plattformen, über die Nutzer miteinander kommunizieren, zusammenarbeiten und sich vernetzen können. (...) Letztlich entsteht durch die Social Media gestützte ‚Mitmachkultur' eine neue, stärker informelle und eigenverantwortliche Lernkultur."*[593] Somit leistet Social Media einen großen Beitrag zur vereinfachten Vernetzung dieser Zusammenarbeit, da es die Möglichkeit bietet, Köpfe zu vernetzen, was eine wesentliche Voraussetzung für lernende Organisationen ist.[594]

Trotz der Unterstützung, die Unternehmen auf dem Weg zur lernenden Organisation durch Social Media erhalten, stellt Social Media auch eine Herausforderung für die Personalentwicklung dar. Zum einen sind in diesen Netzwerken eigene Kommunikationstechniken und -fähigkeiten vonnöten, zum anderen entziehen sich diese Netzwerke auch der unternehmensinternen Kontrolle und erfordern so, nicht nur Vertrauen in die Individuen, sondern auch in ihr Können und ihre Lernfähigkeit.

[593] Petry, Thorsten: Die Mitmach-Kultur ist ausbaufähig, in: Personalwirtschaft, 09/2012, S. 46.
[594] Vgl. ebd. S. 48.

Erkennen und Vorausnehmen zukünftiger Entwicklungen

"We understand that the only competitive advantage the company of the future will have is its managers' ability to learn faster than their competitors. So the companies that succeed will be those that continually nudge their managers towards revising their view of the world. The challenges for the planner are considerable. So are the rewards."[595] Unternehmerische Erfolge entstehen in der Regel nicht im Rückblick auf vergangene Ereignisse, sondern im Vorausblick auf anstehende – gesellschaftliche, marktsituative oder individuelle – Bedürfnisse und Veränderungen. Diese notwendigen Veränderungen können Unternehmen nur dann erkennen und vorwegnehmen, wenn die Individuen im Unternehmen dies tun.

Daraus resultiert die Frage: *„Welche Art von Lernen und Entwicklung braucht ein Unternehmen, um schneller als die Konkurrenz das zu lernen, was es zur Realisierung seiner strategischen Erfolgspositionen benötigt?“:*[596]

- Die Personalentwicklung in einem Unternehmen muss immer eine strategieumsetzende Richtung haben
- Strategieumsetzendes Lernen braucht mehr als Trainings
- Strategieumsetzendes Lernen um Management hat viele verantwortliche Träger
- Lernen und Entwicklung ist eine Funktion der praktizierten Führung
- Lernen und Entwicklung braucht Zeit
- Strategieumsetzendes Lernen heißt nicht vermitteln, sondern Entwicklungsenergie freilegen
- Strategieumsetzendes Lernen erfordert eine Konzentration der Kräfte
- Jedes Unternehmen muss seinen eigenen Weg des strategieumsetzenden Lernens gehen
- Lernen und Entwicklung müssen zum Tagesgeschäft werden
- Strategieumsetzendes Lernen ist auch selbst eine Kultur

Somit ist deutlich geworden, dass Unternehmen nicht die Zukunft vorhersehen können müssen, sondern vor allem sich rüsten sollten für zukünftige Herausforderungen, sodass

[595] De Geus, Arie: Planning as Learning, in: Harvard Business Review, 66, 1988, S. 74.

[596] Stiefel, Rolf Th.: Strategieumsetzendes Lernen, in: Sattelberger, T. (Hrsg.): Innovative Personalentwicklung – Grundlagen, Konzepte, Erfahrungen, 2. Aufl., Wiesbaden: Gabler 1991, S. 38-41.

die Individuen im Unternehmen, aber auch die Organisation als Ganzes die kommenden strategischen Herausforderungen meistert und die Erfolgspositionen optimal nützt.

4. Heuristik: Möglichkeiten zur Selbstentwicklung schaffen

Die Maßnahmen der Personalentwicklung lassen sich unter anderem nach den Phasen des Arbeitslebens bzw. eines Beschäftigungsverhältnisses klassifizieren. Holtbrügge unterscheidet grundsätzlich nach

- into the job (die gesamte Ausbildungsphase bis hin zu Trainee-Programmen)
- on the job (also während der Erfüllung der Arbeitsaufgabe bzw. der Projektarbeit)
- out off the job (die Vorbereitung auf den Ausstieg aus dem Unternehmen oder aus dem Arbeitsleben an sich).[597]

Während all dieser Phasen tun Mitarbeiter auch gut daran, sich selbst zu entwickeln – nicht nur hinsichtlich ihres Fachwissens, sondern vor allem auch hinsichtlich ihrer Persönlichkeit und hinsichtlich ihres Managementwissens (zur Unterscheidung zwischen Fachwissen und Managementwissen siehe *Kapitel 3.1.2*). Laut Drucker ist ohnehin jede Entwicklung eine Selbstentwicklung, für die das Individuum mit seinen Fähigkeiten und Bemühungen verantwortlich ist.[598] Es ist jedoch Aufgabe der Personalentwicklung Rahmenbedingungen zu schaffen, die diese Selbstentwicklung ermöglichen. Dabei kommt der (Selbst-)Entwicklung des Managementwissens und der Persönlichkeit eine besondere Bedeutung zu. Dies gilt insbesondere für Führungskräfte. Während sich das Fachwissen je nach Stelle und Aufgabe grundsätzlich unterscheiden kann und somit immer wieder neu erlernt werden muss, bleibt das Managementwissen über alle Fachgebiete hinweg das gleiche (siehe *Kapitel 3.2.1*). Daraus folgt nicht, dass Individuen Managementwissen nicht über die Jahre hinweg stetig weiterentwickeln und verfeinern können und sollten; daraus folgt vielmehr, dass solides Managementwissen eine fundierte Basis über alle Stellen und Aufgaben hinweg bietet, zum Nutzen des Individuums, aber auch zum Nutzen der Institution.

---

[597] Vgl. Holtbrügge, Dirk: Personalmanagement, 4. Aufl. Berlin: Springer 2010, S. 128.

[598] Vgl. Drucker, Peter F./Maciariello, Joseph A: Management, Revised Edition, New York: Harper Collins 2008, S. 256.

Zwei Faktoren beeinflussen die Selbstentwicklung und das Selbstlernen positiv. Zum einen ist dies das aktionsorientierte Lernen, das heißt das Lernen durch Üben, Anwenden und Handeln. Zum anderen ist dies das praxisorientierte Lernen, das heißt, dass sich Lernstoff und Lernmethode an den realen Problemen der Organisation orientieren.[599] *„Damit werden durch die persönliche Betroffenheit und Verantwortung für das eigene Handeln der Wissensarbeiter deren Lernprozesse verbessert."*[600] Mintzberg geht noch einen Schritt weiter und postuliert, dass nur diejenigen Führungskräfte an Managementausbildungen und Führungskräfteweiterbildungen teilnehmen sollen, die auch Führung im Unternehmensalltag praktizieren und durch ihre Leistungen positiv aufgefallen sind. Zielführend ist es, wenn diese Führungskräfte auch während der entsprechenden Personalentwicklungsmaßnahme an ihrem Arbeitsplatz verbleiben, damit die Nähe zur beruflichen Praxis gewährleistet ist.[601] *„Lernprozesse werden dann beschleunigt, wenn das Lernsubjekt die Konsequenzen seines Verhaltens korrekt zuordnet und mögliche Veränderungen in seinem Umfeld schnell wahrnimmt."*[602] So können Führungskräfte sich selbst entwickeln, indem sie die Reaktionen auf ihr neu erworbenes Wissen und dessen Anwendung direkt in der Praxis erleben und Schlussfolgerungen aus diesem Feedback ziehen können.

Neben dem Managementwissen und den Managementfähigkeiten zeichnen sich gute Führungskräfte auch durch ihre Persönlichkeit aus, auch hier kann die Personalentwicklung unterstützend wirken und Rahmenbedingungen schaffen, die es der Führungskraft ermöglichen sich als Person weiterzuentwickeln. Wie wichtig das ist, betont Drucker: *"The development of a manager focuses on the person. Its aim is to enable man to develop his abilities and strengths to the fullest extent and to find individual achievement. The aim is excellence."*[603] Drucker vertritt sogar die Ansicht, dass die Entwicklung der Persönlichkeit einer Führungskraft größere Bedeutung beizumessen ist als der Entwicklung des Managementwissens.[604]

---

599 Vgl. Pfiffner, Martin/Stadelmann, Peter: Wissen wirksam machen – Wie Kopfarbeiter produktiv werden, Frankfurt: Campus 2012 S. 381 ff.

600 Ebd. S. 381 ff.

601 Vgl. Mintzberg, Henry: Manager statt MBA's – eine kritische Analyse, Frankfurt/New York: Campus 2005, S. 28 ff.

602 Weber, Christina: Die Rolle der Zeit im Prozeß organisationalen Lernens, in: ZfB-Ergänzungsheft, Heft 1, 2001, S. 123.

603 Drucker, Peter F.: Management – Tasks, Responsibilities, Practices, Reprinted Edition, New York: HarperCollins Publishers 1993, S. 426.

604 Vgl. Drucker Peter F./Maciariello, Joseph A: Management, Revised Edition, New York: HarperCollins 2008, S. 251.

Es ist durchaus im Sinne der Organisation, sich um die Führungskräfteentwicklung auch hinsichtlich der Persönlichkeit zu kümmern. Denn je mehr sich die Individuen in ihrer Persönlichkeit weiterentwickeln, umso mehr kann auch die Organisation erreichen und vollbringen. Andersherum verhilft die Weiterentwicklung der Organisation – beispielsweise hinsichtlich Integrität und Kompetenz – dem Individuum zu mehr Spielraum für die eigene Weiterentwicklung.[605] Dadurch ergibt sich eine echte Win-Win-Situation zwischen Organisation und Unternehmung. Drucker dazu: *"Any organization develops people; it has no choice. It either helps them grow or it stunts them."*[606]

5. Heuristik: Problemlösungskompetenz ausbauen

Das Überleben einer Organisation hängt von der ständigen Erweiterung und Aktualisierung des kollektiven Wissens ab, also von ihrer Fähigkeit als Kollektiv zu lernen. Daher ist es wichtig, die Organisation konsequent auf Lernfähigkeit auszurichten und Lernfähigkeit als zentralen Wert und zentrales Ziel zu kultivieren. Ein hohes Niveau an kollektiver Lernfähigkeit erweitert die Handlungsfähigkeit und die Problemlösungskompetenz einer Organisation[607] und ermöglicht die Bewältigung raschen Wandels.

Also gilt es, die Problemlösungskompetenz sowohl des Individuums als auch der Organisation auszubauen. Das erfolgreiche Agieren von Unternehmen fußt auf den individuellen Fähigkeiten der Wissensarbeiter. Das Gelingen vieler Projekte und Strategien hängt darüber hinaus entscheidend davon ab, ob verschiedene Wissensbestandteile und Wissensträger effizient kombiniert werden können.[608]

Die Idee des organisationalen Lernens beruht auf der Erkenntnis, dass die organisationale Fähigkeit Probleme kollektiv zu lösen und auch kollektiv zu handeln, nicht alleine aus der Summierung der individuellen Fähigkeiten von Wissensarbeitern basiert. Das organisationale Problemlösungspotenzial beruht vielmehr auf den kollektiven Be-

---

605 Vgl. Drucker, Peter F.: Landmarks of Tomorrow, New Brunswick: London: Transaction Publishers 1996, S. 109 f.

606 Drucker, Peter F.: Managing the Non-Profit Organization, Reprinted Edition, New York: HarperCollins Publishers 2005, S. 147.

607 Vgl. Probst, Gilbert/Büchel, Bettina: Organisationales Lernen – Wettbewerbsvorteil der Zukunft, Wiesbaden: Gabler 1998, S. 9.

608 Vgl. Probst, Gilbert/Raub, Steffen/Romhardt, Kai: Wissen managen – Wie Unternehmen ihre wertvollste Ressource optimal nutzen, 5., überarb. Aufl., Wiesbaden: Gabler 2006, S. 20 f.

standteilen der organisationalen Wissensbasis.[609] Das kollektive Wissen erlangt für das langfristige Überleben eine besondere Bedeutung, da die Summe mehr ist als seine Teile.

Problemverständnis bei Führungskräften entwickeln

Den Ausbau der Problemlösungskompetenz kann die Personalentwicklung unterstützen. Der erste Schritt liegt in der Förderung der *Problemwahrnehmung* und des *Problemverständnisses* bei Führungskräften. Denn nach Drucker kann Offenheit helfen, Probleme zu verstehen und sie zu lösen.[610] *„Wie kann sich unser Gehirn für das Erkennen komplexer Vorgänge öffnen? Wie bei allem, was man lernen kann: durch Übung."*[611] Dörner bekräftigt, dass man den Umgang mit komplexen Situationen lernen kann. *„Es gibt keinen Zauberstab, der mit einem Schlag unser Denken verbessern kann. (...) Dass es keinen Zauberstab gibt, heißt nun keineswegs, dass man Denken und Problemlösen nicht lernen und trainieren kann. Wir haben kein festes Denkprogramm im Kopf, welches nur in einer einzigen Weise abgerufen werden kann. (...) Wir haben mehrere Bruchstücke von einzelnen Programmen im Kopf, die jeweils ad hoc zu einer Lösungsmethode zusammengefügt werden. Und hier lässt sich sicherlich etwas tun. Man kann das ‚Zusammenfügen' lernen!"*[612]

Wenn man Denken lernen kann, können wir lernen in Zeitabläufen und in Systemen zu denken, Fern- und Nebenwirkungen einzubeziehen und mit ihnen umzugehen, und nicht zuletzt zu erkennen, dass Effekte unserer Entscheidungen und Entschlüsse an anderen Orten Auswirkungen haben können. Diese Eigendynamik zu berücksichtigen und dieses systemische Denken zu lernen bedingt, dass man die Unzulänglichkeiten des eigenen Denkens zu erkennen und zu vermeiden vermag.[613] Vermeintliche Ökonomiebestrebungen führen dazu, das Denken zu vereinfachen, allerdings besteht dann die Gefahr entscheidende Faktoren außer Acht zu lassen.

609 Vgl. Probst, Gilbert/Raub, Steffen/Romhardt, Kai: Wissen managen – Wie Unternehmen ihre wertvollste Ressource optimal nutzen, 5., überarb. Aufl., Wiesbaden: Gabler 2006, S. 20 f.

610 *"But liberal education must enable the person to understand reality and master it."* Drucker, Peter F.: Post-Capitalist Society, London: Butterworth-Heinemann 1993, S. 193 ff.

611 Vester, Frederic: Die Kunst vernetzt zu denken – Ideen und Werkzeuge für einen neuen Umgang mit Komplexität, 9. Aufl., München: Deutscher Taschenbuch Verlag 2012, S. 124.

612 Dörner, Dietrich: Die Logik des Misslingens – Strategisches Denken in komplexen Situationen, 11. Aufl., Reinbek bei Hamburg: Rowohlt 2012, S. 296 f.

613 Dies nimmt Bezug auf Dörners Fazit zur Problematik des vernetzten Denkens – siehe *Kapitel 2.2.2.*

Führungskräften Problemlösungsmethodik vermitteln – Vernetztes ganzheitliches Denken lernen

Der zweite Schritt die Problemlösungskompetenz auszubauen, liegt darin, Problemlösungsmethodik für Führungskräfte zu vermitteln.

Auf die Frage, wie man den Umgang mit komplexen, unbestimmten und dynamischen Realitäten lehrt, antwortet Dörner, dass es hier wohl auf die richtige Strategie ankomme. Sein Fazit: Es reichen mitunter recht einfache Methoden aus.[614] Bei kleinen Unzulänglichkeiten kann man ansetzen. *„Man kann versuchen, die Fehlermöglichkeiten aufzuzeigen, man kann versuchen, bewusst zu machen, in welcher Situation man zu welchen Fehlern neigt. Und wenn man das erst einmal weiß, so mag es auch mehr oder minder leicht möglich sein, hier etwas zu ändern. Aber: ganz einfach ist das nicht! Man kann Denken lernen, man soll aber nicht der Meinung sein, dass dies leicht ist. Mark Twain sagte einmal, schlechte Gewohnheiten solle man nicht zum Fenster hinauswerfen, sondern Stufe für Stufe die Treppe hinunter tragen, wenn man sie wirklich loswerden möchte. So ähnlich ist es mit dem Denken. Man muss hart arbeiten, um diese oder jene Unzulänglichkeit des eigenen Denkens zu erkennen und dann auch zu vermeiden. Das Erkennen einer Unzulänglichkeit ist ja leider nicht notwendigerweise mit der Vermeidung gekoppelt. Viele Menschen wissen über ihre Fehler durchaus Bescheid, ohne sie vermeiden zu können.“*[615] Dörner empfiehlt *Simulationsspiele,* um Problemlösungsmethodik zu schulen. Das Handeln und Planen sollte in solchen (fiktiven) Situationen durch Spezialisten beobachtet werden. Im Simulationsspiel sind Fehler wichtig. *„Irrtümer sind ein notwendiges Durchgangsstadium zur Erkenntnis.“*[616] Versuch und Irrtum als Methodik zuzulassen, ist wichtig, da sie als wichtige Quelle neuen Wissens dienen.

614 Vgl. Dörner, Dietrich: Die Logik des Misslingens – Strategisches Denken in komplexen Situationen, 11. Aufl., Reinbek bei Hamburg: Rowohlt 2012, S. 318 f.

615 Ebd. S. 296 ff.

616 Ebd. S. 320 ff. Auch Galer und Van der Heijden unterstützen diese Sicht: *"Scenarios help in the process of experiending, fort hey affect managers'perceptions of the world. They also help in the process of reflecting on experience, adapting mental models, and creating organizational action, the other three stages of the learning loop. In this way, they can contribute substantially to the overall process of organizational learning."* Galer, Graham S./Van der Heijden, Kees: Scenarios and Their Contribution to Organizational Learning From Practice to Theory, in: Berthoin-Antal, A./Dierkes, M./Child, J./Nonaka, I. (eds.): Handbook of Organisational Learning and Knowledge, Oxford/New York: Oxford Press 2007, S. 857.

Denn ohne kritische Selbstreflexion werden Erfolge zufällig und nicht bewusst wiederholbar.[617]

Ulrich und Probst schreiben, dass erst mit einem methodischen Hilfsmittel ganzheitliches Denken lernbar wird. Diese *Problemlösungsmethodik* ist dann als Leitlinie für ein vernünftiges praktisches Handeln anwendbar. So stellt sie das notwendige Bindeglied zwischen der Umorientierung des Denkens und dem praktischen Handeln her.[618] Die ganzheitliche Problemlösungsmethodik nach Ulrich und Probst besteht aus sechs Bausteinen, die aufeinander aufbauen:[619]

1. Bestimmen der Ziele und Modellieren der Problemsituation
2. Analysieren der Wirkungsverläufe
3. Erfassen und Interpretieren der Veränderungsmöglichkeiten der Situation
4. Abklären der Lenkungsmöglichkeiten
5. Planen von Strategien und Maßnahmen
6. Verwirklichen der Problemlösung

Die Fähigkeit eines Individuums, unterschiedliche Probleme zu lösen, ist eine der wichtigsten Quellen neuer Erkenntnis für die Organisation.[620]

Im Sinne der Erkenntnisgewinnung ist es daher für die lernende Organisation wichtig, die Problemlösungskompetenz auszubauen. Zunächst ist es wichtig, Problemlösungsverständnis zu entwickeln. Darauf aufbauend gilt es die Probleme nach einem strukturierten Prozess zu lösen, der aufeinander aufbauende Phasen durchläuft. In diesem Zusammenhang kann die Problemlösungskompetenz als systematische Komponente des Wissensentwicklungsprozesses bezeichnet werden. Diese Situation führt dazu, dass *„kein Prozess zur Lösung komplexer Probleme ohne die Entwicklung neuen Wissens oder neuer Fähigkeiten auskommt. In einem solchen Umfeld wird die individuelle*

617 Vgl. Pfiffner, Martin/Stadelmann, Peter: Wissen wirksam machen – Wie Kopfarbeiter produktiv werden, Frankfurt: Campus 2012, S. 274 ff.

618 Vgl. Ulrich, Hans/Probst, Gilbert: Anleitung zum ganzheitlichen Denken und Handeln – Ein Brevier für Führungskräfte, 4. Aufl., Bern/Stuttgart/Wien: Haupt 1995, S. 105.

619 Vgl. Ulrich, Hans/Probst, Gilbert: Anleitung zum ganzheitlichen Denken und Handeln – Ein Brevier für Führungskräfte, 4. Aufl., Bern/Stuttgart/Wien: Haupt 1995, S. 103 ff.

620 Vgl. Probst, Gilbert/Raub, Steffen/Romhardt, Kai: Wissen managen – Wie Unternehmen ihre wertvollste Ressource optimal nutzen, 5., überarb. Aufl., Wiesbaden: Gabler 2006, S. 118.

Problemlösungskapazität im Wissensentwicklungsprozess zu einer Schlüsselqualifikation."[621]

Ein interessanter Aspekt ist hier noch anzuschließen – die Resilienz des Individuums. Sie bezeichnet eine besonders wirksame psychische Elastizität, die im Umgang mit schwierigen Situationen ein flexibles Anpassungsverhalten bewirkt. Resilienz fußt hierbei auf vielen Fähigkeiten, wie beispielsweise eine hohe kognitive Flexibilität, Selbstmotivationsfähigkeit, emotionales Selbstmanagement und auch die Bereitschaft zu permanentem Lernen.[622] Die im Individuum verankerte Resilienz kann durch den Ausbau der Problemlösungskompetenz steigen.

6. Heuristik: Wissensreservoir aufbauen und Wissensmanagement etablieren

Dem Aufbau eines Wissensreservoirs und der damit verbundenen Manifestation von Wissen unabhängig von den handelnden Individuen obliegt eine hohe Priorität und wurde in *Kapitel 2.3* als eine zentrale Herausforderung einer lernenden Organisation genannt.

Dabei gilt es nicht nur, Wissen zu integrieren und zu sichern, um sich hinsichtlich der Fluktuation von Mitarbeitern abzusichern. Es geht vielmehr auch darum, dass durch die Wissenssicherung die Organisation dem Einzelnen in Form eines Wissensreservoirs gegenübersteht und die Effektivität von Handlungen steigern kann.

Hier schließt sich die sechste Heuristik an, die darstellt, wie durch ein gutes Wissensmanagement die Individuen und die Organisation bei der Problemlösung weitergehend unterstützt werden können. Hierbei helfen seitens der Organisation definierte Regeln für organisationales Lernen.

Da Wissensmanagement als Fundament der lernenden Organisation anzusehen ist und die Voraussetzung zur Erreichung dauerhafter Wettbewerbsvorteile darstellt,[623] muss es das Ziel sein, ein effektives und effizientes *Wissensmanagement zu etablieren.* Dies sollte auf einem systematischen und umfassenden Management der Ressource Wissen beruhen.

[621] Probst, Gilbert/Raub, Steffen/Romhardt, Kai: Wissen managen – Wie Unternehmen ihre wertvollste Ressource optimal nutzen, 5., überarb. Aufl., Wiesbaden: Gabler 2006, S. 118.

[622] Vgl. Pietsch, Gotthard: Resilienz lässt sich lernen, Personalwirtschaft, 11/2008, S. 42 f.

[623] Siehe zur Begründung *Kapitel 3.1.3.*

Wissensmanagement kann als zielgerichtete Gestaltung von organisationalen Lernprozessen begriffen werden.[624] Gleichzeitig sollte das Wissensmanagement sich im gesamten Wertschöpfungsprozess niederschlagen und in abgeleiteten Erkenntnissen *„durch konkrete operative Vorgaben und Maßnahmen in die etablierten Funktionsbereiche wie das Personal-, Qualitäts- oder Technologie- und Innovationsmanagement Eingang finden."*[625] Anzumerken ist hier, dass die bisherigen Forschungsergebnisse den Schluss zulassen, *„dass der Erfolg von Wissensmanagementinitiativen vor allem von der Motivation und Befähigung der Mitarbeiter zur Mitwirkung abhängt. Dies legt eine Verzahnung von Wissensmanagement und Personalarbeit nahe."*[626]

Generell steht beim Wissensmanagement Qualität vor Quantität. Es kann für eine Organisation nicht zweckdienlich sein, so viel Wissen wie möglich zu dokumentieren oder erst in eine allen Mitarbeitern zugängliche Form zu bringen. Das „Mehr" an Informationen oder Wissen kann schnell zur Überforderung der Organisation führen.[627] Hier erlangt das richtige Kommunikationssetting eine wichtige Bedeutung. Das vorhandene Wissen wird unter Zuhilfenahme verschiedener Medien qualitativ angereichert.[628] So geht es im organisationalen Lernen also darum, dass das jeweils benötigte Wissen *virtuell verfügbar wird.*[629] Das heißt zweierlei:

- Organisationale Artikulation
  Wissen wird schnell und wirksam innerhalb der Organisation vermittelt, und so wird durch das verbreitete Wissen Wissen geteilt. Voraussetzung dafür ist, dass Organisationen implizite Wissensbestände artikulieren und zugänglich machen, und so zu Verhaltensänderungen führen. Dazu Wahren anschaulicher: Organisationen müssen sicherstellen, dass Wissen *„von einzelnen Personen oder Gruppen bei Bedarf ins Hier und Jetzt eingelesen werden kann. Innerhalb des organisationalen Lernens werden deshalb vor allem jene Fähigkeiten bedeutsam, die es ermöglichen, das in Organisationen oft schon im Übermaß vorhandene Wissen punktuell und situativ zu*

[624] Vgl. Pawlowsky, Peter/Reinhardt, Rüdiger: Wissensmanagement: Ein integrativer Ansatz zur Gestaltung organisationaler Lernprozesse, in: Wiesenhuber, Norbert & Partner (Hrsg.): Handbuch Lernende Organisation – Unternehmens- und Mitarbeiterpotentiale erfolgreich erschließen, Wiesbaden: Gabler 1997, S. 146.

[625] Meier, M./Weller; I.: Hat Wissensmanagement eine Zukunft? – Stand der Dinge und Ausblick, in: zfbf, 64. Jg., Februar 2012, S. 129.

[626] Ebd. S. 129.

[627] Vgl. Wahren, Heinz-Kurt: Das lernende Unternehmen – Theorie und Praxis des organisationalen Lernens, Berlin: Walter de Gruyter Verlag 1996, S. 169 ff.

[628] Vgl. ebd. S. 169 ff.

[629] Vgl. ebd. S. 169 ff.

verknüpfen, hierbei bestehende Hürden (...) zu überwinden und damit das jeweils benötigte Wissen für die Akteure versteh- und verarbeitbar zu machen. Dies erfordert, dass eine lernende Organisation – z.B. im Rahmen von double-loop und Deutero-Lernprozessen – immer wieder bestehende Lernhürden, herrschende Wissensvorstellungen, anerkannte Denkstile, Widersprüche in den Grundannahmen (...) aufnehmen, in Frage stellen und verändern."[630]

- Personale Internalisierung von Wissen

  Wissen lässt sich mit anderen teilen – beispielsweise durch Social Media oder in virtuellen Teams.[631] Durch den Aufbau solcher Netzwerke kann das organisationale Lernen deutlich gefördert werden, da sie helfen interne Barrieren und traditionale Hierarchieformen zu überwinden. In Erinnerung zu rufen ist hier, dass es keine Garantie dafür gibt, dass „*die individuellen Aktoren ihr Wissen automatisch der Organisation in vollem Umfang zur Verfügung stellen und in die organisatorischen Handlungsabläufe einfließen lassen.*"[632]

Gelingt es, Wissen virtuell verfügbar zu machen, werden die Veränderungen der Organisation Veränderungen der Mitarbeiter bewirken und umgekehrt.

Mittels dieser Vorgehensweise können in die Realisierung ökonomischer Interessen die individuellen Interessen der Mitarbeiter integriert werden.

3.5 Grenzen

Laut Ulrich erhöhen Heuristiken zwar die Wahrscheinlichkeit, dass für eine gegebene Herausforderung eine gute Lösung gefunden wird, sie sind aber kein Garant für eine gute Lösung. Dies gilt vor allem auch deshalb, weil es mit einem bloßen Befolgen von Vorgehensregeln nicht getan ist, der Handelnde muss vielmehr die Heuristiken seiner jeweiligen Situation anpassen.[633] „*Seit langem weiß man, dass wirklich schöpferische gedankliche Leistungen nicht durch die bloße Abwicklung von vorgegebenen Denkoperationen erbracht werden können, sondern in hohem Maße auch ein eigenständiges,*

630 Wahren, Heinz-Kurt: Das lernende Unternehmen – Theorie und Praxis des organisationalen Lernens, Berlin: Walter de Gruyter Verlag 1996, S. 169 ff.

631 Hierzu siehe weitere Heuristik *Kontinuierliches Lernen.*

632 Müller-Stewens, Günter/Pautzke, Gunnar: Führungskräfteentwicklung und organisatorisches Lernen, in: Sattelberger, T. (Hrsg.): Die lernende Organisation, Wiesbaden: Gabler 1991, S. 194.

633 Vgl. Ulrich, Hans/Probst, Gilbert: Anleitung zum ganzheitlichen Denken und Handeln – Ein Brevier für Führungskräfte, 4. Aufl., Bern/Stuttgart/Wien: Haupt 1995, S. 112.

nicht an feste Regeln gebundenes Denken erfordern. Heuristiken sind daher Stützen für ein eigenes rationales Denken, nicht ein Ersatz dafür."[634]

Diese Einschränkung gilt auch für die in dieser Arbeit vorgestellten Heuristiken.

Da sich der Ansatz der vorliegenden Arbeit von anderen Forschungen unterscheidet, werden im Folgenden die Grenzen, die daraus resultieren, untersucht. Sie sind ebenfalls im systemischen Sinne nicht den einzelnen wissenschaftlichen Disziplinen zuordenbar, sondern interdisziplinär. Folglich beziehen sie sich auf die gewählten Schnittmengenbereiche, allerding lassen sie sich im Wesentlichen den folgenden Bereichen zuordnen:

1. Grenzen des menschlichen Könnens und Wollens
2. Steigende Komplexität
3. Mangelnde Managementfähigkeiten und unsystematisches Change Management
4. Zu geringe Sozialkompetenz
5. Eingeschränkte Ressourcen und fehlende Quantifizierbarkeit
6. Mangelnde Kommunikation und Information
7. Grenzen bei der Umsetzung

1. Grenzen des menschlichen Könnens und Wollens

Alle Change-Prozesse führen zunächst zu Reibungsverlusten. Gründe dafür können sein, dass Mitarbeiter die Veränderungen nicht mittragen wollen oder sich durch die angestrebten Veränderungen gefährdet sehen. Aber auch sogar geringfügige Verzögerungen im Fortschritt von Change-Projekten wirkend frustrierend auf die beteiligten Mitarbeiter und können so zu Widerständen gegen den Wandel oder zu Konflikten im Unternehmen führen.[635]

Es sind die Menschen, „*die mit ihren Einstellungen und Erwartungen, mit ihrem Lernverhalten bestimmen, ob ein Unternehmen sich als lernunfähig und damit auch konkurrenzunfähig erweist, oder ob es über den Unternehmenserfolg sichernde Innovationskräfte verfügt.*"[636] Daher ist es für die Personalentwicklung unerlässlich, dass es ihr ge-

[634] Ulrich, Hans/Probst, Gilbert: Anleitung zum ganzheitlichen Denken und Handeln – Ein Brevier für Führungskräfte, 4. Aufl., Bern/Stuttgart/Wien: Haupt 1995, S. 112.

[635] Vgl. Lohmann, Till R./Bosch, Ulf: Return-on-Change (RoC) – Finanzwirtschaftliche Perspektive, in: PricewaterhouseCoopers Press 2013, www.pwc.de/change-management, S. 17.

[636] Münch, Joachim: Personalentwicklung als Mittel und Aufgabe moderner Unternehmensführung, Bielefeld: wbv 1995, S. 42.

lingt, die Individuen im Unternehmen entsprechend aus- und weiterzubilden und diese auch für ein aktives Mitwirken an einer lernenden Organisation zu motivieren. Auf diese Weise können Unterbrechungen des organisationalen Lernprozesses reduziert werden. Allerdings ist die traditionelle Zielsetzung der Personalentwicklung, die Mitarbeiter überwiegend für die Unternehmensziele zu qualifizieren, noch häufig anzutreffen. Die Wünsche des Individuums, wie es sich weiterbilden und -entwickeln möchte, treten dabei weitestgehend in den Hintergrund.[637] Dies kann zu mangelndem Engagement und mangelnder Mitarbeiterloyalität führen.

Die Tatsache, dass Mitarbeiter als reine Erfolgsfaktoren gesehen werden,[638] kann Probleme beim Umgang mit Change und bei der Verwirklichung von Change-Prozessen nach sich ziehen. Dabei sind Unternehmen *„verstärkt auf die Bindung fähiger Mitarbeiter und deren Zufriedenheit angewiesen, um die Leistungsfähigkeit des Unternehmens zu erhalten."*[639] Wenn diese Bindung und diese Zufriedenheit nicht erreicht werden, können Change-Vorhaben – und andere substanzielle Projekte im Unternehmen – ernsthaft gefährdet sein.

Gerade langjährige und/oder ältere Mitarbeiter können aufgrund ihrer Erfahrung der Ansicht sein, dass Veränderungsvorhaben „überflüssig" oder „aktionistisch" sind. Dies würde dann den Prozess der Veränderungsumsetzung erheblich verlangsamen.

Die steigende Komplexität der Realität und damit des eigenen Umfelds steht der *„limitierten Fähigkeit des Menschen zur Informationsverarbeitung in Problemlösungs- und Entscheidungsprozessen"*[640] gegenüber. Daher sind Mitarbeiter eventuell auch nicht in der Lage, den für den Change und für das Entstehen des lernenden Unternehmens erforderlichen Grad an Selbstorganisation zu realisieren.

2. Steigende Komplexität

„Die Wissensgesellschaft und im Speziellen ihre Ökonomie, die Wissenswirtschaft, haben heute ein noch nie dagewesenes Maß an Komplexität erreicht."[641] Dass diese Kom-

637 Vgl. Becker, M.: Wandel aktiv bewältigen!, München/Mering: Rainer Hampp 2009, S. 215.
638 Vgl. ebd. S. 210.
639 Ebd. S. 210.
640 Hetzler, Sebastian: Real-Time Control für das Meistern von Komplexität. Campus, Frankfurt 2010, S. 13
641 Pfiffner, Martin/Stadelmann, Peter: Wissen wirksam machen – Wie Kopfarbeiter produktiv werden, Frankfurt: Campus 2012, S. 58.

plexität noch weiter steigen wird, kann kaum bezweifelt werden. Aber nicht jede Organisation kann diese steigende Komplexität erfolgreich meistern. Gerade klassische Organisationen, die in ihren alten Strukturen verhatten, werden hier an ihre Grenzen stoßen.[642] Gerade dezentralisierte Strukturen erlauben eine grössere Flexibilität.[643]

Zur besseren Beherrschbarkeit dieser Komplexität wird der Systemansatz in dieser Arbeit herangezogen, da *„das Systemdenken hilft, komplexe, dynamische Systeme besser abzubilden als monokausale Denkraster.“*[644] Allerdings hat die Anwendung des systemischen Ansatzes in der betrieblichen Praxis auch durchaus ihre Grenzen. *„Die am Systemansatz und daraus hervorgegangenen Unternehmensführungskonzepten geübte Kritik setzt hauptsächlich am hohen Abstraktionsgrad der systemtheoretischen Betrachtung an.“*[645]

Darüber hinaus ist einzuräumen, dass auch trotz eines systemischen Vorgehens nur ein Teil aller Zusammenhänge im System erfasst werden können.[646] Aufgrund des hohen Komplexitätsgrads, dem Unternehmen und die dort tätigen Individuen ausgesetzt sind, ist ein Nichterkennen einiger Interdependenzen wahrscheinlich. Dies führt dazu, *„dass eine einmal gefundene Lösung sich auf einige Beziehungen positiv, auf andere aber negativ auswirken kann. Wenn die Lösung auf einigen Ebenen nicht ‚verträglich‘ ist, dann erzeugt dies in kurzer Zeit neue Probleme.“*[647]

3. Mangelnde Managementfähigkeiten und unsystematisches Change Management

Mintzberg weist daraufhin, dass zwar dem Thema „Management“ in Literatur und Praxis große Aufmerksamkeit entgegengebracht wird, die Ausbildung und Entwicklung von Managern aber eher dem Zufall überlassen ist.[648] Er schreibt dazu: *„Management*

---

642 Vgl. Hetzler, Sebastian: Real-Time Control für das Meistern von Komplexität. Campus, Frankfurt 2010, S. 25.

643 Siehe *Kapitel 3.3.1* – hier wird dieser Gedanke unter dem Begriff „Dezentralisation“ aufgegriffen.

644 Ebeling, I./Vogelauer, W./Kemm, R.: Die Systemisch-dynamische Organisation im Wandel, Bern: Haupt 2012, S. 90.

645 Macharzina, Klaus: Unternehmensführung – Das internationale Managementwissen, Wiesbaden: Gabler 1993, S. 59.

646 Vgl. Ulrich, Hans: Systemorientiertes Management – Das Werk von Hans Ulrich, Studienausgabe, Bern: Haupt 2001, S. 27.

647 Ebeling, I./Vogelauer, W./Kemm, R.: Die systemisch-dynamische Organisation im Wandel, Bern: Haupt 2012, S. 87. Siehe hierzu auch Dörner, Dietrich: Die Logik des Misslingens – Strategisches Denken in komplexen Situationen, Reinbek bei Hamburg: Rowohlt 2012, S. 326.

648 Vgl. Mintzberg, Henry: Manager statt MBAs – eine kritische Analyse, Frankfurt/New York: Campus 2005, S. 237.

mag einiges mit Gespür zu tun haben, doch es muss auch erlernt werden, nicht nur durch die Praxis selbst, sondern auch durch die Möglichkeit, während der Führungstätigkeit konzeptionelle Einsichten zu gewinnen."[649] Das Gewinnen dieser konzeptionellen Einsichten sowie das Erreichen gefestigter Managementfähigkeiten und einer gewissen Führungssouveränität wird unter anderem dadurch erschwert, dass Manager häufig nur eine geringe Verweildauer in einer bestimmten Abteilung, einem Bereich oder gar einem Unternehmen haben. Dadurch sind sie gefordert, sich häufig in für sie neue Gebiete einzuarbeiten und finden (zu) wenig Zeit, ihre Managementfähigkeiten in der Praxis weiterzuentwickeln und ihre Führungsaufgaben vollumfänglich wahrzunehmen.

Alle Mitarbeiter tragen zur Unternehmenskultur bei, den oberen Führungskräften ist dabei jedoch eine besondere Verantwortung beizumessen, da sie das Organisationsumfeld maßgeblich beeinflussen und so entscheidend für das Entstehen einer lernenden Organisation sind. Ihr Verhalten macht dabei deutlich, welche Werte für die Organisation von Bedeutung sind.[650] Da also gut ausgebildete Manager für das Entstehen einer wettbewerbsfähigen Organisation unerlässlich sind, ist deren unsystematische Entwicklung besonders bedenklich. Mintzberg beschreibt diese „Entwicklung" und deren Konsequenzen wie folgt: *„Es kann daher nicht erstaunen, dass die am weitesten verbreitete Managemententwicklungspraxis, der Wurf ins kalte Wasser, eher dazu führt, dass der Geworfene untergeht, als dass er Oberwasser behält – und auch in letzterem Fall geht er nicht ohne verzweifeltes Herumspritzen ab."*[651] Es ist naheliegend, dass Manager, die so „entwickelt" werden, ihre für die Entstehung einer lernenden Organisation notwendige Führungs- und Vorbildfunktion erst nach geraumer Zeit wahrnehmen oder aber nie ganz ausfüllen können.

Neben den oben beschriebenen Defiziten in den individuellen Managementfähigkeiten sind aber auch Defizite in den organisationalen Managementfähigkeiten zu betrachten. In der Studie mit dem Titel „Return on Change", die in Zusammenarbeit von PwC mit der WHU Otto Beisheim School of Management entstand, nahmen 20 der deutschen DAX-30-Unternehmen teil. In dieser Studie wurden die deutschen Schlüsselindustrien

---

649 Mintzberg, Henry: Manager statt MBAs – eine kritische Analyse, Frankfurt/New York: Campus 2005, S. 237.

650 Vgl. Senge, Peter/Kleiner, Art/Smith, Bryan/Roberts, Charlotte/Ross, Richard: Das Fieldbook zur fünften Disziplin, 5. Aufl., Stuttgart: Schäffer-Poeschel 2008, S. 76.

651 Mintzberg, Henry: Manager statt MBAs – eine kritische Analyse, Frankfurt/New York: Campus 2005, S. 237.

und ihr Umgang mit Change betrachtet.[652] Dabei trat zutage, dass Unternehmen, die ihre Veränderungsprojekte durch ein systematisches Change Management begleiten, deutlich höhere Erfolge in diesen Projekten erzielen als Unternehmen ohne systematisches Change Management: *„Unternehmen mit institutionalisiertem Change Management erreichen mit mehr als 75 % die klare Mehrzahl der vorab definierten Ziele."*[653] Bei Unternehmen ohne Change Management sind dies nur etwa 38 %. Eine besonders hohe Zielerreichung ist mit 83 % den Unternehmen gegeben, die nicht nur systematisches, sondern auch proaktives Change Management betreiben.[654] Im Umkehrschluss wird klar, dass Organisationen, die Change Management nur reaktiv oder gar unsystematisch betreiben, Gefahr laufen, dass ihre Veränderungsprojekte scheitern oder nur unzulänglich realisiert werden.

4. Zu geringe Sozialkompetenz

Ein weiterer Gesichtspunkt ist nicht zu unterschätzen: Die Wissensgesellschaft birgt die Herausforderung, dass Mitarbeiter nicht nur über Sach- und Fachwissen verfügen müssen, sondern auch soziale Kompetenzen benötigen. Oft fehlt diese Kompetenz, das vorhandene Fachwissen war bisher ausreichend und konnte als Kompensator für mangelnde soziale Kompetenz dienen. Diese Kompensation kann in der modernen Wissensgesellschaft nicht mehr ausreichend sein und es besteht die Möglichkeit, dass der fachlich kompetente Mitarbeiter an den Herausforderungen des systemischen, vernetzten Denkens und der Wissensgesellschaft scheitert.

Nach wie vor konzentrieren jedoch traditionelle bzw. wenig veränderungsorientierte Unternehmen ihre Weiterbildungsmaßnahmen auf die Vermittlung von Fachwissen.[655] Wichtig für die Entwicklung einer lernenden Organisation sind auch die Vermittlung von sozialen Fähigkeiten und die Befähigung zur Selbstorganisation. Dafür sind neben klassischen Weiterbildungsmaßnahmen wie beispielsweise Seminaren auch innovative Lernansätze wie Coaching und Mentoring vonnöten, die noch nicht flächendeckend

652 Vgl. Lohmann, Till R./Bosch, Ulf: Return-on-Change (RoC) – Finanzwirtschaftliche Perspektive, in: PricewaterhouseCoopers Press 2013, www.pwc.de/change-management, S. 7.

653 Ebd. S. 13.

654 Vgl. ebd. S. 13.

655 Vgl. Nagl, Anna/Fassbender, Pantaleon: Entwicklungsstand und Perspektiven der lernenden Organisation in Deutschland, in: Wiesenhuber, Norbert & Partner (Hrsg.): Handbuch Lernende Organisation - Unternehmens- und Mitarbeiterpotentiale erfolgreich erschließen, Wiesbaden: Gabler 1997, S. 521.

Anwendung finden.[656] Nur wenn es der Personalentwicklung gelingt, über weite Teile des Unternehmens hinweg innovative Lernansätze zu implementieren und die Sozialkompetenzen der Individuen im Unternehmen weiterzuentwickeln, kann eine lernende Organisation entstehen, die den Herausforderungen des Wettbewerbs der Zukunft gewachsen ist.

5. Eingeschränkte Ressourcen und fehlende Quantifizierbarkeit

Begrenzte personelle und finanzielle Ressourcen können Veränderungsprozesse verlangsamen und behindern. Immer wieder ist zu hören, dass die Quantität und Qualität der operativen Aufgaben keinen oder zu geringen Raum lassen für strategische Projekte und systematische Veränderungsprozesse, die somit vernachlässigt werden.

Wissen ist die „zentrale" Ressource einer lernenden Organisation. Mangelt es an systematischem organisationalem Wissensmanagement, kann die dauerhafte Verfügbarkeit dieser Ressource gefährdet sein.[657] Befindet sich das Wissen nämlich ausschließlich beim Wissensarbeiter, wird er diese Ressource beim Verlassen des Unternehmens mitnehmen.

Finanzielle Ressourcen für Change-Prozesse werden immer wieder auch deshalb nicht oder nicht im ausreichenden Maß zur Verfügung gestellt, da *„eine genaue Bestimmung des Mehrwerts von Change Management schwerfällt."*[658] Es fehlen Messverfahren, um diesen Mehrwert zu belegen, aber ohne diesen belegbaren Mehrwert werden Ressourcenentscheidungen häufig zuungunsten von Change-Vorhaben gefällt. Der Grund dafür ist, *„dass Budgetverantwortliche sich die Frage stellen: 'Wie groß ist der generierte Nutzen?'"*[659]

Aufgrund dieser fehlenden Richtwerte und Messgrößen ist die Gefahr groß, dass Change-Vorhaben bei eingeschränkten Ressourcen und damit verbundenen Budgetrestriktionen als erstes gestrichen werden, da sie als optionale Kosten betrachtet werden,

656 Vgl. Nagl, Anna/Fassbender, Pantaleon: Entwicklungsstand und Perspektiven der lernenden Organisation in Deutschland, in: Wiesenhuber, Norbert & Partner (Hrsg.): Handbuch Lernende Organisation - Unternehmens- und Mitarbeiterpotentiale erfolgreich erschließen, Wiesbaden: Gabler 1997, S. 521.

657 Vgl. Pfiffner, Martin/Stadelmann, Peter: Wissen wirksam machen – Wie Kopfarbeiter produktiv werden, Frankfurt: Campus 2012, S. 266 ff.

658 Lohmann, Till R./Bosch, Ulf: Return-on-Change (RoC) – Finanzwirtschaftliche Perspektive, in: PricewaterhouseCoopers Press 2013, www.pwc.de/change-management, S. 5.

659 Ebd. S. 6.

deren Einsatz ungewissen Nutzen bringt.[660] Dabei werden die oft existenzbedrohenden Auswirkungen fehlenden Change Managements oft (zu) lange außer Acht gelassen.

6. Mangelnde Kommunikation und Information

Besonders wenn Mitarbeiter nicht oder nicht ausreichend über die Hintergründe und beabsichtigten Auswirkungen der eingeleiteten Veränderungen informiert werden, sind Widerstände gegen Change-Prozesse zu erwarten. Ein schlüssiges und durchgängiges Kommunikationskonzept ist also unerlässlich.

Aber nicht nur über konkrete Change-Vorhaben ist zu informieren. Es ist vielmehr wichtig, dass Personalentwicklung im ständigen Austausch mit den Mitarbeitern steht. Ein zentrales Instrument dabei ist die Personalbeurteilung. *„Sie findet üblicherweise im Rahmen von strukturierten Mitarbeitergesprächen statt und umfasst die Aspekte Zielerreichung, Leistung, Verhalten, Fähigkeiten und Potenzial."*[661] Nur so ist der Mitarbeiter in der Lage, seinen Beitrag zum übergeordneten Unternehmensziel einzuordnen, seine Leistungen einzuschätzen und sein Potenzial in einem höheren Maße auszuschöpfen. Wichtig ist vor allem aber auch, dass der Mitarbeiter so den Sinn seines Tuns und die Zielgerichtetheit der Aufgabenstellung erkennt. Fehlen diese Feedbackprozesse und die damit verbundenen Erkenntnisse, kann es zu einer mangelnden Identifikation mit den Unternehmenszielen kommen und es droht die Gefahr, dass der Mitarbeiter die Organisation verlässt. Peter F. Drucker schreibt, dass ein systematisches Feedback wichtig ist, da in dessen Rahmen die Ergebnisse und Leistungserwartungen verglichen werden können und sich so die Mitarbeiter sich alle selbst kontrollieren können.[662]

Dennoch ist eine systematische Feedbackkultur kein Garant dafür, dass alle Organisationsmitglieder die Sinnhaftigkeit des übergeordneten Unternehmensziels verstehen und sich damit identifizieren. Ursachen dafür können halbherzig ausgeführte Feedbackge-

---

660 Vgl. Lohmann, Till R./Bosch, Ulf: Return-on-Change (RoC) – Finanzwirtschaftliche Perspektive, in: PricewaterhouseCoopers Press 2013, www.pwc.de/change-management, S. 9.

661 Zaugg, Robert J.: Nachhaltige Personalentwicklung - Von der Schulung zum Kompetenzmanagement; in: Thom, N./Zaugg, R.J. (Hrsg.): Moderne Personalentwicklung – Mitarbeiterpotentiale erkennen, entwickeln und fördern, Wiesbaden: Gabler 2006, S. 24.

662 Vgl. Drucker, Peter F.: The Ecological Vision – Reflections on the American Condition, New Brunswick/London: Transaction Publishers 2000, S. 350 f. *"for each part and specialist and around organized feedback that compares results with these performance expectations so that every member can exercise self-control."*

spräche sein, die beispielsweise zur Folge haben, dass der Mitarbeiter den Inhalt dieses Gesprächs nicht dauerhaft ernst nimmt und sein Verhalten nicht entsprechend anpasst.

Zur Förderung von Selbstorganisation und lernender Organisation ist der Austausch von Erfahrungswissen der Systemmitglieder untereinander vonnöten. Dieser Austausch ist dabei eine Notwendigkeit zum individuellen Wissenserwerb, aber keine Garantie dafür. Darüber hinaus besteht die Gefahr, dass einzelne Organisationsmitglieder sich diesem Austausch verweigern.

Trotz (oder gerade wegen) der dargestellten Grenzen und Gefahren ist die Personalentwicklung angehalten den systematischen Kommunikations- und Informationsfluss im Unternehmen zu fördern und von den Organisationsmitgliedern zu fordern. Denn: Personalmanagement darf nicht isoliert betrachtet werden, sondern muss das Spannungsfeld von Strategie, Struktur und Kultur so abbilden, dass die Mitarbeiter dieses und dessen Interdependenzen mit dem übergeordneten Unternehmensziel und den eigenen individuellen Zielen verstehen und entsprechend handeln.[663]

Nicht nur der interne Informationsfluss ist für die Personalentwicklung von Bedeutung, sondern auch das Aufnehmen von externen Informationen. Becker schreibt dazu: *„Die Mitarbeiter eines Unternehmens tragen mit ihrer systemstützenden Qualifikation dazu bei, dass das Unternehmen sich selbst versteht, Verständnis für die relevante Umwelt entwickelt und in der Lage ist, nützliche Informationen aus der Umwelt aufzunehmen und systemfördernd zu verarbeiten.“*[664]

7. Grenzen bei der Umsetzung

„Die Wiederentdeckung des Konzepts der lernenden Organisation ist ein wichtiger Schritt, liefert es doch das Handwerkszeug, um Unternehmen anpassungsfähiger und schneller zu machen.“[665] Anpassungsfähigkeit und Schnelligkeit sind unverzichtbare Bestandteile eines wettbewerbsfähigen Unternehmens und damit einer wettbewerbsfähigen *Personalentwicklung von Führungskräften in Zeiten von Change.*

---

663 Vgl. Kobi, Jean-Marcel: Personalrisikomanagement: Strategien zur Steigerung des People Value Gabler; Auflage: 3. Aufl. 2012, S.17.

664 Becker, Manfred: Personalentwicklung – Bildung, Förderung und Organisationsentwicklung in Theorie und Praxis, 2., überarbeitete und erw. Aufl., Stuttgart: Schäffer-Poeschel 1999, S. 31.

665 Seufert, S./Diesner, I.: Wie Lernen im Unternehmen funktioniert, in: Harvard Business Manager, August 2010, S. 11.

„Allerdings ist der Weg zur agilen, lernfähigen Organisation, die sich schnell an Veränderungen anpasst, noch weit. Bei keinem anderen Punkt sahen die Umfrageteilnehmer eine größere Diskrepanz zwischen der Bedeutung des Themas und seiner Umsetzung im Unternehmen. Wunsch und Wirklichkeit klaffen noch weit auseinander.“[666] Diese Lücke zu schließen, ist die Umsetzungsherausforderung schlechthin für Unternehmen und ihre PE-Abteilung. Dies belegen auch die folgenden Zahlen hinsichtlich der wichtigsten Disziplinen für eine lernende Organisation:[667]

- Nur etwa 41 Prozent der Unternehmen bescheinigen sich eine offene Feedbackkultur.
- Nur etwa 20 Prozent geben an, ein transparentes Fehlermanagement zu besitzen.
- Etwa ein Drittel geht davon aus, intakte Informationsprozesse zu haben.
- Immerhin ist jeweils etwa die Hälfte überzeugt, sowohl bereichsübergreifend zu kommunizieren als auch Strategie und Vision transparent zu machen.

Die Beziehung zwischen Theorie und Praxis bei organisationalem Lernen hat sich zwar schon verschoben von der früheren Fallbetrachtung hin zu theoretisch umfassenderen Studien, allerdings ist es nach wie vor schwierig, die Erkenntnisse auf andere Unternehmen zu übertragen.[668] Es sei hier angemerkt, dass viele Studien vorwiegend in „private sector organizations“ Unternehmen durchgeführt wurden und nicht in „networks“ und „nonprivate-sector organizations“. Hier ist noch Forschungsbedarf, da sich dabei wichtige Variablen hinsichtlich organisationalen Lernens und Wissensgewinnung ändern.

Es zeigt sich also, dass die Realisierung eines lernende Unternehmens, das in Zeiten von Change nicht nur Überleben, sondern auch dauerhafte Wachstumschancen sichert, schwierig und ausbaufähig ist.

---

666 Seufert, S./Diesner, I.: Wie Lernen im Unternehmen funktioniert, in: Harvard Business Manager, August 2010, S. 8.

667 Vgl. ebd. S. 8 ff.

668 Diese Sicht wird auch gestützt von Antal, Ariane/Dierkes, Meinolf/Child, John/Nonaka, Ikujiro: Organizational Learning and Knowledge: Reflections on the Dynamics of the Field and Challenges for the Future, in: Berthoin-Antal, A./Dierkes, M./Child, J./Nonaka, I. (eds.): Handbook of Organisational Learning and Knowledge, Oxford/New York: Oxford Press 2007, S. 928 f.

4. Zusammenfassung und Ausblick

Aufgrund der Veränderungen innerhalb und außerhalb von Unternehmen sehen sich die Unternehmen einer ständig steigenden Komplexität ausgesetzt, die die Existenzsicherung von Organisationen immer schwieriger werden lässt. Daher benötigen alle Mitarbeiter ein erheblich gesteigertes Wissen, das ständig verbessert werden muss. Lebenslanges Lernen ist somit unerlässlich. Aber nicht nur Individuen stehen vor der Herausforderung sich stetig weiterzuentwickeln, sondern auch Unternehmen. Organisationales Lernen ist vonnöten, und das setzt organisationale Strukturen voraus, in denen organisationales Lernen gedeihen kann und das individuelle Wissen nutzbar gemacht werden kann. Auf diese Weise wird Personalentwicklung zum Motor des Fortschritts und trägt zur Erneuerung der Wissensbasis des Unternehmens bei.[669] Der *Personalentwicklung von Führungskräften in Zeiten von Change* kommt somit eine Schlüsselfunktion bei der Existenzsicherung des Unternehmens und beim Erhalt der Motivation von Mitarbeitern zu. Die vorliegende Arbeit befasste sich vor diesem Hintergrund mit der übergeordneten Fragestellung: *„Was kann die Personalentwicklung von Führungskräften dazu beitragen, dass Unternehmen in Zeiten steigender Komplexität und stetigen Wandels dauerhaft erfolgreich sein können?"*

Nur der Blick über die einzelnen Disziplinen hinaus, ermöglicht eine zukunftsträchtige Betrachtung, um die anstehenden Entwicklungen in den kommenden Jahren am besten zu meistern. Aus diesem Grund wurde der vorliegende interdisziplinäre Ansatz gewählt, um der Arbeit *Personalentwicklung von Führungskräften in Zeiten von Change – eine Betrachtung aus Sicht des systemorientierten Managements* das wissenschaftliche Fundament zu verleihen.

Personalentwicklung, die sowohl den beständigen Wandel als auch das individuelle und organisationale Lernen fokussiert, erfordert, dass verstärkt selbstorganisiert weiteres Wissen erworben und weitergegeben wird. Dies vor allem auch deshalb, weil laut Senge, der einzig tragfähige Wettbewerbsvorteil auf lange Sicht in der Fähigkeit einer Organisation liegt, schneller zu lernen als die Konkurrenz.[670] In diesem Zusammenhang wird das organisationale Lernen zum entscheidenden Faktor. Malik zieht das Fazit, dass

---

[669] Vgl. Becker, Manfred: Personalentwicklung – Bildung, Förderung und Organisationsentwicklung in Theorie und Praxis, 5., akt. u .erw. Aufl., Stuttgart: Schäffer Poeschel 2009, S. 1 ff.

[670] Vgl. Senge, Peter/Kleiner, Art/Smith, Bryan/Roberts, Charlotte/Ross, Richard: Das Fieldbook zur fünften Disziplin, 5. Aufl., Stuttgart: Schäffer-Poeschel 2008, S.11, Arie de Geus formuliert diesen Gedanken schon Ende der 80er-Jahre in Planning as Learning, in: Harvard Business Review, 66, 1988, S. 74.

in der Produktivität des Wissens der Schlüssel zum Unternehmenserfolg gesehen werden kann.[671] Wissen wird somit zur wichtigsten Ressource im Unternehmen und kann als eigenständiger Produktionsfaktor neben Arbeit, Kapital und Boden gelten.

Die Weiterentwicklung von Wissen hat daher eine herausragende Stellung, und zwar sowohl für den Einzelnen als auch für die Organisation als Ganzes. Für diese Arbeit waren zwei Aspekte von Bedeutung, erstens die zentrale Aufgabe der Personalentwicklung, das *individuelle Lernen* der Wissensarbeiter so zu fördern, dass organisationale Lernprozesse unterstützt werden, und zweitens, das *Lernen der Organisation an sich zu fördern.*

In diesem Zusammenhang war für die Forschung die ungewöhnliche, aber systemische Definition von Führungskraft wichtig, bei der die Bedeutung der *Selbststeuerung* zum Ausdruck kommt: *„Jeder Wissensarbeiter in einer modernen Organisation ist eine ‚Führungskraft', sofern er aufgrund seiner Position oder seines Wissens einen Beitrag zu leisten hat, der sich auf die Leistungsfähigkeit und die Ergebnisse der Organisation auswirkt."*[672] Hierbei muss der Wissensarbeiter seinen Arbeitsprozess selbstständig planen, organisieren, durchführen und kontrollieren. Es obliegt seiner Verantwortung, sich selbst zu managen und so sein Wissen und Können wirksam in die Organisation einzubringen.[673]

In der Verknüpfung von *Personalentwicklung von Führungskräften in Zeiten von Change* und der *Betrachtung aus Sicht des systemorientierten Managements* wurden insbesondere folgende zentrale Fragestellungen betrachtet:

1. Wie kann systemorientiertes Management in Zeiten von Change die Organisation befähigen, Selbstorganisation umfassend zu nutzen?
2. Was muss Personalentwicklung im Kontext der lernenden Organisation leisten, damit Organisationen langfristig erfolgreich darin sind, Change zu bewältigen?
3. Wie müssen die organisationalen und die individuellen Lernprozesse angelegt sein, damit systemisches Lernen in der gesamten Organisation erfolgreich ist?

Komplexe Systeme lassen sich unter anderem wirkungsvoll steuern, indem von der Führung Rahmenbedingungen geschaffen werden, innerhalb deren Grenzen sich das

[671] Vgl. Malik, Fredmund: Unternehmenspolitik und Corporate Governance, Frankfurt/New York: Campus 2008, S. 179.
[672] Drucker, Peter F.: Was ist Management – Das Beste aus 50 Jahren, München: Econ 2002, S. 232.
[673] Drucker, Peter F.: Management – Tasks, Responsibilities, Practices, Reprinted Edition, New York: HarperCollins Publishers 1993, S. 279.

System in eine gewünschte Richtung entfalten kann, anstatt auf die explizite Regelung aller Details zu vertrauen. Daher wurden Heuristiken herausgearbeitet, die die Personalentwicklung von Führungskräften in Zeiten von Change dabei unterstützen, den oben genannten zentralen Fragestellungen *wirksam* zu begegnen. In diesen Heuristiken kumuliert sich der wissenschaftliche Erkenntniswert dieser Arbeit.

Heuristiken zur Etablierung von Selbstorganisation

Ausgearbeitet wurden die besondere Bedeutung sowie die neuen Perspektiven, die aus dem Fokus auf Selbstorganisation entstehen, wenn Personalentwicklung diesem übergeordneten Ziel der Selbstorganisation folgt. Die folgenden in der Arbeit entwickelten Heuristiken können Unternehmen und insbesondere deren Personalentwicklung bei der Etablierung von Selbstorganisation unterstützen:

1. **Heuristik: Systemdenken fördern und systemische Manager etablieren**

   Eine Führungskraft, die mit Systemdenken und systemischem Management vertraut ist, wird in komplexen Zusammenhängen erfolgreicher agieren als Führungskräfte ohne dieses Wissen. Daher ist es unerlässlich, dass Führungskräfte systemisch denken und somit erkennen, wie Dinge miteinander vernetzt sind. Das nicht-lineare Denken und Handeln befähigt die Führungskraft dazu, die Auswirkungen und Verbesserungen, die auch kleine Aktionen nach sich ziehen, zu erkennen und bewusst herbeizuführen. Daher ist es zur Verwirklichung von Selbstorganisation im Unternehmen erforderlich, dass sowohl das systemische Denken als auch die Etablierung von systemischen Managern gezielt gefördert wird.

2. **Heuristik: Konzept der Selbstorganisation fördern und Rahmenbedingungen für Selbstorganisation schaffen**

   Führung muss Rahmenbedingungen schaffen, die Selbstorganisation ermöglicht, nur so lassen sich komplexe Systeme steuern. Es ist nicht sinnvoll, alle eventuellen Details explizit zu regeln (und damit vorauszudenken). Zielführender ist es, Rahmenbedingungen zu schaffen, die – gerade auch bei einer Veränderung der Umweltbedingungen – Selbstorganisation ermöglichen. Hierbei werden Vernetztes Denken und das Jiu-Jitsu-Prinzip (also die Technik, die vorhandene

Kräfte nützt und in die gewünschte Richtung umwandelt, statt die Kräfte zu zerstören) wertvolle Beiträge leisten.

3. **Heuristik: Feedbackprozesse etablieren**

Die tagtäglichen unstrukturierten und undokumentierten Feedbackprozesse sind für die Zusammenarbeit unerlässlich. Viel wichtiger und daher auch unbedingt zu dokumentieren und zu institutionalisieren sind jedoch die Feedbackprozesse, die sich auf den Grad der Erreichung des übergeordneten Unternehmensziels beziehen. Eine bedeutende Rolle kommt in diesem Zusammenhang der Selbstkontrolle und der Selbststeuerung zu, beide werden durch einen systematischen Prozess der Rückkopplung gefördert. So leistet die bewusste Nutzung von Feedback durch möglichst viele Mitglieder der Organisation einen wesentlichen Beitrag zur Realisierung von Selbstorganisation.

4. **Heuristik: Regeln für die Steuerung komplexer Systeme nutzen**

Kybernetik ist die Wissenschaft der Steuerung komplexer Systeme. Dabei ist es entscheidend, Regeln so zu gestalten, dass sie das Verhalten in und die Interpretation bei komplexen Situationen zweifelsfrei festlegen. Daher gilt es Regeln zu schaffen, die die Selbstorganisation von Unternehmen und den Umgang mit Komplexität stärken, obwohl Individuen nie alle relevanten Informationen über ihr Umfeld und die Auswirkungen ihrer Aktionen auf ihr Umfeld erfassen können. Diese Regeln sind immer wieder auf ihre Relevanz und Zweckmäßigkeit zu überprüfen. Die Steuerung komplexer Systeme hat dabei auch Regeln zur Erzeugung gewollter Verhaltensmuster hinsichtlich der Komplexitätsreduktion zu stärken.

5. **Heuristik: Offenheit von Systemen sicherstellen**

Systeme agieren immer im Umfeld von und im Austausch mit anderen Systemen. Es ist kaum zu definieren, wo ein System endet und ein anderes beginnt. Daher ist es wichtig, dass Systeme (und damit Organisationen und Unternehmen) offen sind für den Austausch mit anderen Systemen. So kann sich ein System dadurch weiterentwickeln, dass es von seiner Umwelt lernt. Im Rahmen der Personalentwicklung in Zeiten von Change ist es somit unerlässlich, dass die Mitglieder der Organisation bewusst die Offenheit des Systems fördern und die

Austauschbeziehungen mit der Umwelt zum Nutzen der eigenen Organisation fördern.

6. **Heuristik: Verantwortung für Information fördern**

   Selbstorganisation ist nur möglich, wenn den Mitgliedern der Organisation die relevanten Informationen zur Verfügung stehen. Die Mitglieder der Organisation müssen die Verantwortung für die Information übernehmen. Das bedeutet, dass sie die richtigen Informationen zu den richtigen Personen zur richtigen Zeit geben und auch selbst dafür sorgen, dass sie die richtigen Informationen bekommen. Der Einzelne muss sich also Gedanken darüber machen, welche Informationen er von wem zur Erledigung seiner Aufgaben benötigt und wer Informationen zur Aufgabenerledigung von ihm erhalten muss.

Heuristiken für die wirksame Führungskräfteentwicklung im Kontext von Change

Da Personalentwicklung in Zeiten des Wandels sich unter anderem sinnvollerweise auf die Bewältigung von Change konzentriert, berücksichtigt sie insbesondere die Interaktion zwischen Umwelt, Institution und Führungskräften. Die Eigenschaft, sowohl der Organisation als auch der Führungskraft, Komplexität zu bewältigen, wurde hierbei herausgearbeitet und Heuristiken entwickelt, die die wirksame Führungskräfteentwicklung im Kontext von Change unterstützen. Die folgenden in dieser Arbeit entwickelten Heuristiken helfen, die Wirksamkeit von Führungskräften in Zeiten von Change zu steigern:

1. **Heuristik: Stärken finden und nutzen**

   Die ideale Führungskraft lässt sich zwar theoretisch definieren, in der Praxis aber mit der Summe aller angeforderten Eigenschaften für die Vielzahl von Organisationen nicht finden. Daher muss jedes Unternehmen für sich festlegen, was gegenwärtig gute Leute für die zu lösende Aufgabe ausmacht. Wirksame Führungskräfte berücksichtigen bei der Stellenbesetzung die Stärken des Mitarbeiters, dessen Schwächen fallen dann nicht mehr ins Gewicht. Sind die Stärken des Mitarbeiters erkannt, gelingt es, diese konsequent für das übergeordnete Unternehmensziel zu nutzen und auszubauen.

2. Heuristik: Kenntnisse des Gesamtgeschäfts vermitteln

Auch sehr gute und optimal eingesetzte Mitarbeiter können nur exzellente Beiträge zum Erfolg des Gesamtunternehmens liefern, wenn sie das übergeordnete Unternehmensziel, das grundsätzliche Geschäftsmodell und die Schlüsselabläufe kennen. Bei der organisationalen Wissensvermittlung ist daher darauf zu achten, dass sowohl neue Mitarbeiter als auch Mitarbeiter, die schon länger im Unternehmen sind, die dafür nötigen Kenntnisse und Informationen stets aktuell erhalten.

3. Heuristik: Task Assignment und Person optimal aufeinander abstimmen

Während eine Stelle durch ein Paket an Aufgaben, die dauerhaft gelten, definiert wird, versteht man unter einem Task Assignment einen Auftrag oder eine Schlüsselaufgabe, die auf einer Stelle für die folgende, überschaubare Zeitperiode die höchste Priorität hat. Dass Person und Assignment zusammenpassen ist nicht nur eine der wichtigsten Prioritäten einer effektiven Personalentscheidung, sondern führt auch dazu, dass leistungsstarke Einheiten und Organisationen entstehen. Unerlässlich ist es dabei, dass die Person das Assignment genau verstanden und auch akzeptiert hat.

4. Heuristik: Sorgfältige Personalauswahl

Damit die richtige Person für ein Assignment auch gefunden wird, sind die folgenden vier Schritte zwingend nötig:

- Das Assignment klären, damit sich der Mitarbeiter auf seine Schwerpunktaufgaben konzentrieren kann
- Mindestens drei Personen in den Kandidatenkreis aufnehmen, damit die Personalentscheidung fundiert gefällt werden kann
- Sorgfältig und klar definieren, nach welchen Kriterien (hinsichtlich Fach- und Führungswissen) über die Kandidaten entschieden wird
- Von mehreren Personen Informationen einholen, die mit dem Kandidaten bereits gearbeitet haben, um das Risiko von Fehlentscheidungen zu minimieren

5. Heuristik: Alle Personalentscheidungen sind bedeutend – daher ist ihnen viel Zeit und Sorgfalt einzuräumen

Effiziente Führungskräfte nehmen sich ausreichend Zeit, Personalentscheidungen sorgfältig, gewissenhaft und nachhaltig zu treffen, da das Korrigieren von Fehlentscheidungen teuer und zeitintensiv ist. Das ist entscheidend, da schlagkräftige Organisationen Mitarbeiter benötigen, die unternehmerisch denken. Nur, wenn es gelingt, genügend unternehmerisch agierende Mitarbeiter zu rekrutieren, werden ausreichend Chancen erkannt und Innovationen realisiert. Die richtigen Personalentscheidungen leisten hierzu den vermutlich größten Beitrag.

6. Heuristik: Wirksamen Führungskräften Spielräume gewähren

Eine Unternehmenskultur, die von Vertrauen, Integrität, Offenheit, Leistungsorientierung, Professionalität, Wirksamkeit und Verantwortung geprägt ist, ist attraktiv für gute Leute und verhindert deren Fluktuation. Wichtig ist dabei auch, dass wirksamen Führungskräften Freiraum bei ihrer Aufgabenerfüllung gewährt wird, was durch Führen mit Zielvorgaben nachhaltig ermöglicht wird.

7. Heuristik: Sich mit guten Leuten umgeben

Erfolgreiche Führungskräfte sammeln starke und kluge Mitarbeiter um sich – und tauschen sich intensiv mit diesen aus. Denn sie schätzen auch kontroverse Diskussionen, bei denen wichtige Projekte von allen Seiten beleuchtet werden, und so das Risiko minimiert wird, kritische Aspekte zu übersehen.

8. Heuristik: Eine werthaltige Unternehmenskultur schaffen (Integrität und Vertrauen)

Um Leistung zu erbringen, reicht Integrität alleine nicht aus, aber wenn sie fehlt, kann sie durch nichts ersetzt werden.[674] Erfahrene Wirtschaftsführer sehen Integrität als einen der entscheidenden Erfolgsfaktoren an. Unerlässlich ist, dass die Führungsspitze bei Personalentscheidungen diesbezüglich keine Kompromisse eingeht – aber auch stets ihrer Vorbildfunktion hinsichtlich der Integrität gerecht wird.

[674] Vgl. Drucker, Peter F.: Management – Tasks, Responsibilities, Practices, Reprinted Edition, New York: HarperCollins Publishers 1993, S. 462.

Heuristiken zur Förderung von lernender Organisation und individuellem Lernen

Systemisches Lernen zielt darauf ab, die Intelligenz im Unternehmen umfassend zu aktivieren, was sowohl der Organisation als auch ihren Mitgliedern zu Gute kommt. Es gilt also nicht nur, einzelne Lernakte zu fördern und zu begleiten, sondern auch generelle organisationale Lernfähigkeiten aufzubauen. Wichtig ist hierbei, dass sich die Personalentwicklung von der Tradition löst, überwiegend das individuelle Lernen zu fördern, und sich verstärkt dem organisationalen Lernen zuwendet. Dazu ist es erforderlich, dass den Individuen im Unternehmen die Möglichkeit erschlossen wird, sich selbstorganisiert weiterzuentwickeln. Damit systemisches Lernen auf allen Ebenen des Lernprozesses ansetzen und erfolgreich sein kann, wurden die folgenden Heuristiken, die das individuelle und auch das organisationale Lernen unterstützen und vernetzen, in dieser Arbeit entwickelt:

1. **Heuristik: Selbstregulation von Lernprozessen fördern**

   Während des individuellen Lernprozesses muss Selbstregulation stattfinden, das heißt, dass das Individuum sich eigene Lernziele setzt und den Zielerreichungsgrad auch selbstständig und stetig kontrolliert. Das Individuum reagiert auch auf Veränderungen im Umfeld oder Feedback von außen. Selbstregulation ist gerade in Zeiten des ständigen Wandels unerlässlich, um sowohl als Organisation als auch als Individuum kontinuierlich zu lernen und dauerhaft erfolgreich zu bleiben. Selbstregulation und selbstreguliertes Lernen steigert nicht nur die Selbstverwirklichung der Mitarbeiter und damit ihre Zufriedenheit, sondern auch den Anspruch, den die Mitarbeiter an die eigene Leistung stellen. Dies führt zu einer verbesserten, effizienteren und umfassenderen Erreichung des übergeordneten Unternehmensziels.

2. **Heuristik: Selbstverantwortung einfordern und Motivation fördern**

   Die permanente Lernbereitschaft und -fähigkeit aufzubauen und zu erhalten ist eine zentrale Herausforderung einer lernenden Organisation. Der Mitarbeiter ist verantwortlich dafür, dass er sich hinsichtlich der Fähigkeiten und des Wissens, die im eigenen Beruf aktuell erforderlich sind, auf dem Laufenden hält. Nur so kann sich der Mitarbeiter – auch im eigenen Interesse – auf Dauer beschäftigungsfähig halten. Die Organisation kann dieses Persönlichkeitslernen durch das Zulassen kreativer Lernwege und durch die Förderung von Eigenverantwortung und Selbstregie vorantreiben. Der Arbeitsplatz ist der wichtigste Lernort, daher ist es sinnvoll, die Mitarbeiter am Arbeitsplatz lernen zu lassen und nicht abseits der Arbeitsumgebung.

3. Heuristik: Kontinuierliches Lernen fördern

Organisationen sind soziale Systeme, die in hohem Maß entwicklungsfähig sind[675], also tatsächlich als Organisationen lernen können, was zur Folge hat, dass Change auch bewältigt werden kann. Dabei ist es unerlässlich, dass auch alle Individuen im Unternehmen entwicklungsfähig und -willig sind. Dies kann beispielsweise bewirkt werden, durch die Etablierung einer lernfördernden Unternehmenskultur, durch institutionalisierte Weiterbildung durch die Organisation, durch Wissens- und Erfahrungsaustausch, Social Media und virtuelle Teams als Lernort und dem Erkennen und Vorausnehmen zukünftiger Entwicklungen.

4. Heuristik: Möglichkeiten zur Selbstentwicklung schaffen

Während aller Phasen des Arbeitslebens tun Mitarbeiter gut daran, sich selbst zu entwickeln – nicht nur hinsichtlich ihres Fachwissens, sondern vor allem auch hinsichtlich ihrer Persönlichkeit und hinsichtlich ihres Managementwissens. Die Personalentwicklung kann unterstützend wirken, indem sie Rahmenbedingungen schafft, die nicht nur die Entwicklung von Managementwissen, sondern auch die Persönlichkeitsentwicklung der Führungskräfte fördert.

5. Heuristik: Problemlösungskompetenz ausbauen

Das Überleben einer Organisation hängt von der ständigen Erweiterung und Aktualisierung des kollektiven Wissens ab, daher ist es wichtig, die Organisation konsequent auf Lernfähigkeit auszurichten und Lernfähigkeit als zentralen Wert und zentrales Ziel zu kultivieren und die Problemlösungskompetenz sowohl des Individuums als auch der Organisation auszubauen. Wichtig hierfür ist es, dass die Problemwahrnehmung und das Problemverständnis bei Führungskräften von der Personalentwicklung gefördert werden und diesen auch Problemlösungsmethodik vermittelt wird. Sowohl die Fähigkeit, vernetzt zu denken, als auch eine hohe Resilienz, steigert die Problemlösungskompetenz von Individuen.

---

675 Vgl. Ulrich, Hans/Probst, Gilbert: Anleitung zum ganzheitlichen Denken und Handeln. Ein Brevier für Führungskräfte, 4. Aufl., Bern/Stuttgart 1995, S. 92.

6. Heuristik: Wissensreservoir aufbauen und Wissensmanagement etablieren

Dem Aufbau eines Wissensreservoirs und der damit verbundenen Manifestation von Wissen unabhängig von den handelnden Individuen, obliegt eine hohe Priorität und gilt als eine zentrale Herausforderung einer lernenden Organisation. Dabei gilt es, Wissen auch bei Fluktuation von Mitarbeitern zu erhalten, und ein Wissensreservoir aufzubauen, das die Effektivität von Handlungen steigern kann.

Grenzen der Personalentwicklung von Führungskräften in Zeiten von Change

Abschließend wurden die Grenzen und Limitierungen der Möglichkeiten zur Gestaltung der Personalentwicklung von Führungskräften in Zeiten von Change aufgezeigt. Hierbei wurde vor allem auch auf die Grenzen der Nutzung von Heuristiken eingegangen. Die in dieser Arbeit dargestellten Grenzen sind:

1. Grenzen des menschlichen Könnens und Wollens

Change-Prozesse erfahren Reibungsverluste. Das kann daran liegen, dass Mitarbeiter die Veränderungen nicht mittragen wollen oder sich durch die angestrebten Veränderungen gefährdet sehen. Die Menschen in einem Unternehmen beeinflussen aber maßgeblich, ob das Unternehmen eine lernende Organisation ist. Eventuell kann es aber auch sein, dass die Mitarbeiter nicht in der Lage sind, den für den Change und für das Entstehen des lernenden Unternehmens erforderlichen Grad an Selbstorganisation zu realisieren.

2. Steigende Komplexität

Die bereits herrschende Komplexität hat ein noch nie dagewesenes Ausmaß erreicht. Dass diese Komplexität noch weiter steigen wird, kann kaum bezweifelt werden. Aber nicht jedes Unternehmen ist dieser steigenden Komplexität gewachsen. Der Systemansatz bietet hier Lösungen an, hat aber durchaus auch seine Grenzen, da auch mit systemischen Denken und Handeln nicht eine unbegrenzt große Komplexität durchdacht, überblickt und beherrscht werden kann.

3. Mangelnde Managementfähigkeiten und unsystematisches Change Management

Managementfähigkeiten müssen erlernt werden und dürfen nicht dem Zufall überlassen werden. Das Gewinnen konzeptioneller Einsichten sowie das Erreichen gefestigter Managementfähigkeiten und einer gewissen Führungssouveränität ist wichtig, wird unter anderem aber dadurch erschwert, dass Manager häufig nur eine geringe Verweildauer in einer bestimmten Abteilung, einem Bereich oder gar einem Unternehmen haben.

Neben mangelnden individuellen Managementfähigkeiten sind aber auch Defizite in den organisationalen Managementfähigkeiten zu betrachten. Grenzen zeigen sich dort, wo Unternehmen ihre Veränderungsprojekte nicht durch ein systematisches Change Management begleiten. Hier laufen sie Gefahr, dass ihre Veränderungsprojekte scheitern oder nur unzulänglich realisiert werden.

4. Zu geringe Sozialkompetenz

Bislang war das vorhandene Sach- und Fachwissen ausreichend. Nun muss der Mitarbeiter auch über soziale Kompetenzen verfügen, tut er das nicht, kann es sein, dass der fachlich kompetente Mitarbeiter an den Herausforderungen des systemischen, vernetzten Denkens und der Wissensgesellschaft scheitert.

5. Eingeschränkte Ressourcen und fehlende Quantifizierbarkeit

Die fehlende Quantifizierbarkeit des Mehrwerts von Change Management kann dazu führen, dass nicht genügend finanzielle und personelle Ressourcen zur Verfügung stehen, um die anstehenden Change-Vorhaben anzugehen. Die existenzbedrohende Konsequenz eines fehlenden Change Managements wird hierbei oft zu lange außer Acht gelassen.

6. Mangelnde Kommunikation und Information

Die Personalentwicklung muss den systematischen Kommunikations- und Informationsfluss fördern und von den Mitarbeitern einfordern.

Hierbei ist ein schlüssiges und durchgängiges Kommunikationskonzept unerlässlich, das die Mitarbeiter über die eingeleiteten Veränderungen informiert und so Widerstände abbauen kann.

Eine gelebte systematische Feedbackkultur kann Fluktuation nicht verhindern, aber mindern. Hierbei nimmt die Personalbeurteilung eine wichtige Stelle ein. Nur so ist der Mitarbeiter fähig, seinen Beitrag zum Unternehmensziel einzuordnen, seine Leistungen zu beurteilen und sein Potenzial vermehrt auszuschöpfen. Mitarbeiter können sich also selbst kontrollieren, was zur Förderung von Selbstorganisation und der lernenden Organisation einen Beitrag leistet. Da sich die Mitarbeiter untereinander austauschen und auch Informationen von extern mitbringen, ist auch hier der Informationsfluss wichtig.

7. Grenzen bei der Umsetzung

Das Konzept der lernenden Organisation liefert die Instrumente, um Unternehmen und somit auch die Personalentwicklung von Führungskräften in Zeiten von Change anpassungsfähiger und schneller zu machen. Beides sind wichtige Elemente, um im Wettbewerb zu bestehen und sich dauerhaft Wachstumschancen zu sichern. Allerdings fallen derzeit Theorie und Praxis noch auseinander.

Ausblick

Die aufgezeigten Grenzen und Gefahren zu minimieren und dafür passende Instrumente zu entwickeln wird auch in Zukunft entscheidend zur Existenzsicherung von Unternehmen beitragen. Zur Entwicklung dieser Instrumente besteht noch Forschungsbedarf, beispielsweise hinsichtlich des organisationalen Lernens und der Wissensgewinnung im Bereich „networks“ und „nonprivate-sector organizations“, zumal sich wichtige Variablen ändern. Interessant wären in diesem Zusammenhang auch weitere internationale Studien aus unterschiedlichen Kulturkreisen.[676]

Während es zur Bewältigung der überwiegenden Zahl der dargestellten Grenzen bereits fundiertes theoretisches Wissen und Best-Practice-Beispiele gibt, ist eine Herausforderung noch nicht umfassend bearbeitet: die Quantifizierbarkeit von Maßnahmen der Personalentwicklung und des Change Managements. Hier sind Unternehmen auf weitere Studien und Forschungsergebnisse angewiesen, um den Wert der Maßnahmen im Ver-

[676] Beispielsweise weiss man wenig über Wissensgewinnung in den afrikanischen Ländern, im mittleren Osten und Südamerika. Vgl. Antal, Ariane/Dierkes, Meinolf/Child, John/Nonaka, Ikujiro: Organizational Learning and Knowledge: Reflections on the Dynamics of the Field and Challenges for the Future, in: Berthoin-Antal, A./Dierkes, M./Child, J./Nonaka, I. (eds.): Handbook of Organisational Learning and Knowledge, Oxford/New York: Oxford Press 2007, S. 933 f.

hältnis zu den Kosten valide darstellen zu können. Becker schreibt dazu, *„dass die Bedeutung und das Finanzvolumen der Personalentwicklung stark wachsen. Somit steigt auch der Druck auf alle Verantwortlichen der Personalentwicklung mit leistungsfähigen Instrumenten und Methoden den Nutzen der Personalentwicklung systematisch zu erfassen und zu evaluieren, um die Legitimation der Personalentwicklungsarbeit zu begründen."*[677] Wenn es gelingt, die Maßnahmen der Personalentwicklung quantifizierbar zu machen, wird es die Personalentwicklung angesichts enger Budgets leichter haben, entsprechende Maßnahmen durchzusetzen. Außerdem kann sich auf dieser Basis die Personalentwicklung eine, den neuen und umfassenden Herausforderungen, die sich aus der steigenden Komplexität ergeben, angepasste strategische Position im Unternehmen erarbeiten und sichern. Unbestritten ist, dass Personalentwicklung angesichts des stetigen und immer schnelleren Wandels verstärkt vonnöten ist und ständig an Bedeutung gewinnt. Denn: *„Die Wirtschaftswelt durchlebt zurzeit einen langwierigen Change-Prozess, der starre Arbeitsstrukturen aufbricht und gravierende Veränderungen mit sich bringt. Nur wer dynamische Veränderungsprozesse adäquat und mit dem notwendigen Know-how managt, wird sich langfristig in einer vernetzten Arbeitswelt als verlässliche Größe behaupten."*[678] Diese Aussage von Lommer und Joos kann sowohl auf Individuen als auch auf Unternehmen zutreffen.

In dieser Arbeit wurde mehrfach die Bedeutung von Wissensarbeitern für Unternehmen in Zeiten von Change dargestellt. Dies aus zwei Gründen: Einerseits weil es wichtig ist, unternehmerisches Handeln auf die Basis fundierten Wissens zu stellen,[679] andererseits aufgrund der hohen Investitionen, die nötig sind, bis Wissensarbeiter wirksam einsetzbar sind. Es ist anzunehmen, dass die Bedeutung dieser Wissensarbeiter aufgrund der stetig steigenden Komplexität weiter wachsen wird. Hinzukommt, dass die steigende Komplexität am besten von lernenden Organisationen bewältigt werden kann, die systemisch geführt werden. Es wird also eine immer größere Herausforderung für Unternehmen werden, Wissensarbeiter, die selbstorganisiert ein Leben lang lernen, zu finden und zu binden. Dies bedeutet für die Personalentwicklung, dass sie sich von der traditionellen Zielsetzung, die Mitarbeiter überwiegend für die Unternehmensziele zu qualifizieren, lösen wird, und die persönlichen Ziele der Mitarbeiter verstärkt berücksichtigt.

677 Becker, Manfred: Wandel aktiv bewältigen!, München/Mering: Rainer Hampp 2009, S. 216.
678 Lommer, J./Joos, C.: Gemeinsame Werte bewahren, in: Personalwirtschaft, 08/2012, S. 39.
679 Vgl. Mandl, Heinz/Reinmann-Rothmeier, Gabi: Auf dem Weg zu einer neuen Kultur des Lehrens und Lernens, in: Dörr, G./Jüngst, K. L. (Hrsg.): Lernen mit Medien: Ergebnisse und Perspektiven zu medial vermittelten Lehr- und Lernprozessen, Weinheim/München: Juventa 1998, S. 194.

Gerade weil die Unternehmen in Zeiten von Change auf das Halten leistungsfähiger Mitarbeiter angewiesen sind, werden sie verstärkt auch auf immaterielle Anreize setzen, die auf deren Persönlichkeitsentfaltung abzielen. Nur so können außerordentliche Leistungen und innovatives Verhalten der Mitarbeiter erreicht werden.[680] Neben vielen anderen wie beispielsweise familienfreundlichen Arbeitsbedingungen für beide Geschlechter oder flexiblen Arbeitszeiten und -orten, ist „Sinn“ ein besonders motivierender immaterieller Anreiz. Das bedeutet, dass Personalentwicklung zunehmend auch für Sinnvermittlung sorgen muss, zumal Sinn auch die Systembildung fördert. Dabei geht es auch darum, den handelnden Personen im Unternehmen die Notwendigkeit von Lernen und Verändern nicht nur zu vermitteln, sondern diese auch dafür zu begeistern, denn organisationales Lernen ist ein ständiger, kreativer Prozess, der Unsicherheiten für die Organisationsmitglieder birgt. Daher müssen sie ermutigt werden, den Unsicherheiten zu begegnen statt diese zu vermeiden.

Die *Personalentwicklung von Führungskräften in Zeiten von Change* wird sich also mit der steigenden zu bewältigenden Komplexität und dem damit verbundenen großen Bedarf an ebenso leistungsstarken wie motivierten Mitarbeitern weiterentwickeln müssen. Wenn für eine lernende Organisation Bedingungen geschaffen werden, kann sie entstehen und nachhaltig am Leben erhalten werden. Wichtig hierbei ist es, dass die lernende Organisation ein aktiver Prozess ist, “*once learning processes are started, their momentum needs to be actively maintained because there is a high risk that they will be interrupted learning.*”[681]

Bei der Durchsetzung entsprechender Maßnahmen und der Erarbeitung der entsprechenden strategischen Position der Personalentwicklung im Unternehmen wird es ihr helfen, wenn es gelingt, diese Maßnahmen quantifizierbar zu machen. Aber nicht nur die Personalentwicklung wird sich weiterentwickeln (müssen), sondern auch die Manager.

Denn: *„Die lernende Organisation ist kein weltabgewandter ‚Zauberberg‘, abseits von Globalisierung und Strukturwandel, gleichsam ein Kurort für gebeutelte Manager: im Gegenteil, eine Vertrauenskultur aufrechtzuerhalten, erfordert harte Arbeit, vor allem an sich selbst. Aber die lernende Organisation kann ein Ort sein, an dem Menschen*

---

680 Vgl. Becker, Manfred: Wandel aktiv bewältigen!, München/Mering: Rainer Hampp 2009, S. 210.

681 Antal, Ariane /Lenhard, Uwe/ Rosenbrock, Rolf: Barriers to Organizational Learning, in: Berthoin-Antal, A./Dierkes, M./Child, J./Nonaka, I. (eds.): Handbook of Organisational Learning and Knowledge, Oxford/New York: Oxford Press 2007, S. 879.

erleben, dass Leistung eine Herausforderung und eine Chance zum Wachstum im persönlichen und im Sinne des Unternehmens darstellt."[682]

[682] Wiesenhuber, Norbert: Die lernende Organisation: Unternehmens- und Mitarbeiterpotentiale erfolgreich erschliessen, in: Wiesenhuber, Norbert & Partner (Hrsg.): Handbuch Lernende Organisation - Unternehmens- und Mitarbeiterpotentiale erfolgreich erschliessen, Wiesbaden: Gabler 1997, S. 15.

Literaturverzeichnis

Antal, Ariane/Dierkes, Meinolf/Child, John/Nonaka, Ikujiro: *Organizational Learning and Knowledge: Reflections on the Dynamics of the Field and Challenges for the Future,* in: Berthoin-Antal, A./Dierkes, M./Child, J./Nonaka, I. (eds.): Handbook of Organisational Learning and Knowledge, Oxford/New York: Oxford Press 2007, S. 921-939.

Antal, Ariane/Lenhard, Uwe/Rosenbrock, Rolf: *Barriers to Organizational Learning,* in: Berthoin-Antal, A./Dierkes, M./Child, J./Nonaka, I. (eds.): Handbook of Organisational Learning and Knowledge, Oxford/New York: Oxford Press 2007, S. 865-885.

Argyris, C./Schön, D.A.: *Die Lernende Organisation – Grundlagen, Methoden, Praxis,* 3. Aufl., Stuttgart: Schäffer-Poeschel 2008.

Argyris, C./Schön, D.A.: *Organizational Learning – A Theory of Action Perspective,* Reading: Addison-Wesley 1978.

Arnold, Frank: *Management – Von den Besten lernen,* München: Hanser 2010.

Arnold, Rolf: *Weiterbildung,* München: Vahlen 1996.

Ashby, William Ross: *An Introduction to Cybernetics,* London: Chapman and Hall 1956, http://pespmc1.vub.ac.be/ashbbook.html.

Baill, Barbara: *The changing requirements of the HR professional implications for the development of HR Profession,* in: Human Resource Management, 38, 1999, S. 171-176.

Bandura, Albert (eds.): *Self-Efficacy in changing Societies,* Cambridge: Cambridge University Press 1995.

Bandura, Albert: *Self-Efficacy – The exercise of control,* New York: Freeman 1997.

Bandura, Albert: *Self-Efficacy – Toward a unifying theory of behavioral change,* Psychological Review, 84-2, 1977, S. 191-215.

Bandura, Albert: *Social Foundations of Thoughts and Action – A Social Cognitive Theory,* New Jersey: Prentice Hall 1986.

Bandura, Albert: *Sozial-kognitive Lerntheorie,* Stuttgart: Klett 1979.

Baumgartner, Peter/Payr, Sabine: *Erfinden lernen,* in: Konstruktivismus und Kognitionswissenschaft, Kulturelle Wurzeln und Ergebnisse – Zu Ehren Heinz von Foersters. K., H. Müller und F. Stadler. Wien/New York: Springer 1997, S. 89-106, http://www.peter.baumgartner.name/material/article/erfinden_lernen.pdf.

Baumgartner, Peter/Payr, Sabine: *Lernen mit Software,* 2. Aufl., Innsbruck et al.: Studien-Verlag 1999.

Bea, Franz Xaver/Göbel, Elisabeth: *Organisation,* 4., neu bearb. u. erw. Aufl., Stuttgart: Lucius & Lucius 2010.

Becker, H./Langosch, I.: *Produktivität und Menschlichkeit – Organisationsentwicklung und ihre Anwendung in der Praxis,* 5., neu bearb. u. erw. Aufl., Stuttgart: Lucius & Lucius 2002.

Becker, Manfred: *Die neue Rolle der Personalentwicklung – Empirische Befunde und Entwicklungstendenzen,* in: Thom, Norbert/Zaugg, Robert J. (Hrsg.): Moderne Personalentwicklung – Mitarbeiterpotentiale erkennen, entwickeln und fördern, Wiesbaden: Gabler Verlag 2006, S. 43-59.

Becker, Manfred: *Personalentwicklung – Bildung, Förderung und Organisationsentwicklung in Theorie und Praxis*, 5., akt. u. erw. Aufl., Stuttgart: Schäffer-Poeschel 2009.

Becker, Manfred: *Personalentwicklung – Bildung, Förderung und Organisationsentwicklung in Theorie und Praxis,* 2., überarb. u. erw. Aufl., Stuttgart: Schäffer-Poeschel 1999.

Becker, Manfred: *Wandel aktiv bewältigen!,* München/Mering: Rainer Hampp 2009.

Beer, Michael/Nohira, Nitin: *Resolving the Tension between Theories E and O of Change,* in: Beer, M./Nohira, N. (eds.): Breaking the Code of Change, Boston: Harvard Business School Press 2000, S. 1-34.

Beer, Stafford: *Brain of the Firm – The Managerial Cybernetics of Organization,* 2nd Edition, Chichester: John Wiley & Sons 1972.

Beer, Stafford: *Cybernetics and Management*, Chichester: John Wiley & Sons 1959.

Beer, Stafford: *Diagnosing the System for Organizations,* 7th Edition, Chichester: John Wiley & Sons 2001.

Beer, Stafford: *The Heart of Enterprise,* Chichester: John Wiley & Sons 2000.

Belardo, Salvatore/Crnkovic, Jackov: *Change and the Learning Organization,* in: Berndt, R. (Hrsg.): Unternehmen im Wandel – Change Management, Berlin u. a.: Springer 1998, S. 41-58.

Bilen, S.: *Vordenker – Lehrmeister für Organisationen,* in: Harvard Business Manager, 33. Jg., 6/2011, S. 78-79.

Bleicher, Knut: *Das Konzept integriertes Management – Visionen – Missionen – Programme,* 8., akt. u. erw. Aufl., Frankfurt/New York: Campus 2011.

Bleicher, Knut: *Die Vision von der intelligenten Unternehmung als Organisationsform der Wissensgesellschaft,* in: zfo, 78. Jg., 02/2009, S. 72-79.

Blöchlinger Karl: *Führungskräfte mit Profil,* in: Kälin, K./Müri, P. (Hrsg.): Sich und andere führen – Psychologie für Führungskräfte, Mitarbeiterinnen und Mitarbeiter, Thun: Ott 2005, S. 105-112.

Boekaerts, M.: *Self-regulated learning – Where we are today,* International Journal of Educational Research, 31, 1999, S. 445-475.

Boekaerts, Monique: *Self-regulated learning: A new concept embraced by researchers, policy makers, educators, teachers and students, Learning and Instruction,* 7/2, 1997, S. 161-186.

Boekaerts, Monique: *The adaptable learning process: Initiating and maintaining behavioural change,* Applied Psychology, 41/4, 1992, S. 377-397.

Bolt, James F.: *How Executives Learn: The Move from Glitz to Guts, in:* Training and Development Journal, May 1990, S. 83-89.

Bower, Joseph L.: *The Purpose of Change – a Commentary on Jensen and Senge,* in: Beer, M./Nohira, N. (eds.): Breaking the Code of Change, Boston: Harvard Business School Press 2000, S. 83-95.

Breisig, Thomas/Krone, Frank: *Job Rotation bei der Führungskräfteentwicklung,* in: Personal, 8/1999, S. 410-414.

Brown, John Seely/Duguid, Paul: *Dem Unternehmen das Wissen seiner Menschen erschließen,* in: Harvard Business Manager, 21. Jg., 3/1999, S. 76-88.

Bullinger, Hans-Jörg/Braun, Martin: *Virtualisierung des wissenschaftlichen Lehrens und Lernens,* in: IM Information Management & Consulting, 1/1999, S. 27-33.

Child, John/Heavens, Sally J.: *The Social Constitution of Organizations and its Implications for Organizational Learning,* in: Berthoin-Antal, A./Dierkes, M./Child, J./Nonaka, I. (eds.): Handbook of Organisational Learning and Knowledge, Oxford/New York: Oxford Press 2007, S. 308-326.

Collins, Jim/Lazier, William: *Beyond Entrepreneurship – Turning Your Business into an Enduring Great Company,* New York: Prentice Hall 1992.

Collins, Jim/Porras, Jerry I.: *Immer erfolgreich – Die Strategien der Top-Unternehmen* (Originaltitel: Built to Last – Successful Habits of Visionary Companies, New York 1994), München: Deutscher Taschenbuch Verlag 2005.

Collins, Jim: *Der Weg zu den Besten – Die sieben Management-Prinzipien für dauerhaften Unternehmenserfolg* (Originaltitel: Good to Great – Why Some Companies Make the Leap and Others Don′t, New York 2001), 5. Aufl., München: Deutscher Taschenbuch Verlag 2005.

De Geus, Arie: *Jenseits der Ökonomie – die Verantwortung der Unternehmen,* Stuttgart: Klett-Cotta 1998.

De Geus, Arie: *Planning as Learning,* in: Harvard Business Review, 66, 1988, S. 70-74.

De Geus, Arie: *The Living Company: Habits for Survival in a Turbulent Business Environment,* New York: Mcgraw-Hill 2002.

De Geus, Arie: *Unternehmen haben mehrere Zukünfte – Vom Leben und Sterben,* in: Sattelberger, T. (Hrsg.): Human Resource Management im Umbruch –Positionierung, Potentiale, Perspektiven, Wiesbaden: Gabler 1996, S. 263-287.

Deuringer, Christian: *Organisation und Change Management – Ein ganzheitlicher Strukturansatz zur Förderung organisatorischer Flexibilität,* Wiesbaden: Deutscher Universitäts-Verlag 2000.

Dommer, Martin: *Alt lernt von Jung,* in: FAZ, Ausg. 8./9. Dezember, 2012, S. C1.

Doppler, Klaus/Lauterburg, Christoph: *Change Management – Den Unternehmenswandel gestalten,* 12., akt. u. erw. Aufl., Frankfurt: Campus 2008.

Dörner, Dietrich: *Die Logik des Misslingens – Strategisches Denken in komplexen Situationen,* 11. Aufl., Reinbek bei Hamburg: Rowohlt 2012.

Drucker, Peter F./Maciariello, Joseph A.: *Management,* Revised Edition, New York: HarperCollins 2008.

Drucker, Peter F./Maciariello, Joseph A.: *The Daily Drucker – 366 Days of Insight and Motivation for Getting the Right Things Done,* New York: HaperCollins Publishers 2004.

Drucker, Peter F.: *Adventures of a Bystander,* 4th Edition, New Brunswick/London: Transaction Publishers 2005.

Drucker, Peter F.: *Es sind nicht Arbeitnehmer – es sind Menschen,* in: Harvard Business Manager, 24. Jg., 4/2002, S. 74-84.

Drucker, Peter F.: *Innovation and Entrepreurship,* Reprinted Edition, New York: HarperCollins Publishers 1993.

Drucker, Peter F.: *Management – Tasks, Responsibilities, Practices,* Reprinted Edition, Oxford: Butterworth-Heinemann 2001.

Drucker, Peter F.: *Management – Tasks, Responsibilities, Practices,* Reprinted Edition, New York: HarperCollins Publishers 1993.

Drucker, Peter F.: *Management Challenges for the 21st Century,* Reprinted Edition, Oxford: Elsevier Butterworth-Heinemann 2005.

Drucker, Peter F.: *Managing for Results,* Reprinted Edition, Oxford: Butterworth-Heinemann 1999.

Drucker, Peter F.: *Managing in a Time of Great Change,* New York: Truman Tally Books/Plume 1995.

Drucker, Peter F.: *Managing in the Next Society,* 2nd Edition, Oxford: Butterworth-Heinemann 2003.

Drucker, Peter F.: *Managing in Turbulent Times,* Reprinted Edition, New York: HarperCollins Publishers 2006.

Drucker, Peter F.: *Managing the Non-Profit Organization,* Reprinted Edition, New York: HarperCollins Publishers 2005.

Drucker, Peter F.: *Post-Capitalist Society,* Oxford: Butterworth-Heinemann 1993.

Drucker, Peter F.: *The Ecological Vision – Reflections on the American Condition,* New Brunswick/London: Transaction Publishers 2000.

Drucker, Peter F.: *The Effective Executive*, Reprinted Edition, New York: HarperCollins Publishers 2002.

Drucker, Peter F.: *The Essential Drucker,* 3rd Edition, Oxford, Burlington: Butterworth-Heinemann 2007.

Drucker, Peter F.: *The Frontiers of Management – Where Tomorrow's Decisions Are Being Shaped Today,* Reprinted Edition, New York: Harper & Row Publishers 1986.

Drucker, Peter F.: *The New Realities,* 2nd Edition, New Brunswick/London: Transaction Publishers 2006.

Drucker, Peter F.: *The Practice of Management,* Reprinted Edition, New York: HaperCollins Publishers 2006.

Drucker, Peter F.: *Was ist Management – Das Beste aus 50 Jahren,* München: Econ 2002.

Drucker, Peter F: *Landmarks of Tomorrow,* New Brunswick/London: Transaction Publishers 1996.

Drumm, Hans Jürgen: *Personalwirtschaft,* 6., überarb. Aufl., Heidelberg: Springer 2008.

Ebeling, I./Vogelauer, W./Kemm, R.: *Die Systemisch-dynamische Organisation im Wandel,* Bern: Haupt 2012.

Eberl, Peter: *Die Idee des organisationalen Lernens – konzeptionelle Grundlagen und Gestaltungsmöglichkeiten,* Bern/Stuttgart/Wien: Haupt 1996.

Erpenbeck, John/Rosenstiel, Lutz v.: *Handbuch Kompetenzmessung – Erkennen, Verstehen und Bewerten von Kompetenzen in der betrieblichen, pädagogischen und psychologischen Praxis,* 2., überarb. u. erw. Aufl., Stuttgart: Schäffer-Poeschel 2007.

Friedrich, Helmut/Mandl, Heinz: *Analyse und Förderung des selbstgesteuerten Lernens,* in: Weinert, Franz E.; Mandl, Heinz (Hrsg.): Psychologie der Erwachsenenbildung, Göttingen u.a.: Hogrefe 1997, S. 237-295.

Friedrich, Roland/Raffel, Frank-Christian: *Das lernende Unternehmen – die lernende Organisation,* Eschborn: RKW 1998.

Galagan, Patricia: *The Learning Organization Made Plain,* in: Training and Development, 45, October 1991, S. 37-44.

Galer, Graham S./Van der Heijden, Kees: *Scenarios and Their Contribution to Organizational Learning From Practice to Theory,* in: Berthoin-Antal, A./Dierkes, M./Child, J./Nonaka, I. (eds.): Handbook of Organisational Learning and Knowledge, Oxford/New York: Oxford Press 2007, S. 849-864.

Geißler, Harald: *Vom Lernen in der Organisation zum Lernen der Organisation,* in: Sattelberger, T. (Hrsg.) Die lernende Organisation, Wiesbaden: Gabler 1991, S. 79-96.

Gmür, Markus: *Entwicklungsorientiertes Personalmanagement – Eine Zwischenbilanz,* in: Gmür, Markus (Hrsg.): Entwicklungsorientiertes Management weitergedacht zur Erinnerung an Prof. Dr. Rüdiger Klimecki, Kassel: University Press 2009, S. 53-60.

Gomez, Peter/Probst Gilbert: *Vernetztes Denken im Management,* in: Die Orientierung Nr. 89, Schweizer Volksbank: Bern 1987.

Hadeler, Thorsten/Arentzen Ute (Red.): *Gabler Wirtschaftslexikon,* 15. Aufl., Wiesbaden: Gabler 2000.

Hanft, Anke: *Personalentwicklung zwischen Weiterbildung und "organisationalem Lernen" – Eine strukturationstheoretische und machtpolitische Analyse der Implementierung von PE-Bereichen,* München: Mering Hampp 1995.

Hetzler, Sebastian: *Real-Time Control für das Meistern von Komplexität,* Frankfurt: Campus 2010.

Hofinger, Gesine/Horstmann, Rüdiger/Waleczek, Helfried: Das Lernen aus Zwischenfällen lernen: Incident Reporting im Krankenhaus, in: Pawlowsky, P./Mistele, P. (Hrsg.): Hochleistungsmanagement – Leistungspotenziale in Organisationen gezielt fördern, Wiesbaden: Gabler 2008, S. 207-224.

Holtbrügge, Dirk: *Personalmanagement,* 4. Aufl., Berlin: Springer 2010.

Huisinga, Richard/Lisop, Ingrid: *Wirtschaftspädagogik – ein interdisziplinär orientiertes Lehrbuch,* München: Vahlen 1999.

Jacob, L./Hiekel, A.: *Souverän mit Veränderungen umgehen,* in: Personalwirtschaft, 01/2012, S. 43-45.

Kakabadse, Andrew/Fricker, John: *Anreize und Pfade zur lernenden Organisation,* in: Sattelberger, T. (Hrsg.) Die lernende Organisation, Wiesbaden: Gabler 1991, S. 67-78.

Kieser, Alfred (Hrsg.): *Organisationstheorien,* 2. überarb. Aufl., Stuttgart/Berlin/ Köln: Kohlhammer 1995.

Kim, Daniel H.: *The Link between Individual and Organizational Learning,* in: MIT Sloan Management Review, 35, 1993, S. 37-50.

Kim, Daniel H.: *The Link between Individual and Organizational Learning,* in: Starkey, K./Tempest, S./Mc Kinlay A. (eds.): How Organizations Learn – Managing the search for knowledge, 2nd Edition, Cengage Learning Business Press 2004, S. 29-50.

Klimecki, R./Probst, G./Eberl, P.: *Entwicklungsorientiertes Management,* Stuttgart: Schäffer-Poeschel 1994.

Klimecki, Rüdiger/Lassleben, Hermann/Thomae, Markus: *Organisationales Lernen – Zur Integration von Theorie, Empirie und Gestaltung,* in: Schreyögg, G./Conrad, P. (Hrsg.): Organisationaler Wandel und Transformation, in: Managementforschung, Bd. 10, Wiesbaden: Gabler 2000, S. 63-98.

Kobi, Jean-Marcel: *Personalrisikomanagement – Strategien zur Steigerung des People Value,* 3. Aufl., Wiesbaden: Gabler 2012.

Konrad, Klaus/Traub, Silke: *Selbstgesteuertes Lernen in Theorie und Praxis,* München: Oldenbourg 1999.

Kotter, John P.: *Leading Change – Why Transformation Efforts Fail,* in: Harvard Business Review, March-April 1995, S. 59-67.

Kriz, Jürgen: *Selbstorganisation als Grundlage lernender Organisationen,* in: Wiesenhuber, Norbert & Partner (Hrsg.): Handbuch Lernende Organisation – Unternehmens- und Mitarbeiterpotentiale erfolgreich erschließen, Wiesbaden: Gabler 1997, S. 187-196.

Krüger, Wilfried (Hrsg.): *Excellence in Change – Wege zur strategischen Erneuerung,* 3., vollst. überarb. Aufl., Wiesbaden: Gabler 2006.

Krüger, Wilfried/Bach Norbert: *Lernen als Instrument des Unternehmenswandels,* in: Wiesenhuber, Norbert & Partner (Hrsg.): Handbuch Lernende Organisation – Unternehmens- und Mitarbeiterpotentiale erfolgreich erschließen, Wiesbaden: Gabler 1997, S. 24-31.

Küpers, Wendelin: *Integrales Lernen in und von Organisationen,* in: INTEGRAL REVIEW, Heft 2, 2006, S. 43-77.

Lampel, Joseph: *Der Weg zur lernenden Organisation,* in: Mintzberg, Henry/Ahlstrand, Bruce/Lampel, Joseph: Strategy Safari – Eine Reise durch die Wildnis des strategischen Managements, 2. Aufl., Frankfurt/Wien: Redline Wirtschaft bei Ueberreuter 2004.

Laßleben, Hermann: *Lehren und Lernen – Wie wissen wir, was wir lernen müssen?,* in: Gmür, Markus (Hrsg.): Entwicklungsorientiertes Management weitergedacht zur Erinnerung an Prof. Dr. Rüdiger Klimecki, Kassel: University Press 2009, S. 11-15.

Latham, G./Saari, L.M.: *Application of social learning theory to training supervisors through behavioral modelling,* in: Journal of Applied Psychology, 64, 1979, S. 239-246.

Leutner, Detlev: *Adaptivität und Adaptierbarkeit multimedialer Lehr- und Informationssysteme,* in: Issing, Ludwig J.; Klimsa S. (Hrsg.): Information und Lernen mit Multimedia, 2., überarb. Aufl., Weinheim: Psychologie Verlags Union 1997, S. 139-149.

Leutner, Detlev: *Instruktionspsychologie,* in: Rost, Detlev H. (Hrsg.): Handwörterbuch Pädagogische Psychologie, Weinheim: Psychologie Verlags Union 1998, S. 198-205.

Litz, Stefan: *Organisationaler Wandel und Human Resource Management – eine empirische Studie auf evolutionstheoretischer Grundlage,* Wiesbaden: Deutscher Universitäts-Verlag 2007.

Lohmann, Till R./Bosch, Ulf: *Return-on-Change (RoC) – Finanzwirtschaftliche Perspektive,* in: PricewaterhouseCoopers Press 2013, www.pwc.de/change-management.

Lommer, J./Joos, C.: *Gemeinsame Werte bewahren*, in: Personalwirtschaft, 08/2012, S. 38-40.

Luhmann, Niklas/Baecker, Dirk (Hrsg.): *Einführung in die Systemtheorie,* Heidelberg: Carl-Auer-Systeme 2002.

Lütge, Christoph/Vollmer, Gerhard: *Lernen aus der Sicht der Evolutionären Erkenntnistheorie,* in: Wiesenhuber, Norbert & Partner (Hrsg.): Handbuch Lernende Organisation – Unternehmens- und Mitarbeiterpotentiale erfolgreich erschließen, Wiesbaden: Gabler 1997, S. 177-186.

Macharzina, Klaus/Oesterle, Michael-Jörg/Brodel, Dietmar: Learning in Multinationals, in: Berthoin-Antal, A./Dierkes, M./Child, J./Nonaka, I. (eds.): Handbook of Organisational Learning and Knowledge, Oxford/New York: Oxford Press 2007, S. 631-656.

Macharzina, Klaus: *Unternehmensführung – Das internationale Managementwissen,* Wiesbaden: Gabler 1993.

Maier, Günter/Von Rosenstiel, Lutz: *Lernende Organisation und der Umgang mit Fehlern,* in: Wiesenhuber, Norbert & Partner (Hrsg.): Handbuch Lernende Organisation – Unternehmens- und Mitarbeiterpotentiale erfolgreich erschließen, Wiesbaden: Gabler 1997, S. 101-107.

Malik, Fredmund: *Der Unterschied zwischen gutem und schlechtem Management – eine Gratwanderung,* in: Schuppert, Dana/Lukas, Andreas (Hrsg.): Signale zum Aufbruch. Wiesbaden, Wiesbaden: Gabler 1994. Edition Gabler Magazin.

Malik, Fredmund: *Führen Leisten Leben – Wirksames Management für eine neue Zeit,* Frankfurt/New York: Campus 2006.

Malik, Fredmund: *Heuristiken für Gewinner – Die Logik des Gelingens,* in: MOM Letter, 10. Ausg., St. Gallen 2007, S. 146-158.

Malik, Fredmund: *Management – Das A und O des Handwerks,* akt. Aufl., Frankfurt/New York: Campus 2007.

Malik, Fredmund: *Strategie des Managements komplexer Systeme – Ein Beitrag zur Management-Kybernetik evolutionärer Systeme,* 10. Aufl., Bern/Stuttgart: Haupt 2008.

Malik, Fredmund: *Systemisches Management, Evolution, Selbstorganisation – Grundprobleme, Funktionsmechanismen und Lösungsansätze für komplexe Systeme,* 4. Aufl., Bern: Haupt 2003.

Malik, Fredmund: *Unternehmenspolitik und Corporate Governance,* Frankfurt/New York: Campus 2008.

Mandl, Heinz/Gruber, Hans: *Lernen,* in: Kaiser, F.J./Pätzold, G. (Hrsg.): Wörterbuch Berufs- und Wirtschaftspädagogik, 2., überarb. u. erw. Aufl., Bad Heilbrunn: Julius Klinkhardt 2006, S. 344-345.

Mandl, Heinz/Reinmann-Rothmeier, Gabi: *Auf dem Weg zu einer neuen Kultur des Lehrens und Lernens,* in: Dörr, G./Jüngst, K. L. (Hrsg.): Lernen mit Medien: Ergebnisse und Perspektiven zu medial vermittelten Lehr- und Lernprozessen, Weinheim/München: Juventa 1998, S. 193-205.

Maucher, Helmut: *Management-Brevier – Ein Leitfaden für unternehmerischen Erfolg,* Frankfurt/New York: Campus 2007.

McCall, Morgan W.: *Executive Selection – Advances but no Progress,* in: Sattelberger, T. (Hrsg.): Human Resource Management im Umbruch –Positionierung, Potentiale, Perspektiven, Wiesbaden: Gabler 1996, S. 43-54.

Meier.M./Weller; I.: *Hat Wissensmanagement eine Zukunft? – Stand der Dinge und Ausblick,* in: zfbf, 64. Jg., Februar 2012, S. 114-135.

Merk, Richard: *Weiterbildungsmanagement – Bildung erfolgreich und innovativ managen,* 2., überarb. Aufl., Neuwied et al.: Luchterhand 1998.

Mewes, Wolfgang/Worcester, Maxim (Hrsg.): *Die EKS®-Strategie,* Heft 15, Frankfurt: Frankfurter Allgemeine Zeitung GmbH Informationsdienste 1990.

Mintzberg, Henry: *Manager statt MBAs – eine kritische Analyse,* Frankfurt/ New York: Campus 2005.

Mirow, Heinz Michael: *Kybernetik – Grundlage einer allgemeinen Theorie der Organisation,* Wiesbaden: Gabler 1969.

Mirow, Michael: *Wie praktisch ist eine gute Theorie? – Thesen zur Umsetzung systemischen Denkens in der Gestaltung von Führungssystemen,* in: Krieg, W./Galler, K./Stadelmann, P. (Hrsg.): Richtiges und gutes Management: vom System zur Praxis – Festschrift für Fredmund Malik, Bern/Stuttgart/Wien: Haupt 2005.

Mohn, Reinhard: *Die gesellschaftliche Verantwortung des Unternehmers,* München: Bertelsmann 2003.

Mohr, Hans: *Wissen – Prinzip und Ressource,* Berlin/Heidelberg: Springer 1999.

Mudra, Peter: *Personalentwicklung – Integrative Gestaltung betrieblicher Lern- und Veränderungsprozesse,* München: Vahlen 2004.

Müller, Hans-Rüdiger/Stravoravdis, Wassilios: *Bildung im Horizont der Wissensgesellschaft: Zur Einführung,* in: Müller, H.-R./Stravoravdis, W. (Hrsg.): Bildung im Horizont der Wissensgesellschaft, Wiesbaden: VS Verlag für Sozialwissenschaften 2007, S. 9-16.

Müller-Stewens, Günter/Pautzke, Gunnar: *Führungskräfteentwicklung und organisatorisches Lernen,* in: Sattelberger, T. (Hrsg.): Die lernende Organisation, Wiesbaden: Gabler 1991, S. 183-206.

Müller-Vorbrüggen, Michael: *Struktur und Strategie der Personalentwicklung,* in: Bröckermann, R./Müller-Vorbrüggen, M. (Hrsg.): Handbuch Personalentwicklung – die Praxis der Personalbildung, Personalförderung und Arbeitsstrukturierung, 2. Aufl., Stuttgart: Schäffer-Poeschel 2008, S. 3-20.

Münch, Joachim: *Personalentwicklung als Mittel und Aufgabe moderner Unternehmensführung*, Bielefeld: wbv 1995.

Nagl, Anna/Fassbender, Pantaleon: *Entwicklungsstand und Perspektiven der lernenden Organisation in Deutschland,* in: Wiesenhuber, Norbert & Partner (Hrsg.): Handbuch Lernende Organisation – Unternehmens- und Mitarbeiterpotentiale erfolgreich erschließen, Wiesbaden: Gabler 1997, S. 517-526.

Nefiodow, Leo A.: *Der Fünfte Kondratieff – Strategien zum Strukturwandel in Wirtschaft und Gesellschaft,* Wiesbaden: Gabler 1990.

Nitsch, Sonja/Maggu, Juliette: *Jetzt erst recht,* in: Personalwirtschaft, 2/2009, S. 30-32.

Noer, David M.: *Die vier Lerntypen – Reaktionen auf Veränderungen im Unternehmen,* Stuttgart: Klett-Cotta 1998. Engl. Version *Breaking Free – A Prescription for Personal and Organizational Change,* San Francisco: Jossey-Bass 1997.

o.V. Duden: *Das große Fremdwörterbuch – Herkunft und Bedeutung der Fremdwörter*, Dudenverlag, Mannheim/Leipzig/Wien/Zürich 2000.

o.V.: *Oxford Advanced Learner's Dictionary*, 5th Edition, Oxford: Oxford University Press 1995.

Oelze, J./Nolden, J.: *Das Mitarbeiter-Potenzial voll ausschöpfen*, in: Personalwirtschaft, 12/2011, S. 62-63.

Ossimitz, Günther: *Systematisches Denken und systematisches Management – Tagung Graz „Systemorientierte Ansätze in Wirtschaft und Gesellschaft", 24/25.September 1998,* wwwu.uni-klu.ac.at/gossimit/pap/sysdenk2.htm.

Pätzold, Günter: *Organisationales Lernen,* in: Kaiser, F.J./Pätzold, G. (Hrsg.): Wörterbuch Berufs- und Wirtschaftspädagogik, 2., überarb. u. erw. Aufl., Bad Heilbrunn: Julius Klinkhardt 2006, S. 386-388.

Pawlowsky, P./ Gerlach, L., Hauptmann, S./Puggel, A.: *Verbreitung von Wissensmanagement in KMU – Studie zur Nutzung von „Wissen" als Wettbewerbsvorteil in deutschen KMU,* in: Gronau, N./Pawlowsky, P./Schütt, P./Weber, M. (Hrsg.): Mit Wissensmanagement besser im Wettbewerb, Tagungsband zur KnowTech 2006, München: Bitkom 2006, S. 17-22.

Pawlowsky, Peter/Reinhardt, Rüdiger: *Wissensmanagement – Ein integrativer Ansatz zur Gestaltung organisationaler Lernprozesse,* in: Wiesenhuber, Norbert & Partner (Hrsg.): Handbuch Lernende Organisation – Unternehmens- und Mitarbeiterpotentiale erfolgreich erschließen, Wiesbaden: Gabler 1997, S. 145-156.

Pawlowsky, Peter: *Auf dem Weg zu höherer Leistung...,* in: Pawlowsky, P./Mistele, P. (Hrsg.): Hochleistungsmanagement – Leistungspotenziale in Organisationen gezielt fördern, Wiesbaden: Gabler 2008, S. 413-424.

Pawlowsky, Peter: *Integratives Wissensmanagement*, in: Pawlowsky, P. (Hrsg.): Wissensmanagement – Erfahrungen und Perspektiven, Wiesbaden: Gabler 1998.

Pawlowsky, Peter: *The Treatment of Organizational Learning in Management Science,* in: Berthoin-Antal, A./Dierkes, M./Child, J./Nonaka, I. (eds.): Handbook of Organisational Learning and Knowledge, Oxford/New York: Oxford Press 2007, S. 61-88.

Pawlowsky, Peter: *Wissensmanagement in der lernenden Organisation,* Habilitationsschrift: Universität Paderborn 1994, www. tu-chemnitz.de/wirtschaft/bwl6.

Pedler, Mike/Boydell, Tom/Burgoyne, John: *Auf dem Weg zum „Lernenden Unternehmen",* in: Sattelberger, T. (Hrsg.): Die lernende Organisation, Wiesbaden: Gabler 1991, S. 57-66.

Pedler, Mike/Boydell, Tom/Burgoyne, John: *The Learning Company – A Strategy for Sustainable Development,* Maidenhead: McGraw-Hill 1991, 1994.

Pedler, Mike/Boydell, Tom/Burgoyne, John: *Towards the Learning Company*, in: Journal of Management Education and Development, 20-1, 1989, S. 1-8.

Petry, Thorsten: *Die Mitmach-Kultur ist ausbaufähig,* in: Personalwirtschaft, 09/2012, S. 46-48.

Pfiffner, Martin/Stadelmann, Peter: *Wissen wirksam machen – Wie Kopfarbeiter produktiv werden,* Frankfurt: Campus 2012.

Picot, A./Reichwald, R./Wigand, R.: *Die grenzenlose Unternehmung,* 5. Aufl., Wiesbaden: Gabler 2003.

Pietsch, Gotthard: *Resilienz lässt sich lernen,* Personalwirtschaft, 11/2008, S. 42-44.

Pintrich, Paul R.: *The Role of Goal Orientation in Self-Regulated Learning,* in: Boekaerts, M./Pintrich, P.R./Zeidner, M. (eds.): Handbook of Self-Regulation, San Diego/London: Academic Press 2000, S. 451-502.

Probst, Gilbert/Büchel, Bettina: *Organisationales Lernen – Wettbewerbsvorteil der Zukunft,* Wiesbaden: Gabler 1998.

Probst, Gilbert/Gomez, Peter: *Die Methodik des vernetzten Denkens zur Lösung komplexer Probleme,* in: Probst, G./Gomez, P. (Hrsg.): Vernetztes Denken – Ganzheitliches Führen in der Praxis, 2., erw. Aufl., Wiesbaden: Gabler 1991, S. 3-22.

Probst, Gilbert/Raub, Steffen/Romhardt, Kai: *Wissen managen – Wie Unternehmen ihre wertvollste Ressource optimal nutzen,* 6., überarb. u. erw. Aufl., Wiesbaden: Gabler 2010,

Probst, Gilbert/Raub, Steffen/Romhardt, Kai: *Wissen managen – Wie Unternehmen ihre wertvollste Ressource optimal nutzen,* 5., überarb. Aufl., Wiesbaden: Gabler 2006.

Probst, Gilbert/Romhardt, Kai: *Bausteine des Wissensmanagements – ein praxisorientierter Ansatz,* in: Wiesenhuber, Norbert & Partner (Hrsg.): Handbuch Lernende Organisation – Unternehmens- und Mitarbeiterpotentiale erfolgreich erschließen, Wiesbaden: Gabler 1997, S. 129-144.

Probst, Gilbert: *Was also macht eine systemorientierte Führungskraft als Vertreter des „vernetzten Denkens"?,* in: Probst, G./Gomez, P. (Hrsg.): Vernetztes Denken – Ganzheitliches Führen in der Praxis, 2., erw. Aufl., Wiesbaden: Gabler 1991, S. 331-341.

Reinhardt, Rüdiger/ Bornemann, Manfred/Pawlowsky, Peter/Schneider, Ursula: *Intellectual Capital and Knowledge Management: Perspectives and Measuring Knowledge,* in: Berthoin-Antal, A./Dierkes, M./Child, J./Nonaka, I. (eds.): Handbook of Organisational Learning and Knowledge, Oxford/New York: Oxford Press 2007, S.794-820.

Roehl, H./ Winkler, B./Eppler, M./Fröhlich, C.: *Werkzeuge des Wandels: Die 30 wirksamsten Tools des Change Managements,* Stuttgart: Schäffer-Poeschel 2012.

Rosenstiel, Lutz von: *Motivation von Mitarbeitern,* in: Rosenstiel, L. von/Regnet, E./Domsch, M. (Hrsg.): Führung von Mitarbeitern, 5., überarb. Aufl., Stuttgart: Schäffer-Poeschel 2003.

Rüegg-Stürm, Johannes: *Organisation und organisationaler Wandel – eine theoretische Erkundung aus konstruktivistischer Sicht,* 2., durchges. Aufl., Wiesbaden: Westdeutscher Verlag 2003.

Sargut, G./McGrath, G.: *Learning to Live with Complexity,* in: Harvard Business Review, September 2011, http://hbr.org/2011/09/learning-to-live-with-complexity/ ar/1.

Sattelberger, Thomas: *Das kurze Leben der Unternehmen,* in: Personalwirtschaft, 3/2009, S. 14-17.

Sattelberger, Thomas: *Die lernende Organisation im Spannungsfeld von Strategie, Struktur, Kultur,* in: Sattelberger, T. (Hrsg.): Die lernende Organisation, Wiesbaden: Gabler 1991, S. 11-56.

Sattelberger, Thomas: *Führungskräfteentwicklung – Eine grundsätzliche Positionierung im Rahmen der Unternehmensentwicklung,* in: Sattelberger, T. (Hrsg.): Human Resource Management im Umbruch – Positionierung, Potentiale, Perspektiven, Wiesbaden: Gabler 1996, S. 21-42.

Sattelberger, Thomas: *Personalentwicklung neuer Qualität durch Renaissance helfender Beziehungen,* in: Sattelberger, T. (Hrsg.): Die lernende Organisation, Wiesbaden: Gabler 1991, S. 183-206.

Sattelberger, Thomas: *Strategische Lernprozesse,* in: Sattelberger, T. (Hrsg.): Human Resource Management im Umbruch – Positionierung, Potentiale, Perspektiven, Wiesbaden: Gabler 1996, S. 288-313.

Scherer, Klaus/Tran, Véronique: Effects of Emotion on the Process of Organizational Learning, in: Berthoin-Antal, A./Dierkes, M./Child, J./Nonaka, I. (eds.): Handbook of

Organisational Learning and Knowledge, Oxford/New York: Oxford Press 2007, S. 369-397.

Schlittler, Gabrielle/Erb, Andreas: *Unternehmensentwicklung erfordert Personalentwicklung,* in: Thom, N./Zaugg, R.J. (Hrsg.): Moderne Personalentwicklung – Mitarbeiterpotentiale erkennen, entwickeln und fördern, Wiesbaden: Gabler 2006, S.231-245.

Schmid, Eugen: *Key-People-Analysis – Ein Mittel zur strategischen Unternehmensführung,* in: Kälin, K./Müri, P. (Hrsg.): Sich und andere führen – Psychologie für Führungskräfte, Mitarbeiterinnen und Mitarbeiter, Thun: Ott 2005, S. 225-260.

Schuler, Randall S./Jackson, Susan E.: *Managing Organizational Changes and the Role of Human Resources Management,* in: Berndt, R. (Hrsg.): Unternehmen im Wandel – Change Management, Berlin u.a.: Springer 1998, S. 395-417.

Schunk, Dale H./Ertmer, Peggy A.: *Self-Regulation and Academic Learning – Self-efficacy enhancing interventions,* in: Boekaerts, M./Pintrich, P.R./Zeidner, M. (eds.): Handbook of Self-Regulation, San Diego/London: Academic Press 2000, S. 631-649.

Seel, Norbert M.: *Psychologie des Lernens – Lehrbuch für Pädagogen und Psychologen,* München/Basel: Reinhardt 2000.

Senge, Peter M. et. al: *The Dance of Change – The Challenges to Sustaining Momentum in Learning Organizations,* New York: Doubleday 1999.

Senge, Peter M.: *Die fünfte Disziplin – Kunst und Praxis der lernenden Organisation,* 11. Aufl., Stuttgart: Schäffer-Poeschel 2011.

Senge, Peter M.: *Leading Learning Organizations – The Bold, the Powerful, and the Invisible,* in: Goldsmith, M./Hesselbein, F. (eds.): The Leader of the Future, New York: John Wiley & Sons 1996, www.solonline.org.

Senge, Peter M.: *The Fifth Discipline – The Art & Practice of the Learning Organization,* New York: Doubleday 1990.

Senge, Peter M.: *The Learning Organization Made Plain,* in: Training and Development, 10, 1991, S. 37-44.

Senge, Peter/Kleiner, Art/Smith, Bryan/Roberts, Charlotte/Ross, Richard: *Das Fieldbook zur fünften Disziplin,* 5. Aufl., Stuttgart: Schäffer-Poeschel 2008.

Senge, Peter: *Die Schaffung zukunftsorientierter Unternehmensstrukturen,* in: Lernende Organisation, 6. Jg., Heft 9, S. 6-13.

Senge, Peter: *The Leader's New Work: Building Learning Organizations,* in: MIT Sloan Management Review, 7, 1990, S. 7-23.

Senge, Peter: *The Puzzles and Paradoxes of how Living Companies create Wealth: Why Single-Valued Objective Functions are not Quite Enough,* in: Beer, M./Nohira, N. (eds.): Breaking the Code of Change, Boston: Harvard Business School Press 2000, S. 59-82.

Seufert, S./Diesner, I.: *Wie Lernen im Unternehmen funktioniert,* in: Harvard Business Manager, August 2010, S. 8-11.

Siebert, Jörg: *Führungssysteme zwischen Stabilität und Wandel – Ein Systematischer Ansatz zum Management der Führung,* Wiesbaden: Deutscher Universitäts-Verlag 2006.

Simon, Hermann: *Hidden Champions – Die Erfolgsstrategien unbekannter Weltmarktführer,* Frankfurt/New York: Campus 1996.

Simon, Hermann: *Hidden Champions des 21. Jahrhunderts – Die Erfolgsstrategien unbekannter Weltmarktführer,* Frankfurt/New York: Campus 2007.

Spannagl, Johannes: *Lernende Organisation und Innovation,* in: Wiesenhuber, Norbert & Partner (Hrsg.): Handbuch Lernende Organisation – Unternehmens- und Mitarbeiterpotentiale erfolgreich erschließen, Wiesbaden: Gabler 1997, S. 281-288.

Spirig, Jolanda: *Weiterbildung für Kader – Gezielt Skills erwerben,* in: Alpha Ausgabe 27./28. September, 2008, S. 3.

Stäbler, Samuel: *Die Personalentwicklung der "Lernenden Organisation": konzeptionelle Untersuchung zur Initiierung und Förderung von Lernprozessen,* Berlin: Duncker & Humblot 1999.

Staehle, Wolfgang H.: *Management – eine verhaltenswissenschaftliche Perspektive,* 8., überarb. Aufl., München: Vahlen 1999.

Starbuck, William H./Hedberg, Bo: *How Organizations Learn form Success and Failure,* in: Berthoin-Antal, A./Dierkes, M./Child, J./Nonaka, I. (eds.): Handbook of Organisational Learning and Knowledge, Oxford/New York: Oxford Press 2007, S. 327-350.

Steinle, Claus/Behse, Maren/Hoffmeister, Simone: *Gut gebunden hält länger,* in: Personalwirtschaft, 1/2009, S. 37-39.

Stiefel, Rolf Th.: *Modelle und Beispiele personaler Zukunftssicherung im Unternehmen,* in: Sattelberger, T. (Hrsg.): Innovative Personalentwicklung – Grundlagen, Konzepte, Erfahrungen, 2. Aufl., Wiesbaden: Gabler 1991, S. 80-89.

Stiefel, Rolf Th.: *Strategieumsetzendes Lernen,* in: Sattelberger, T. (Hrsg.): Innovative Personalentwicklung – Grundlagen, Konzepte, Erfahrungen, 2. Aufl., Wiesbaden: Gabler 1991, S. 38-41.

Stihl, Hans Peter: *Lernen in der Wirtschaft,* in: Wiesenhuber, Norbert & Partner (Hrsg.): Handbuch Lernende Organisation – Unternehmens- und Mitarbeiterpotentiale erfolgreich erschließen, Wiesbaden: Gabler 1997, S. 17-20.

Ulrich, Hans/Probst Gilbert: *Anleitung zum ganzheitlichen Denken und Handeln,* Bern: Haupt 1988.

Ulrich, Hans/Probst, Gilbert: *Anleitung zum ganzheitlichen Denken und Handeln – Ein Brevier für Führungskräfte,* 4. Aufl., Bern/Stuttgart/Wien: Haupt 1995.

Ulrich, Hans: *Gesammelte Schriften,* Bd. 1-5, Bern/Stuttgart/Wien: Haupt 2001.

Ulrich, Hans: *Reflexionen über Wandel und Management,* in: Gomez, P./Hahn, D./Müller-Stewens, G./Wunderer, R. (Hrsg.): Unternehmerischer Wandel: Konzepte zur organisatorischen Erneuerung, Wiesbaden: Gabler 1994, S. 5-29.

Ulrich, Hans: *Systemorientiertes Management – Das Werk von Hans Ulrich,* Studienausgabe, Bern: Haupt 2001.

Vahs, Dietmar/Leiser, Wolf: *Change Management in schwierigen Zeiten – Erfolgsfaktoren und Handlungsempfehlungen für die Gestaltung von Veränderungsprozessen,* Wiesbaden: Deutscher Universitäts-Verlag 2003.

Venohr, Bernd: *Wachsen wie Würth – das Geheimnis des Welterfolgs,* Frankfurt: Campus 2006.

Vester, Frederic: *Die Kunst vernetzt zu denken – Ideen und Werkzeuge für einen neuen Umgang mit Komplexität,* 9. Aufl., München: Deutscher Taschenbuch Verlag 2012.

Vester, Frederic: *Unsere Welt – ein vernetztes System,* 11. Aufl., München: Deutscher Taschenbuch Verlag 2002.

Wabel, C./Kiese, L.: *Neue Rolle für den Chef,* in: Personalwirtschaft, 02/2011, S. 37-39.

Wagner, Dieter: *Den Wandel managen,* in: Personal, Heft 9, 2008, S. 34-36.

Wahren, Heinz-Kurt: *Das lernende Unternehmen – Theorie und Praxis des organisationalen Lernens,* Berlin: Walter de Gruyter 1996.

Walter, Peter: *Rolle vorwärts,* in: Personalwirtschaft, Heft 2, 2009, S. 36-38.

Weber, Christina: *Die Rolle der Zeit im Prozeß organisationalen Lernens,* in: ZfB-Ergänzungsheft, Heft 1, 2001, S. 119-139.

Weitzel, Alexander: *Wirksames Management des Knowledge Workers zur produktiven Nutzung von Wissen,* Bamberg: Difo-Druck 2004.

Welch, Jack/Welch, Suzy: *Winning – Das ist Management,* Frankfurt/New York: Campus 2005.

Wiener, Norbert: *Cybernetics – Or the Control and Communication in the Animal and the Machine,* 2nd Edition, Boston: MIT Presspaperback 1948 & 1961.

Wiesenhuber, Norbert: *Die lernende Organisation – Unternehmens- und Mitarbeiterpotentiale erfolgreich erschließen,* in: Wiesenhuber, Norbert & Partner (Hrsg.): Handbuch Lernende Organisation – Unternehmens- und Mitarbeiterpotentiale erfolgreich erschließen, Wiesbaden: Gabler 1997, S. 13-16.

Wöhrle, Armin: *Den Wandel managen – Organisationen analysieren und entwickeln,* Baden-Baden: Nomos 2005.

Wunderer, Rolf: *Führung und Zusammenarbeit – eine unternehmerische Führungslehre,* 3. Aufl., Neuwied/Kriftel: Luchterhand 2000.

Wunderer, Rolf: *Personalmanagement – Quo vadis? – Analysen und Prognosen bis 2010,* in: Wunderer, R./Dick, P. (Hrsg.): 3. Aufl., Neuwied/Kriftel: Luchterhand 2002.

Zaugg, Robert J.: *Nachhaltige Personalentwicklung – Von der Schulung zum Kompetenzmanagement,* in: Thom, N./Zaugg, R.J. (Hrsg.): Moderne Personalentwicklung – Mitarbeiterpotentiale erkennen, entwickeln und fördern, Wiesbaden: Gabler 2006, S. 21-37.

Zimmerman, Barry J.: *Attaining Self-Regulation – A Social Cognitive Perspective,* in: Boekaerts, M./Pintrich, P.R./Zeidner, M. (eds.): Handbook of Self-Regulation, San Diego/London: Academic Press 2000, S. 13-42.

Curriculum Vitae

Name	Isabel Arnold
Geburtsjahr/-ort	1976, Paderborn
Staatsangehörigkeit	Deutsch
Familienstand	Verheiratet, 2 Kinder

AUSBILDUNG

Uni	2008-2014	Johannes Gutenberg-Universität Mainz, Lehrstuhl Wirtschaftspädagogik, Prof. Klaus Breuer Abschluss: Promotion, Dr. rer. pol.
	1998-2003	Johannes Gutenberg-Universität Mainz, Abschluss: Diplom-Kauffrau
	1996-1998	Johannes Gutenberg-Universität Mainz, Magisterstudium: Geschichte, Französisch und Volkswirtschaftslehre
Schule	1993-1996	Oberstufengymnasium Carl-von-Ossietzky, Wiesbaden, Abschluss: Abitur

BERUFSERFAHRUNG

Seit 2009	Geschäftsführung, ARNOLD Management GmbH, Zürich
2005-2007	VSCI - Schweizerischer Carrosserieverband, Zofingen
2004-2005	Auto-i-DAT, Zürich
2001+2002	Praktika in USA und UK

Sprachen	Englisch, Französisch, Latein (Latinum)
Interessen	Laufen, Tanzsport, Klavier